GAOZHI GAOZHUAN

供林业技术、园艺技术、作物生产技术、园林技术、休闲农业等专业用

植物组织培养技术教程

ZHIWU ZUZHI PEIYANG JISHU JIAOCHENG

主　编　唐　敏

副主编　韦献雅　袁小琴

参　编（以姓氏拼音为序）

韩春梅　舒晓霞　万　群

吴　珊　熊丙全

重庆大学出版社

内 容 提 要

本书是为培养新型高技能专业人才而进行的全新尝试，按照理实一体化教学的特点，以基于植物组织培养的实施方案设计与实施为总项目，按照操作流程进行分解，通过项目化任务式教学方式编排，内容上共分为8个项目，具体包括课程导入、无菌操作前的准备、无菌操作（接种）技术、无菌操作后的工作、植物脱毒技术、组培苗工厂生产的经营与管理、规范配制试剂的原则及操作、植物组织培养实例。内容层层递进，系统全面，着重学习知识和培养能力的方式，将高新农业应用技术中植物组织培养技术的关键内容让读者熟练掌握。

本书紧密结合全国职业技能大赛技术要求以及行业员工操作规范标准，可供高职高专院校园艺技术、园林技术、农作物生产技术等相关专业师生使用，也可作为行业技能培训类教材。

图书在版编目（CIP）数据

植物组织培养技术教程/唐敏主编. --重庆：重庆大学出版社，2019.6

ISBN 978-7-5689-1480-2

Ⅰ.①植… Ⅱ.①唐… Ⅲ.①植物组织—组织培养—高等职业教育—教材 Ⅳ.①Q943.1

中国版本图书馆CIP数据核字（2019）第092947号

植物组织培养技术教程

主 编 唐 敏

副主编 韦献雅 袁小琴

策划编辑：袁文华

责任编辑：陈 力 涂 昀　版式设计：袁文华

责任校对：关德强　责任印制：赵 晟

*

重庆大学出版社出版发行

出版人：饶帮华

社址：重庆市沙坪坝区大学城西路21号

邮编：401331

电话：（023）88617190 88617185（中小学）

传真：（023）88617186 88617166

网址：http://www.cqup.com.cn

邮箱：fxk@cqup.com.cn（营销中心）

全国新华书店经销

重庆巍承印务有限公司印刷

*

开本：787mm×1092mm 1/16 印张：13.5 字数：320千

2019年8月第1版 2019年8月第1次印刷

印数：1—2 000

ISBN 978-7-5689-1480-2 定价：36.00元

近年来,教育部提出"加快发展现代职业教育""大幅度提升职业教育信息化水平""优质教学资源共建共享,全面提高教育教学质量",在职业教育领域通过国家、省、校三级建设,以高校为课程建设主体,全面开展了数字化资源建设。在"互联网+"时代,开发"纸质教材+数字化资源"的新形态立体教材成为课程建设发展的必然选择,此类教材的研发对实践操作性较强的课程和专业建设具有改革性的意义。

植物组织培养技术随着高新农业技术的发展成为现代农业产业发展的重要技术之一。随着现代化技术的发展和教育理念的更新,根据植物组织培养课程特点和学生认识水平程度,将理论可视化、将抽象概念具体化、将教学过程项目化,运用先进的教学手段将信息化教学融入教学改革中去,是本教材编写的主要目的,对促进教学质量提升具有重大意义和必要性。

"植物组织培养技术"是作物生产技术、林业技术、种子生产与经营、园艺技术、园林技术等专业的一门专业必修课程。植物组织培养技术是现代生物技术的重要组成部分,专业性、实践性很强,技能训练课的重要性尤为突出。本书按照以能力为本位,以职业实践为主线,将完整的工作过程设为项目式讲授,以培养植物组织培养应用技能和相关职业岗位能力为基本目标,紧紧围绕工作任务来组织课程内容,突出工作任务与知识的紧密性。教材中的学习内容由教师与行业技术人员共同开发,使教学紧密结合实际生产,提高学生职业技能水平。

本书可供高职高专院校作物生产技术、园林技术、园艺技术、休闲农业等专业师生使用,也可作为行业技能培训类教材。

本书编写分工如下:成都农业科技职业学院唐敏老师负责项目 8 的编写,宜宾职业技术学院袁小琴老师和成都农业科技职业学院韩春梅老师负责项目 1、项目 2(任务 2.1、任务 2.2、任务 2.4)、项目 4 的编写,成都农业科技职业学院韦献雅老师负责项目 5、项目 6 的编写,成都农业科技职业学院万群老师和熊丙全老师负责项目 2(任务 2.3)的编写,成都农业科技职业学院吴珊老师负责项目 3 的编写,成都农业科技职业学院舒晓霞老师负责项目 7 的编写。

本书在编写过程中，得到了相关院校老师及企事业单位人员的大力支持，在此对参与编写的人员致以衷心的感谢。同时，也参考了很多相关资料，编者已将所参考的文献资料列入参考文献，在此对相关作者表示诚挚的谢意。

由于编者水平有限，书中难免有错误与不当之处，真诚希望广大读者批评指正。

编　者

2019 年 3 月

项目1 课程导入 …… 1
任务1.1 植物组织培养的基础理论 …… 1
任务1.2 植物组织培养在农业上的应用及植物组织培养新技术 …… 5
思考题 …… 14

项目2 无菌操作前的准备工作 …… 15
任务2.1 植物组织培养实验室设计与组成 …… 15
任务2.2 植物组织培养中常用设备和仪器 …… 18
【实验实训1】 园区植物组织培养实验室的参观与设计 …… 26
【实验实训2】 组培器皿及器械的洗涤、灭菌及环境的消毒 …… 28
任务2.3 培养基的制备 …… 31
【实验实训3】 MS培养基母液的配制 …… 40
【实验实训4】 MS固体培养基的配制、分装及保存 …… 44
任务2.4 外植体的选取及处理 …… 48
【实验实训5】 外植体的选取与处理 …… 50
思考题 …… 53

项目3 无菌操作(接种)技术 …… 54
任务3.1 接种 …… 54
【实验实训6】 外植体的接种与培养 …… 56
【实验实训7】 瓶苗的转接 …… 58
【实验实训8】 植物组织培养整体方案设计 …… 60
思考题 …… 61

项目4 无菌操作后的工作 …… 62
任务4.1 植物组织培养试管苗环境条件的调控 …… 62
任务4.2 试管苗培养中的常见问题及预防措施 …… 63
【实验实训9】 组培过程中污染苗、褐变苗、玻璃化苗的识别 …… 73
任务4.3 瓶苗的驯化与移栽 …… 75
任务4.4 瓶苗的苗期管理 …… 78

【实验实训10】 瓶苗的驯化、移栽与管理 …… 80
思考题 …… 82

项目5 植物脱毒技术 …… 83
任务5.1 植物脱毒的概念与意义 …… 83
任务5.2 植物脱毒的原理与方法 …… 86
任务5.3 植物脱毒茎尖脱毒标准流程——以马铃薯茎尖脱毒为例 …… 89
任务5.4 脱毒苗的病毒检测 …… 91
【实验实训11】 马铃薯茎尖脱毒技术 …… 101
思考题 …… 103

项目6 组培苗工厂化生产的经营与管理 …… 104
任务6.1 商业化经营思想与措施 …… 104
任务6.2 生产规模与生产计划的制订及工厂化生产的工艺流程 …… 107
任务6.3 组培苗工厂化生产设施和设备 …… 111
任务6.4 成本核算与效益分析 …… 115
【实验实训12】 组培苗工厂化生产的经营与管理 …… 119
思考题 …… 120

项目7 规范配制试剂的原则及操作 …… 121
任务7.1 配制试剂前的准备工作 …… 121
任务7.2 固体药品配制试剂 …… 122
任务7.3 液体试剂配制溶液 …… 126
任务7.4 移液管和吸量管的使用 …… 128
思考题 …… 129

项目8 植物组织培养实例 …… 130
任务8.1 农作物的组织培养技术 …… 130
任务8.2 蔬果类植物的组织培养技术 …… 138
任务8.3 果树类植物的组织培养技术 …… 147
任务8.4 药用植物的组织培养技术 …… 159
任务8.5 花卉类植物的组织培养技术 …… 173
任务8.6 园林绿化及经济植物的组织培养技术 …… 195

参考文献 …… 208

课程导入

任务 1.1　植物组织培养的基础理论

1.1.1　植物组织培养的意义、概念和类型

1)植物组织培养的意义

植物组织培养技术是在植物生理学的基础上发展起来的一项植物生物技术,它运用工程学原理,利用人工培养基对植物的器官、组织、细胞或原生质体进行培养,改变植物性状,生产植物产品,为人类生产和生活服务的一门综合性技术,也是现代生物技术的核心技术之一。

在植物组织培养的基础上发展起来的快繁技术(也称为试管苗工厂化生产)特别适用于植物的苗木繁殖,对控制苗木病毒、提高产量和品质、降低成本及较少传统农业所造成的环境污染等都具有重要意义。大力推广植物组织培养快速繁殖技术是我国农业高新技术的重点发展目标之一,因此近年来该技术在农业生产上的应用发展十分迅速,并取得了较好的经济效益和社会效益。

此外,植物组织培养技术在育种、生产有用物质、种质离体保存及植物学基础研究等方面也发挥了重要的作用。

随着农业科技、环保科技、制药科技的发展,全国各地的大专院校、科研机构、生物科技企业对商业化组织培养生产越来越重视,农民个体户也会采用小规模的家庭作坊进行生产。

2)植物组织培养的概念

植物组织培养(plant tissue culture)是指在无菌条件下,将离体的植物器官、组织、细胞或原生质体,培养在人工配制的培养基(medium)上,人为控制适宜的培养条件,使其生长、分化、增殖,发育成完整植株或生产次生代谢物质的过程和技术。由于植物组织培养是在脱离植物母体条件下的试管内进行的,所以也称为离体培养(in vitro culture)或试管培养(test-tube culture)。凡是用于离体培养的材料(器官、组织、细胞、原生质体),统称为外植体(explant)。

组培概念

原生质体(protoplast)是细胞的主要部分,指细胞壁以内各种结构的总称,包括细胞膜、细胞质与细胞核。

3)植物组织培养的类型

根据不同的分类依据可以将植物组织培养分为不同类型。

(1)根据培养材料的来源分类

根据培养材料的来源可将植物组织培养分为6种培养类型:植株培养、胚胎培养、器官培养、组织培养、细胞培养和原生质体培养。

①植株培养(plant culture):是指对完整植株材料的无菌培养。一般多以种子为材料的无菌培养,如春兰诱导种子萌发成苗。

②胚胎培养(embryo culture):是指从胚珠中分离出来的成熟或未成熟胚为外植体的离体无菌培养。常用的胚胎材料有幼胚、成熟胚、胚乳、胚珠、子房等。

③器官培养(organ culture):是指以植物的根(根尖、根段)、茎(茎尖、茎段)、叶(叶原基、叶片、叶柄)、花器(花瓣、雄蕊)、果实、种子等外植体的离体无菌培养。

④组织培养(tissue culture):是指以分离出植物各部位的组织(如分生组织、形成层、表皮、皮层、薄壁组织等)或已诱导的愈伤组织为外植体的离体无菌培养,也是狭义的组织培养。

⑤细胞培养(cell culture):是指对植物体的单个细胞或较小细胞团的离体无菌培养,获得单细胞无性繁殖系。常用的细胞培养材料有性细胞、根尖细胞、叶肉细胞和韧皮部细胞等。

⑥原生质体培养(protoplast culture):是指以除去细胞壁的原生质体为外植体的离体无菌培养。通过原生质体融合即体细胞杂交,能够获得种间杂种或新品种。

(2)根据培养基状态分类

根据培养基的状态可将植物组织培养分为2种培养类型:固体培养和液体培养。

①固体培养:在培养基内加入琼脂等凝固剂,使培养基凝固,在此培养基上培养。

②液体培养:在培养基内不加入琼脂等凝固剂,培养基为液体,在此培养基上培养。

液体培养又分为静止培养、振荡培养(培养过程中,将培养基和外植体放入振荡器中振荡而完成的培养过程,主要应用于组织培养和细胞培养)、旋转培养(培养过程中,将培养基和外植体放入摇床旋转而完成的培养过程,主要应用于器官脱分化培养)和纸桥培养(培养过程中,在培养基中放入滤纸,再将材料置于滤纸上而进行的培养过程,主要应用于植物脱毒茎尖培养)4种类型。

(3)根据培养方法分类

根据培养方法可将植物组织培养分为4种培养类型:平板培养、微室培养、悬浮培养和单细胞培养。

①平板培养:将制备好的单细胞悬浮液,按照一定的细胞密度,接种在1 mm左右厚的薄层固体培养基上进行培养。

②微室培养:人工制造一个小室,将单细胞培养在小室中的少量培养基上,使其分裂增殖形成细胞团的方法。

③悬浮培养:将单个游离细胞或小细胞团悬浮在液体培养基中进行增殖培养的方法。

④单细胞培养:在离体条件下对植物单个细胞进行增殖培养的方法。

(4)根据培养过程分类

根据培养过程可将植物组织培养分为2种培养类型:初代培养和继代培养。

①初代培养(primary culture):将植物体上分离下来的外植体进行最初培养的过程。

②继代培养(subculture):由于营养物质的枯竭、水分的散失以及一些组织代谢产物的积累,将初代培养诱导产生的培养物重新分割,转移到新鲜培养基上继续培养的过程称为继代培养,也称为增殖培养,一般每隔4~6周进行1次继代培养。

(5)根据培养基的作用分类

根据培养基的作用可将植物组织培养分为3种培养类型:诱导培养、增殖培养和生根培养。

(6)根据培养目的分类

根据培养的目的可将植物组织培养分为4种培养类型:脱毒培养、微体快繁、试管育种和试管嫁接。

(7)根据培养条件分类

根据培养过程是否需要光照,可将植物组织培养分为2种培养类型:光培养和暗培养。

1.1.2 植物组织培养的原理及过程

1)植物组织培养的原理

植物组织培养的原理是利用植物细胞的全能性。细胞全能性(cell totipotency)是指植物体的每一个细胞都携带有一套完整的基因组,并具有发育成为完整植株的潜在能力。

细胞具有这种潜能是因为每个细胞都包含了该物种所特有的全套遗传物质,具有发育成为完整个体所必需的全部基因。

对植物细胞来说,不仅受精卵具有全能性,体细胞也具有全能性。植物细胞表达全能性大小顺序为受精卵>生殖细胞>体细胞。

植物生长调节物质是植物组织培养中的关键性物质,其中应用最多的是生长素类(IAA,可诱导愈伤组织形成、诱导生根)和细胞分裂素类(CTK,可诱导生芽);已有实验表明赤霉素(GA)类物质可以促进已分化芽的伸长生长;而脱落酸(ABA)和乙烯(ETH)在实际应用中极少。

2)植物组织培养的全过程

图1.1展示了整个植物组织培养的过程,下面分别介绍组培过程中的几个关键性概念。

图1.1 植物组织培养过程图

①脱分化(dedifferentiation):又称为去分化,是指在一定条件下,已分化成熟细胞或静止细胞脱离原状态而恢复到分生状态的过程,即形成愈伤组织的过程。

②愈伤组织(callus):是指外植体在培养一段时间以后,通过细胞分裂,形成的一团无定形、高度液泡化、具有分生能力而无特定功能的薄壁组织(图1.2)。

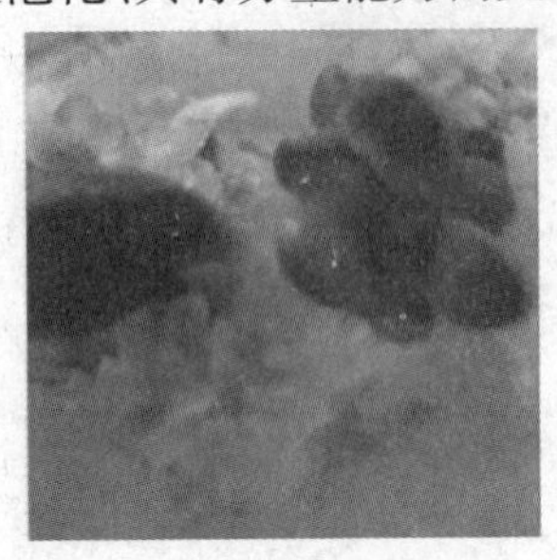

图1.2 愈伤组织

③再分化(redifferentiation):是指在一定的条件下,植物的成熟细胞经历了脱分化形成愈伤组织后,再由愈伤组织形成完整植株的过程。

④试管苗(test-tube plantlet):是指外植体在试管容器中经无菌培养所得到的植物种苗(图1.3)。

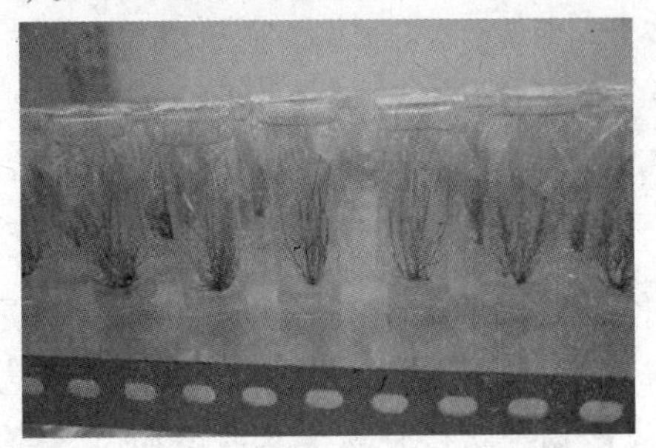

图1.3 试管苗

1.1.3 植物组织培养的特点

植物组织培养是20世纪发展起来的一门新技术,由于科学技术的进步,尤其是外源激素的应用,使植物组织培养不仅从理论上为相关学科提供可靠的实验证据,而且一跃成为一种大规模、批量工厂化生产种苗的新方法,并在生产上得到越来越广泛的应用。植物组织培养之所以发展迅速,应用广泛,是由于其具备以下5个特点。

1)植物组织培养材料来源范围广

由于植物细胞具有全能性,单个细胞、小块组织、茎尖或茎段等经过离体培养均可再生成完整的植株。在实际生产中,多以茎尖、茎段、根、叶片、子叶、下胚轴、花瓣、花药等器官或组织作为外植体,并且所需材料只需几毫米,甚至不到1 mm。如果用细胞或原生质体培养时,所需材料更小。由于取材较少,培养效果较好,对于新品种的推广和良种复壮更新,尤其是名、优、特、新、奇品种的保存、利用与开发,都有很高的应用价值和重要的实践意义。

2)外植体遗传信息稳定

由于植物细胞具有细胞全能性,在植物组织培养中,单个细胞或小块组织经组培能够得到再生组织,培养中获得的各种水平无性系,如细胞、组织块、器官或小植株,材料均来自单一的个体,遗传信息稳定,能够遗传植物的优良性状。

3）培养条件可以人为控制，可连续周年试验或生产

植物组织培养采用的植物材料完全是在人为提供的培养基和小气候环境条件（温度、光照、湿度等环境条件完全可人为控制）下进行生长，摆脱了大自然中四季、昼夜的变化以及灾害性气候的不利影响，且条件单一，对植物生长极为有利，便于连续、稳定地进行周年培养或生产。

4）生长周期短，繁殖速度快

植物组织培养由于人为控制培养条件，可根据不同植物、不同器官、不同组织的不同要求而提供不同的培养条件，来满足其快速生长的要求，缩短培养周期。植株也比较小，一般20~30 d就完成1个繁殖周期，每一个繁殖周期可增殖几倍到几十倍，甚至上百倍，植物材料以几何级数增加。

植物组织培养在良种苗木及优质脱毒种苗的快速繁殖方面也是其他方法无可比拟的。虽然植物组织培养需要一定设备及能源消耗，但由于植物材料能以几何级数繁殖生产，故总体来说成本低廉，且能及时提供规格一致的良种苗木及优质脱毒种苗。一些珍稀繁殖材料往往以单株的形式存在，单单依靠常规无性繁殖方法，需要几年或几十年才能繁殖出为数不多的苗木，而用植物组织培养的方法可在1~2年内生产上百万株整齐一致的优质种苗。比如取非洲紫罗兰的1枚叶片进行培养，经3个月培养就可得到5 000株苗。

5）管理方便，利于工厂化生产和自动化控制

植物组织培养是在一定的场所和环境下，人为提供一定的温度、光照、湿度、营养、激素等条件，进行高度集约化、高密度的科学培养生产，可比盆栽、田间栽培繁殖省去中耕除草、施肥浇水、病虫害防治等一系列繁杂的劳动，大大节省了人力、物力及田间种植所需要的土地，并可通过仪器仪表进行自动化控制，有利于工厂化生产。

因此，植物组织培养是未来农业工厂化育苗的发展方向。

任务1.2 植物组织培养在农业上的应用及植物组织培养新技术

1.2.1 植物组织培养在农业上的应用

植物组织培养在农业生产上主要应用于植物快繁、植物脱毒、新品种培育、植物种质资源保存及生产有用的次生代谢物等几方面。

1）植物离体快速繁殖

植物离体快速繁殖是植物组织培养在生产上应用较广泛，经济效益较高的一项技术，主要应用于那些通过其他方式不易繁殖，或繁殖率较低的植物繁殖上。其商业性应用始于20世纪70年代美国兰花工业，20世纪80年代已被认为是能够带来全球经济效益的产业。

据报道全球有1 000多家组培公司,美国有100多家兰花组培公司,年产值5 000万~6 000万美元。例如美国的Wyford国际公司设有4个组培室,每年培养的观赏花卉、蔬菜、果树及林木等组培苗有3 000万株,研究和培育的新品种1 000多个;以色列的Benzur公司年产观赏植物组培苗800万株;印度的Harrisons Malayalam有限公司年产观赏植物组培苗400万株。

通过离体快繁可在较短时期内迅速扩大植物的数量,在合适的条件下每年可繁殖出几万倍,乃至百万倍的幼苗。如1个草莓芽1年可繁殖1亿个芽,1个兰花原球茎1年可繁殖400万个原球茎,1株葡萄1年可繁殖3万株。

植物组培快繁技术在我国也得到了广泛的应用,到目前为止已报道有上千种植物的快速繁殖获得成功,包括观赏植物、蔬菜、果树、大田作物及其他经济作物。我国已有300多家科研单位和种苗工厂进入批量生产阶段。如海南、广东、福建的香蕉苗,云南、上海的鲜切花种苗,广西的甘蔗种苗,山东的草莓种苗,江苏、河北的速生杨种苗等。

2)脱毒苗的培育

植物脱毒往往是和植物快繁结合在一起应用的。植物在生长发育过程中几乎都要遭受到病毒不同程度的侵染,特别是靠无性繁殖的植物,感染病毒后会代代相传,越染越重,严重地影响了产量和品质,给生产带来巨大损失。如草莓、马铃薯、甘薯、葡萄、香蕉等植物感染病毒后会造成产量下降、品质变劣;兰花、菊花、百合、康乃馨等观赏植物受病毒为害后,造成产花少、花小、花色暗淡,大大影响了其观赏价值。解决这种问题的方法只有进行脱毒培养。如:大蒜脱毒后叶面积增加58%~96%,蒜头增产32%~114%,蒜薹增产66%~175%;甘薯脱毒后增产17%~158%,并且大、中薯率提高;马铃薯脱毒后株高增加63%~186%,增产50%~90%;柑橘无病毒苗可提高产量15%~45%,并且着色好,糖度高;草莓无病毒苗可提高产量20%~60%。

自20世纪50年代发现采用茎尖培养方法可除去植物体内的病毒以来,脱毒培养就成为解决病毒病危害的主要方法。植物的脱毒原理是:在植物体内病毒分布不均匀,在茎尖0.1~1 mm的部位含量较低或者不含有病毒,切取一定大小的茎尖分生组织进行培养,再生植株就可能脱除病毒,从而获得脱毒苗。脱毒苗恢复了植物原有的优良种性,生长势明显增强,整齐一致,产量提高,品质得到改善。如大蒜脱毒后蒜头直径由4.7 cm增长到7.2 cm;马铃薯脱毒后亩增产50%~100%,近两年脱毒的种薯已在主产区普及,推广面积达11.3万hm^2,而且在日本、荷兰、越南等国也已大面积应用;兰花、水仙、大丽花等观赏植物脱毒后植株生长势强,花朵变大,产花量上升,色泽鲜艳。

目前,利用组织培养脱除植物病毒的方法已广泛应用于花卉、果树、蔬菜等植物上,并且我国已建立了很多脱毒种苗生产基地,培养脱毒苗供应全国生产栽培,经济效益非常可观。

3)植物新品种的培育

(1)花药和花粉培养(单倍体育种)

通过花药或花粉培养可获得单倍体植株,不仅可以迅速获得纯的品系,更便于对隐性突变的分离,较常规育种大大地缩短了育种年限。1964年,印度的Guba和Maheshwari培养毛叶曼陀罗花药获得了第1株单倍体植株,从而促进了花药和花粉培养的研究,以后在烟草、水稻、小麦、玉米、番茄、甜椒、草莓、苹果等多种植物上获得成功。如1974年我国科学家用单倍体育成世界上第1个作物新品种——烟草“单育1号”，之后又育成水稻“中花8号”、小麦“京花1号”等新品系。

由于单倍体植株往往不能结实，在花药或花粉培养中用秋水仙素处理，可使染色体加倍获得同源二倍体的纯合系，其后代不会性状分离，可以直接用于选育杂种一代的亲本或性状纯合的常规品种。与常规育种方法相比，通过花药和花粉培养获得单倍体的单倍体育种方法，可以在短时间内得到作物的纯系，从而加快了育种进程。

(2)胚培养

胚培养是植物组织培养中最早获得成功的技术。在植物种间杂交或远缘杂交中，杂交不孕给远缘杂交带来了许多困难，采用胚的早期离体培养可以使胚正常发育并成功地培养出杂交后代，并通过无性系繁殖获得数量多、性状一致的群体，从而育成新品种。如苹果和梨杂交种、大白菜与甘蓝杂交种、栽培棉与野生棉的杂交种等。胚培养已在50多个科、属中获得成功。利用胚乳培养可以获得三倍体植株，再经过染色体加倍获得六倍体，进而育成植株生长旺盛、果实大的多倍体植株。

(3)细胞融合

通过原生质体的融合，可部分克服有性杂交不亲和性，从而获得体细胞杂种，从而创造新物种或优良品种。目前已获得40多个种间、属间甚至科间的体细胞杂种植株或愈伤组织，有些还进而分化成苗。

(4)选择细胞突变体

离体培养的细胞处于不断分裂的状态，容易受到培养条件和外界因素如射线、化学物质等的影响而发生变异，从中可以筛选出对人们有用的突变体，进而育成新品种。目前，用这种方法已筛选到抗病虫、抗寒、抗盐、抗除草剂毒性、高赖氨酸、高蛋白、矮秆高产的突变体，有些已用于生产。

(5)植物基因工程

植物基因工程是在分子水平上有针对性地定向重组遗传物质，改良植物性状，培育优质高产作物新品种，大大地缩短了育种年限，提高了工作效率，为人类开辟了一条诱人的植物育种新途径。迄今为止，已获得转基因植物百余种。植物基因转化的受体除植物原生质体外，愈伤组织、悬浮细胞也都可以作为受体。几乎所有的植物基因工程的研究最终都离不开应用植物组织培养技术和方法，它是植物基因工程必不可少的技术手段。

4)有用次生代谢物的生产

利用植物组织或细胞的大规模培养，可以生产一些天然有机化合物，如蛋白质、糖类、脂肪、药物、香料、生物碱及其他生物活性物质等。这些次生代谢产物往往具有一些特定的功能，对人类有重要的影响和作用。目前，利用单细胞培养产生的蛋白质，给饲料和食品工业提供广阔的原料生产前景；利用组织培养方法生产微生物以及人工不能合成的药物或有效成分，有些已投入生产。目前，已有60多种植物在培养组织中有效物质的含量高于原植物，如粗人参皂苷在愈伤组织中含量为21.4%，在分化根中含量为27.4%，而在天然人参根中的含量仅为4.1%。

目前，利用植物组织培养生产的有用次生代谢产物主要集中在制药工业中一些价格高、产量低、需求量大的化合物上(如紫杉醇、长春碱、紫草宁等)，其次是油料(如小豆蔻油、春黄菊油)、食品添加剂(如生姜、洋姜等)、色素、调味剂、饮料、树胶等。

5）种质资源的离体保存

种质资源是农业生产的基础，由于自然灾害、人为活动已造成相当数量的植物消失或正在消失，特别是具有独特遗传性状的物种。如果采用植物组织培养的方式，将种质资源的外植体放到无菌环境中进行培养，并置于低温或超低温条件下保存则可以达到长期保存的目的，可节约大量的人力、物力和土地，还可挽救濒危物种。如1个0.28 m^3 的普通冰箱可存放2 000支试管苗，可容纳相同数量的苹果植株则需要近6 hm^2 土地。

离体保存的种质资源无菌、材料小、可长期保存，便于地区间和国际间进行交流、转移。如草莓茎尖在4 ℃黑暗条件下，培养物可以保持生活力达6年之久，期间只需每3个月加入些新鲜培养液。再如胡萝卜和烟草等植物的细胞悬浮物，在-20～-196 ℃的低温下贮藏数月，尚能恢复生长，再生成植株。

6）人工种子

人工种子（artificial seed）是由美国生物学家Murashige提出来的，是指植物离体培养中产生的胚状体或不定芽，被包裹在含有养分和保护功能的人工胚乳和人工种皮中。人工种子技术是在组培的基础上发展起来的新兴生物技术，具有工厂化大规模制备和储藏、迅速推广、种子萌发率高等优点。目前，兰花、胡萝卜、小麦、杂交水稻等人工种子已进入开发阶段，可以实现工厂化、自动化生产。

人工种子在自然条件下能够像天然种子一样正常生长，它可为某些珍稀物种的繁殖以及转基因植物、自交不亲和植物、远缘杂种的繁殖提供有效的手段。

7）观赏组培

观赏组培是指在透明的塑料瓶中培养，长势慢，可观叶或观根的植物，有些是可以开花的植物，如“手指玫瑰”（图1.4）。可将培养瓶做成各种个性十足的流行款式，使培养基着上各种鲜艳的颜色，更具有观赏价值，可作为室内装饰或手机、钥匙等的装饰物。

图1.4　手指玫瑰

1.2.2　植物组织培养新技术

1）植物开放式组培技术

在植物开放式组织培养，简称开放组培，是在使用抗菌剂的条件下，使植物组织培养脱离严格无菌的操作环境，不需高压灭菌锅和超净工作台，利用塑料杯代替组培瓶，在自然开放的有菌环境中进行的植物组织培养。崔刚等采用中医理论，从多种植物中提取具有杀菌、抗菌活性物质，成功研制出了具有广谱性杀菌能力的抗菌剂，并且通过开放组培方法成功建立了葡萄外植体的开放式培养。采用开放式组培技术，在培养基中添加抑菌剂，克服了非灭菌条件下魔芋组织培养污染问题，有效地简化了实验步骤，降低了生产成本。开放组培技术突破了人工光源培养的限制，实现了大规模利用自然光进行植物培养的目标。

2）无糖组培技术（光独立培养法）

在植物组织培养过程中，小植株生长方式是以植物体依靠培养基中的糖以人工光照进行异养和自养生长。由于传统的组培技术中使用的是含糖培养基，杂菌很容易侵入培养容器中繁殖，造成培养基的污染。为了防止杂菌侵入，通常将培养容器密闭，这样既造成植物生长缓慢，又容易出现形态和生理异常，同时还增加了费用。20 世纪 80 年代末，日本千叶大学古在丰树教授发明了一种全新的植物组培技术——无糖组培技术，又称为光自养微繁技术。

该技术是植物组织培养的一种新概念，是环境控制技术和生物技术的有机结合。其特点是：将大田温室环境控制的原理引入到常规组织培养中，通过改变碳源的供给途径，用 CO_2 气体代替培养基中的糖作为组培苗生长的碳源，采用人工环境控制的手段，提供适宜不同种类组培苗生长的光、温、水、气、营养等条件，促进植株的光合作用，从而促进植物的生长发育，使之由异养型转变为自养型，从而达到快速繁殖优质种苗的目的。由于该培养基主要采用多孔无机物质，如蛭石、珍珠岩和砂等作为培养基，因此不易引起微生物的污染。无糖培养技术的优点在于可大量生产遗传一致、生理一致、发育正常、无病毒的组培苗，并且缩短驯化时间，降低生产成本。目前，无糖组培技术已经成功地应用于半夏、草莓、花椰菜的培养中，并且取得了很好的实验效果。但是，无糖培养法对环境要求较高，若无糖组培环境不能被控制并达不到一定的精度，就会严重影响组培苗质量和经济效益。随着其理论研究的不断深入及相关配套技术的不断完善，无糖组培技术必将成为今后组培生产的一种重要手段。

3）新型光源在组培上的应用

目前，应用在植物组织培养上的新型光源主要有 LED、CCFL、SILHOS。

LED（light emitting diode）即发光二极管，被誉为 21 世纪的新型光源，具有效率高、寿命长、不易破损等优点。LED 波长正好与植物光合成和光形态建成的光谱范围相吻合，光能的有效利用率可达 80%～90%，并能对不同光质和发光强度实现单独控制。因此，在植物组织培养中采用 LED 照明，能供调控组培植物的生长发育和形态建成，缩短培养周期。LED 在植物组培中的应用研究主要集中在日本和美国。日本的研究水平处于国际领先地位，不但开发了专门应用于植物组织培养的 LED 发光系统，而且与其他环境调控因子相结合，取得了一些重要的基础数据。中国一些科研机构也开始了这方面的研究，并自主开发了一些 LED 光源系统，用于植物组培。

CCFL（cold cathode fluorescent lamp）即冷阴极荧光灯管，是由日本的田中道男等自行设计和开发的新型光源，具有直径小、寿命长、热量低、红蓝光比例可控、耗电量低等优点。可作为植物组培苗的光源，运用此光源为文心兰试管苗提供光照条件，结果表明其地上部分、鲜重和试管苗的高度都有显著提高。随着进一步改进，CCFL 照明系统将成为植物组织培养中的主要光源。

SILHOS（side light hollow system）是田中道男等自行设计和开发的另一种新型光源，这是一种间接照明系统，其侧部发出均匀一致的光线，光线进入反射空间经反射薄膜反射后均匀分布。此新型光源具有如下特点：

①只需要 1 盏荧光灯就能提供均匀的照明，它通过一个独特的反射曲镜使光线均匀

分布。

②避免在照明过程中产生热量,冷空气从一侧输送管进入后带走灯管所产生的热量,然后从另一侧管道将热量输送出去,可调整和控制由照明设备引起的环境温度变化。

③SILHOS 光源通过直立输送管道可以减少培养架不同培养层之间的温度差异。

田中道男等利用 SILHOS 作为生菜组培光源,获得了高质量的组培苗。

这些新型光源克服了高压钠灯、金属卤化物灯和荧光灯寿命短、发热量大以及发光率不理想等缺点。它们的应用将为组培苗的生长提供更加适宜的光照条件,有利于试管苗的生长,并且能延长光源的使用寿命,降低生产成本,还对试管苗栽培成活率有促进作用,随着相关技术的成熟和制造成本的降低,它将成为未来组培的应用光源。

植物组织培养的发展史

植物组织培养技术的研究可追溯到20世纪初期,根据其发展情况,大致可分为3个阶段(表1.1)。

表1.1　植物组织培养发展史上的重大事件

阶段	年份	主要内容
探索阶段	1839	Schleiden 和 Schwann 提出细胞学说
	1902	Haberlandt 提出植物细胞全能学说
	1904	Hanning 进行胚离体培养获得成功
	1922	Kotte 和 Robbins 进行根尖和茎尖培养形成了缺绿的叶和根
奠基阶段	1934	White 进行番茄根培养建立了第1个活跃生长的无性繁殖体系
	1937	White 建立了第1个由已知化合物组成的综合培养基
	1943	White 出版了《植物组织培养手册》
	1948	Skoog 和崔澂发现腺嘌呤或腺苷可以解除 IAA 对芽形成的抑制
	1952	Morel 和 Martin 通过茎尖培养获得脱毒大丽花植株
	1954	Muir 使单细胞培养获得成功
	1956	Miller 等人发现了细胞分裂素——激动素
	1957	Skoog 和 Miller 提出植物生长调节剂控制器官形成的概念
	1958	Steward 等获得体细胞胚,证实了 Haberlandt 的细胞全能性

续表

阶段	年份	主要内容
迅速发展阶段	1960	Cocking 等人用真菌纤维素酶分离植物原生质体获得成功
	1960	Morel 利用茎尖培养获得脱毒兰花,形成了"兰花产业"
	1962	Murashibe 和 Skoog 发表了 MS 培养基
	1964	Guha 等在叶曼陀上由花粉诱导得到单倍体植株
	1971	Takebe 等在烟草上首次由原生质体获得了再生植株
	1972	Carlson 等在烟草生获得了第一个体细胞种间杂种
	1974	Kao 等人建立原生质体的高钙高 pH 值的 PEG 融合法
	1978	Melchers 获得了第一个属间杂种植株——马铃薯番茄
	1983	Zambryski 等采用农杆菌介导获得首例转基因植物

1)探索阶段(20 世纪初—20 世纪 30 年代中期)

根据德国植物学家 Schleiden 和德国动物学家 Schwann 的细胞学说[细胞学说(cell theory)的两条最重要的基本原理:地球上的生物都是由细胞构成的;所有的生物细胞在结构上都是类似的],1902 年,德国植物生理学家 Haberlandt(图 1.5)提出了细胞全能性概念,认为离体培养的植物细胞具有通过体细胞胚胎发生过程而发育成完整植株的潜在能力。为了证实这一点,他用 Knop 培养液中离体培养小野芝麻、凤眼兰的叶肉细胞和万年青属植物的表皮细胞进行培养。由于选择的实验材料高度分化和培养基过于简单,且限于当时的技术条件,导致培养并没有获得成功,他只观察到细胞的增长,并没有观察到细胞分裂。但其实验对植物组织培养发展起了先导作用,激励了后人继续从事这方面的研究,在技术上也是一个良好的开端。

图 1.5 德国植物生理学家 Haberlandt

1904 年,Hanning 在无机盐和蔗糖溶液中对萝卜和辣根菜的胚进行培养,结果发现离体胚可以充分发育成熟,并提前萌发形成小苗。1922 年,Haberlandt 的学生 Kotte 和美国的 Robbins 在含有无机盐、葡萄糖、各种氨基酸和琼脂的培养基上,培养玉米、豌豆和棉花的茎尖和根尖,发现离体培养的组织可进行有限的生长,形成了缺绿的叶和根,但未发现培养细胞有形态发生能力。

在 Haberlandt 实验之后的 30 多年中,人们对植物组织培养的各个方面进行了大量的探索性研究,但由于对影响植物组织和细胞增殖及形态发生能力的因素尚未研究清楚,除了在胚和根的离体培养方面取得了一些结果外,其他方面的研究没有大的进展。

2)奠基阶段(20 世纪 30 年代末期—20 世纪 50 年代末期)

在萌芽阶段的基础上,人们对植物组织培养的各个方面进行了大量的研究,从而为植物组织培养的快速发展和应用奠定了基础。直到1934年，美国植物生理学家White[图1.6(a)]利用无机盐、蔗糖和酵母提取液组成的培养基进行番茄根离体培养，建立了第一个活跃生长的无性繁殖系，使根的离体培养实验获得了真正的成功，并在以后28年间反复转移到新鲜培养基中继代培养了1 600代。

1937年，White又以小麦根尖为材料，研究了光照、温度、培养基组成等各种培养条件对生长的影响，发现了B族维生素对离体根生长的作用，并用吡哆醇、硫胺素、烟酸3种B族维生素取代酵母提取液，建立了第一个由已知化合物组成的综合培养基，该培养基后来被定名为White培养基。

与此同时，法国的Gautherer[图1.6(b)]在研究山毛柳和黑杨等形成层的组织培养实验中，提出了B族维生素和生长素对组织培养的重要意义，并于1939年连续培养胡萝卜根形成层获得首次成功，Nobecourt[图1.6(c)]也由胡萝卜建立了与上述类似的连续生长的组织培养物。1943年，White出版了《植物组织培养手册》专著，使植物组织培养开始成为一门新兴的学科。White、Gautherer和Nobecourt 3位科学家被誉为植物组织培养学科的奠基人。

White

Gautherer

Nobecourt

图1.6　植物生理学家

1948年，美国学者Skoog和我国学者崔澂在烟草茎切段和髓培养以及器官形成的研究中发现，腺嘌呤或腺苷可以解除培养基中IAA对芽形成的抑制作用，能诱导形成芽，从而认识到腺嘌呤和生长素的比例是控制芽形成的重要因素。

1952年，Morel和Martin通过茎尖分生组织的离体培养，从已受病毒侵染的大丽花中首次获得脱毒植株。1953—1954年，Muir利用振荡培养和机械方法获得了万寿菊和烟草的单细胞，并实施了看护培养，使单细胞培养获得初步成功。1957年，Skoog和Miller提出植物生长调节剂控制器官形成的概念，指出通过控制培养基中生长素和细胞分裂素的比例来控制器官的分化。1958年，英国学者Steward等以胡萝卜为材料，通过体细胞胚胎发生途径培养获得完整的植株，首次得到了人工体细胞胚，证实了Haberlandt的细胞全能性理论。

在这一发展阶段，通过对培养基成分和培养条件的广泛研究，特别是对B族维生素、生长素和细胞分裂素作用的研究，从而确立了植物组织培养的技术体系，并首次用实验证实了细胞全能性，为植物组织培养以后的迅速发展奠定了基础。

3)迅速发展阶段(20世纪60年代至今)

自从20世纪50年代末，植物组织培养得以快速发展，在这个时期先后从大量的物种诱导获得再生植株，并广泛地应用于园艺和农业生产，单倍体育种、无菌苗的获得、快速繁殖等均是这个阶段的成就。

1958年，英国学者Steward在美国将胡萝卜髓细胞通过体细胞胚胎发生途径培养成为完整的植株。这是人类第一次实现人工体细胞胚，使Haberlandt的愿望得以实现，同时也证明了植物细胞的全能性。这是植物组织培养的第一个突破，他对植物组织和细胞培养产生了深远的影响。

1960年，英国学者Cocking用真菌纤维素酶分离番茄原生质体获得成功，开创了植物原生质体培养和体细胞杂交的工作，这是植物组织培养的第二个突破。

同年，Morel等培养兰花的茎尖，获得了快速繁殖的脱毒兰花。其后，国内外先后开创了兰花快速繁殖工作，并形成了“兰花产业”。在“兰花产业”高效益的刺激下，植物离体快速繁殖和脱毒技术得到快速发展，实现了试管苗产业化。目前，这一技术已在国内外大量应用，香蕉、甘蔗等不少作物均是这一技术直接应用的结果，并取得了巨大的经济效益和社会效益。

1964年，印度学者Guha和Maheshwari成功地培养曼陀罗花药获得单倍体再生植株，从而促进了植物花药培养单倍体育种技术的发展。据1996年的报道统计，那时就已从10个科24个属的250个植物中，约有1/4的植物（如玉米、小麦、甘蔗、大豆、杨树、橡胶、棉花等）是我国科技人员首先诱导获得的。在此基础上，我国科学家率先将花药培养和常规育种方法相结合，培育出一批作物新品种或新品系，累计推广面积超过200万hm^2。

另外，在这一时期人们对植物组织培养的而条件不断完善，其中最典型的就是1962年，Murashibe和Skoog发表了适用于烟草愈伤组织快速生长的改良培养基，也就是现在广泛使用的MS培养基。

1971年，Takebe等在烟草上首次由原生质体获得了再生植株，这不仅证实了原生质体同样具有全能性，而且在实践上为外源基因的导入提供了理想的受体材料。1972年，Carlson等利用硝酸钠进行了两个烟草物种之间原生质体融合，获得了第一个体细胞种间杂种植株。1974年，Kao等人建立了原生质体的高钙高pH值的聚乙二醇（PEG）诱导细胞融合法，把植物体细胞杂交技术推向新阶段。

随着分子遗传学和植物基因工程的迅速发展，以植物组织培养为基础的植物基因转化技术得到了广泛应用，并取得了丰硕成果。自1983年Zambryski等采用根癌农杆菌介导转化烟草，获得了首例转基因植物以来，利用该技术在水稻、玉米、小麦、大麦等主要农作物上取得了突破进展。迄今为止，通过农杆菌介导将外源基因导入植物已育成了一批抗病、抗虫、抗除草剂、抗逆境及优质的转基因植物，其中有的开始在生产上大面积推广使用。转基因技术的发展和应用表明组织培养技术的研究已开始深入到细胞和分子水平。

20世纪60年代由于植物组织培养的迅速发展，各国科学家于1973年在英国成立了国际植物组织培养协会（IAPTC），现改名为国际植物组织培养与生物技术协会（IAPTCB），并且每4年召开1次国际会议，论文数和参加人数一届比一届多。除此之外，还有另外一个国际性学术组织，即国际离体生物学会（The Society for in Vitro Biology，SIVB），该协会成立于1946年，起初名称为组织培养协会，后来改为现名，该学会每年均召开年会。有关方面的专著和丛书也在不断增加。目前有两种专门发表植物组织培养的国际刊物。它们是*Plant Cell, Tissue and Organ Culture*和*In Vitro Cellular & Developmental Biology-Plant*。

思考题

1.名词解释:植物组织培养、愈伤组织、外植体、细胞全能性、脱分化、再分化、原生质体。

2.植物组织培养的原理是什么?

3.植物组织培养的特点有哪些?

4.植物组织培养在农业上的应用主要有哪些?

无菌操作前的准备工作

任务 2.1 植物组织培养实验室设计与组成

2.1.1 植物组织培养实验室设计

在进行植物组织培养工作之前，首先应对工作中需要哪些最基本的设备条件有个全面的了解，以便因地制宜地利用现有房屋新建或改建实验室。实验室的大小取决于工作的目的和规模。以工厂化生产为目的，实验室规模太小，则会限制生产，影响效率。在设计植物组织培养实验室时，应按组织培养程序来没计，避免某些环节倒排，引起日后工作混乱。植物组织培养是在严格无菌的条件下进行的。要做到无菌的条件，需要一定的设备、器材和用具，同时还需要人工控制温度、光照、湿度等培养条件。

1）植物组织培养实验室设计原则

无论实验室的性质和规模如何，实验室设置的基本原则是：科学、高效、经济和实用。一个植物组织培养实验室必须满足 3 个最基本的需要，分别是：实验准备（培养基制备、器皿洗涤与存放、培养基和各种培养器皿灭菌）、无菌操作和控制培养。此外，还可根据从事的实验要求来考虑辅助实验室及其各种附加设施，以使实验室更加完善。

2）考虑事项

植物组织培养实验室的建设均需考虑两个方面的问题：一是所从事的实验的性质，即是生产性的还是研究性的，是基本层次的还是较高层次的；二是实验室的规模，规模主要取决于经费和实验性质。

3）植物组织培养实验室的选址

新建植物组织培养实验室应该建立空气清新、光线充足、通风良好、环境清洁、水电齐备、交通便利，避开各种污染源的地方，最好在常年主风向的上风方向，尽量减少污染，以利于组织培养的顺利进行，降低培养过程的污染率，培育出优质试管苗。也可因地制宜地利用现有房舍，按照实验室的要求改造成组织培养实验室，做到因陋就简，既能开展研究和生产工作，又不花费过多。规模化生产的植物组织培养实验室最好建在交通便利的地方，以便于培养出来的产品的运送。

2.1.2 植物组织培养实验室的组成

植物组织培养的基本实验室包括准备室、洗涤灭菌室、缓冲室、无菌操作室和培养室，是植物组织培养实验所必须具备的基本条件。如果进行工厂化生产，年产4万~20万株，需3~4间实验用房，总面积60 m^2。

1)准备室

准备室又称化学实验室，进行一切与实验有关的准备工作。其功能是完成所使用的各种药品的贮备、称量、溶解、器皿洗涤、培养基配制与分装、培养基和培养器皿的灭菌、培养材料的预处理等。

准备室要求20 m^2左右，宽敞明亮、以便放置多个实验台和相关设备，方便多人同时工作；同时要求通风条件好，便于气体交换；实验室地面应便于清洁，并应进行防滑处理。

(1)准备室的类型

①分体式研究性质实验室：适用于高层次的研究性的实验，将准备室分成若干个房间，分解为药品贮藏室、培养基配制与洗涤室和灭菌室等，功能明确，便于管理，但不适于大规模生产。

②通间式规模化实验室：适用于大规模生产，准备室一般设计成大的通间，使试验操作的各个环节在同一房间内按程序完成。准备试验的过程在同一空间进行，便于程序化操作与管理，试验中减少各环节间的衔接时间，从而提高工作效率。此外还便于培养基配制、分装和灭菌的自动化操作程序设计，从而减少规模化生产的人工劳动，更便于无菌条件的控制和标准化操作体系的建立。

准备室应具备实验台、药品柜、水池、仪器、药品、防尘橱(放置培养容器)、冰箱、天平、蒸馏水器、酸度计及常用的培养基配制用玻璃仪器等。

(2)准备室的组成

①洗涤室：主要完成各种器具的洗涤、干燥、保存等。洗涤室的大小应根据工作量的大小来决定，一般面积控制在30~50 m^2。在实验室的一侧设置专用的洗涤水槽，用来清洗玻璃器皿。中央实验台还应配置2个水槽，用于清洗小型玻璃器皿。如果工作量大，可以购置一台洗瓶机。准备1~2个洗液缸，专门用于洗涤对洁净度要求很高的玻璃器皿，地面要求耐湿并且排水良好。

洗涤室应具备水池、落水架、中央实验台、超声波清洗器、烘箱等设备。

②药品储藏室：主要用于存放无机盐、维生素、氨基酸、糖类、琼脂、生长调节剂等各种化学药品。要求室内干燥、通风、避免光照。室内设有药品柜、冰箱等设备。各类化学试剂按要求分类存放，需要低温保存的药剂应置于冰箱中保存，有毒药品应按规定存放和管理。

③称量室：要求干燥、密闭、无直射光照。根据需要，配备各类天平。一般配备1/100的普通天平和1/10 000的电子天平，条件允许可加配1/1 000和1/100 000的天平。除电源外，应设有防震、固定的台座。

④培养基配置室：用于培养基的配制、分装机培养基的暂时存放。室内应配有试管、三角瓶、烧杯、量筒、吸管、移液管等器具；配置平面实验台及安放药品和器皿的各类药品柜、

器械柜、药品存放架；配备水浴锅、微波炉、过滤装置、酸度计、分注器及储藏母液的冰箱等。

⑤灭菌室：用于器皿、器械、封口材料和培养基的消毒灭菌，要求墙壁耐湿、耐高温，室内需要备有高压蒸汽灭菌装置、细菌过滤装置、煤气灶和电炉等。

2）缓冲室

缓冲室是进入无菌室前的一个缓冲场地，减少人体从外界带入的尘埃等污染物。工作人员在此更衣换鞋，戴上口罩，才能进入无菌操作室和培养室，以减少进出时带入接种室杂菌。

缓冲室需 3~5 m^2，应建在无菌操作室外，应保持清洁无菌，备有鞋架和衣帽挂钩，并有清洁的实验用拖鞋、已灭过菌的工作服；墙顶用 1~2 盏紫外灯定时照射，对衣物进行灭菌。该室最好也安一盏紫外线灭菌灯，用以照射灭菌。缓冲室的门应该与接种室的门错开，两个门也不要同时开启，以保证无菌操作室不因开门和人员的进出而带进杂菌。

3）无菌操作室

无菌操作室简称无菌室，也称接种室，主要用于植物材料的消毒、接种、培养物的转移、试管苗的继代、原生质体的制备以及一切需要进行无菌操作的技术程序，是植物离体培养研究或生产中最关键的一步。

接种室宜小不宜大，一般要求 7~8 m^2。要求地面、天花板及四壁尽可能密闭光滑，最好采用防水和耐腐蚀材料，以便于清洁和消毒，能较长时间保持无菌，因此不宜设在容易受潮的地方；配置拉动门，以减少开关门时的空气扰动。接种室要求干爽安静，清洁明亮，在适当位置吊装 1~2 盏紫外线灭菌灯，用以照射灭菌。最好安装一小型空调，使室温可控，这样可使门窗紧闭，减少与外界空气对流。

一般新建实验室的无菌室在使用之前应进行灭菌处理：用甲醛和高锰酸钾进行熏蒸，并应定期进行灭菌处理，还可用紫外线每周照射 1~2 h，或每次使用前照射 30 min。

无菌操作室应具备紫外灯、空调、解剖镜、消毒器、酒精灯、接种器械（接种镊子、剪刀、解剖刀、接种针）、实验台、搁架、超净工作台和整套灭菌接种仪器、药品等。

4）培养室

培养室是将接种的离体材料进行控制培养生长的场所，主要用于控制培养材料生长所需的温度、湿度、光照、水分等条件。

培养室的基本要求是能够控制光照和温度，并保持相对的无菌环境，因此，培养室应保持清洁（应定期用 20%新洁尔灭消毒，以防止杂菌生长）和适度干燥。培养室的大小可根据需要培养架的大小、数目及其他附属设备而定，其设计以充分利用空间和节省能源为原则，每一个培养室的空间不宜过大，便于对条件的均匀控制，一般要求 10~20 m^2。高度比培养架（培养架上需安装日光灯照明）略高为宜，周围墙壁要求有绝热防火的性能。

培养室最重要的因子是温度，一般保持在 20~27 ℃，具备产热装置，并安装窗式或立式空调机。由于热带植物和寒带植物等不同种类要求不同温度，最好不同种类有不同的培养室。

室内湿度也要求恒定，相对湿度以保持在 70%~80%为好，可安装加湿器。控制光照时间可安装定时开关钟，一般需要每天光照 10~16 h，也有的需要连续照明。短日照植物需要短日照条件，长日照植物需要长日照条件。现代组培实验室大多设计为采用天然太阳光照作为主要能源，这样不但可以节省能源，而且组培苗接受太阳光生长良好，驯化易成活。在阴雨天可用灯光作补充。

培养室应具备培养架、摇床、转床、自动控时器、紫外灯、光照培养箱或人工气候箱、生化培养箱、边台实验台（用于拍摄培养物生长状况）、除湿机、显微镜、温湿度计、空调等。

根据研究或生产的需要而配套设置的专门实验室，主要用于细胞学观察和生理生化分析辅助实验室。

1）细胞学实验室

细胞学实验室主要用于对培养物的观察分析与培养物的计数，对培养材料进行细胞学鉴定和研究，由制片室和显微观察室组成。制片是获取显微观察数据的基础，配备有切片机、磨刀机、温箱及样品处理和切片染色的设备。应有通风橱和废液处理设施。显微观察室主要是显微镜和图像拍摄、处理设备。

细胞学实验室要求清洁、明亮、干燥、防止潮湿和灰尘污染。

细胞学实验室应具备双筒实体显微镜、倒置显微镜等。

2）驯化移栽室

驯化移栽室面积大小视生产规模而定，主要用于试管苗的移栽，通常在温室或大棚内进行。室内应具备喷雾装置、遮阳网、移植床等设施和钵、盆、移栽盘等移植容器以及草炭、蛭石、沙子等移栽基质。试管苗移栽时，一般要求室温在15~35 ℃，相对湿度在70%以上。

3）生理生化分析实验室

生理生化分析实验室是以培养细胞产物为主要目的的实验室，应建立相应的分析化验实验室，随时对培养物成分进行取样检查。大型次生代谢物生产，还需有效分离实验室。

任务2.2　植物组织培养中常用设备和仪器

2.2.1　称量、贮存设备及用具

1）天平

植物组织培养实验室需要2~4台不同精度的天平，用于称取大量元素、微量元素、维生素、激素等微量药品，其精确度为0.001 g；用于称量较大的药品（如糖和琼脂等），其精确度为0.1 g。天平应放置于干燥、防震的操作台上（图2.1）。

2）量筒

量筒用于量取不同体积的液体，规格有5 mL、10 mL、25 mL、50 mL、100 mL、250 mL、500 mL、1 000 mL和2 000 mL等。

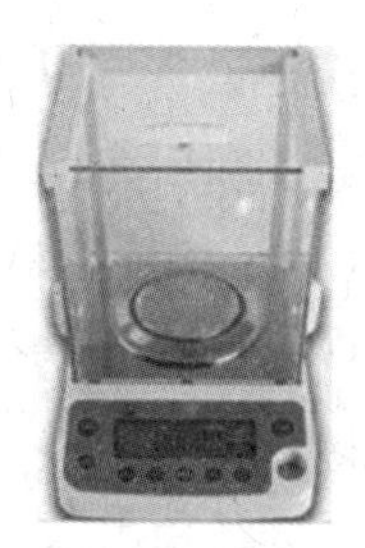

图 2.1 各种感量的电子天平

3)烧杯

烧杯用于配制培养基母液时溶解各种化合物,规格有 5 mL、10 mL、25 mL、50 mL、100 mL、150 mL、200 mL、250 mL、300 mL、400 mL、500 mL 和 800 mL 等。

4)移液管

移液管用于吸取各种用量较少的母液,规格有 0.1 mL、0.2 mL、0.5 mL、1 mL、2 mL、5 mL、10 mL、15 mL、20 mL、25 mL 和 50 mL 等。

5)试剂瓶

试剂瓶用于盛放化学试剂,有广口瓶、细口、磨口、无磨口等多种。广口瓶用于盛放固体试剂,细口瓶盛放液体试剂;棕色瓶用于盛放避光试剂;磨口塞瓶能防止试剂吸潮和浓度变化。另外,还有瓶口带有磨口滴管的滴瓶。

6)容量瓶

容量瓶用于配制培养基母液时的定容,规格有 5 mL、10 mL、25 mL、50 mL、100 mL、200 mL、250 mL、500 mL、1 000 mL 和 2 000 mL 等。

2.2.2 灭菌设备及用具

1)湿热灭菌设备(高压蒸汽灭菌锅)

高压蒸汽灭菌锅根据操作形式可分为开放式操作和密闭式操作。根据体积大小可分为小型手提式、中型立式、大型卧式等不同规格(图 2.2);根据控制方式可分为手动控制,半自动控制和全自动控制等不同类型;根据生产规模的不同可分为卧式大型消毒灭菌锅和小型手提式消毒灭菌锅。生产量大的选用卧式大型消毒灭菌锅,一次可消毒培养基 20 kg,工作效率高;小型手提式消毒灭菌器,方便灵活,用于无菌操作转接工作及少量培养基灭菌。

图 2.2 手提式、立式、卧式高压灭菌锅

2）干热灭菌设备与用具

干热灭菌是利用高温烘烤或灼烧的方法进行灭菌，包括烘箱（主要用于玻璃器皿的灭菌）、酒精灯（用于接种工具的灭菌）、接种器械灭菌器等。干热消毒柜一般选用 200 ℃左右的普通或远红外线消毒柜（图 2.3）。

3）过滤除菌器

过滤除菌器使用的滤膜网孔直径小于 0.45 μm，当溶液通过滤膜后，细菌的细胞和真菌的孢子、菌丝等因大于滤膜直径而被阻。在过滤除菌的液体量很大时，常使用过滤装置；液量较小时，可用注射器配备滤膜与滤液。该设备主要用于一些酶制剂、激素以及某些维生素等不能高压灭菌试剂的灭菌（图 2.4）。

图 2.3　远红外线消毒柜

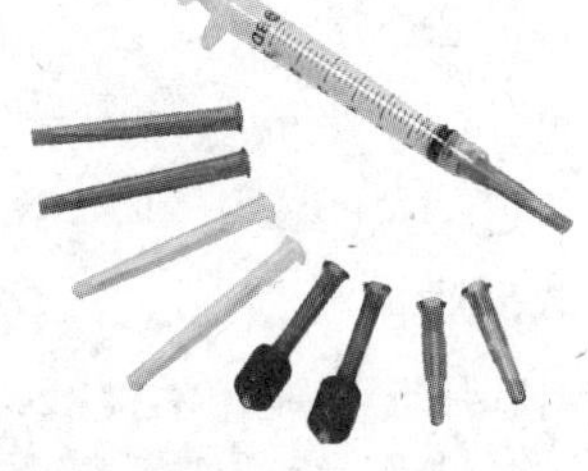

图 2.4　过滤除菌器

4）其他灭菌设备及用具

利用紫外光波、超声波、臭氧等杀菌，主要用于空气和物体表面的消毒。常用设备有紫外灯、超声波清洗器、臭氧发生器等。

其中紫外灯是方便经济的控制无菌环境的装置，是缓冲间、接种室和培养室必备的灭菌设备（图 2.5）。

2.2.3　无菌操作设备

1）接种箱

接种箱是使用较早的最简单的无菌装置，主体为玻璃箱罩、入口有袖罩，内装紫外灯和日光灯，使用时对无菌室要求较高（图 2.6）。

图 2.5　紫外灯杀菌

图 2.6　接种箱

2)**超净工作台**

超净工作台主要由鼓风机、滤板、操作台、紫外灯、照明灯等部分组成(图 2.7),超净工作台根据气流方向分为水平超净工作台和垂直超净工作台。

无菌操作应在超净工作台中进行。超净工作台功率为 145~260 W,内部装有一个小发动机,它带动风扇鼓动空气先穿过一个粗过滤器,把大的尘埃过滤掉;再穿过一个高效过滤器,把直径大于 0.3 μm 的颗粒过滤掉;然后使这种不带真菌和细菌的超净气流吹过台面上的整个工作区域。由高效过滤器吹出来的空气速度为(27±3) m/min,这种速度已足够防止附近的空气袭扰而引起污染,同时这样的流速也不会妨碍酒精灯对接种器械的灼烧消毒。

在实验操作前,要把实验材料和需要的各种器械、药品等先放入超净台内,不要中途拿进。同时台面上放置的东西不宜过多,特别注意不要将物件堆得太高,以免影响气体流通。在使用超净工作台时应注意安全,当台面上的酒精灯点燃以后,不要再喷酒精进行消毒,否则容易引起火灾。在每次使用超净工作台前,首先打开紫外灯 15~20 min 进行杀菌,接着启动鼓风装置,让气流吹 10 min 后再开始操作。由于过滤器吸附微生物,使用一段时间后过滤网易堵塞,使用一段时间后过滤网易堵塞,因此应定期更换。

图 2.7 单超净工作台实物图与使用示范图

图 2.8 培养架

2.2.4 培养设备与用具

1)**培养架**

培养架是目前所有植物组织培养实验室植株繁殖培养的通用设施。它成本低、设计灵活、可充分利用培养空间,以操作方便、最大限度利用培养空间为原则。培养架大多由金属制成,一般设 4~5 层,最低一层离地高约 10 cm,层间间隔 40~50 cm,总高度 1.7 m 左右,长度根据日光灯的长度而设计,如采用 40 W 的日光灯长为 1.3 m,30 W 的日光灯长为 1 m,宽度一般为 60 cm。光照强度可根据培养植物的特性来确定,一般每架上配备 2~4 盏日光灯(图 2.8)。

2)**培养箱**

细胞培养、原生质体培养等要求精确培养的实验,可用光照培养箱(供光照培养之用,用于分化培养和试管苗生长之用,有可调湿和不可调湿的功能之分)、调温调湿培养箱(供暗培养之用,可防止培养基干枯)、调温培养箱(供暗培养之用,即普通温箱)、CO_2 培养箱(图 2.9)。

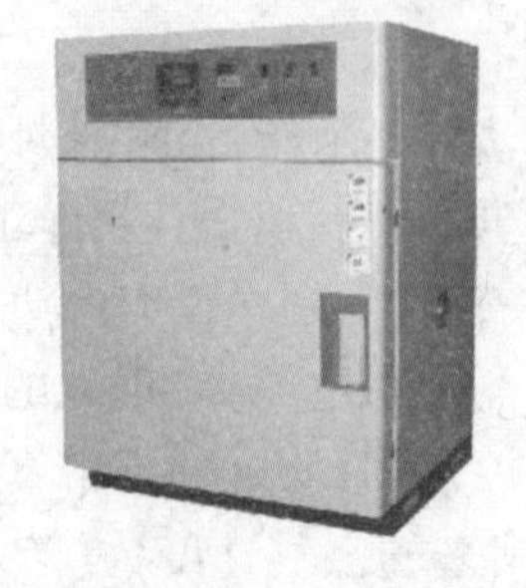

图 2.9　培养箱

3）摇床

进行液体培养时，为改善通气状况，可用振荡培养箱或摇床（图 2.10）。

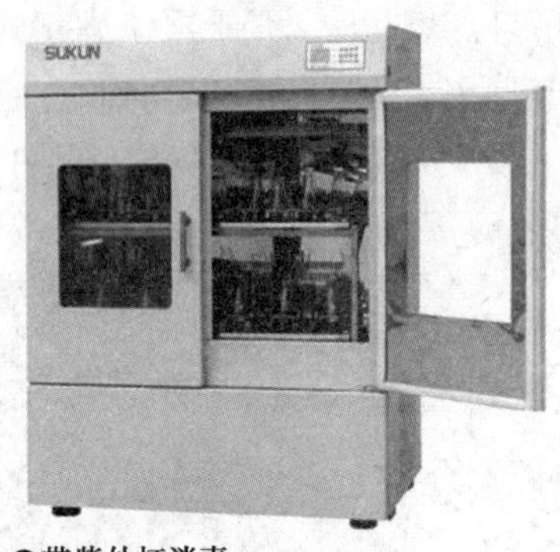

图 2.10　摇床

4）生物反应器

进行植物细胞生产次生代谢产物的实验室，还需生物反应器（图 2.11）。

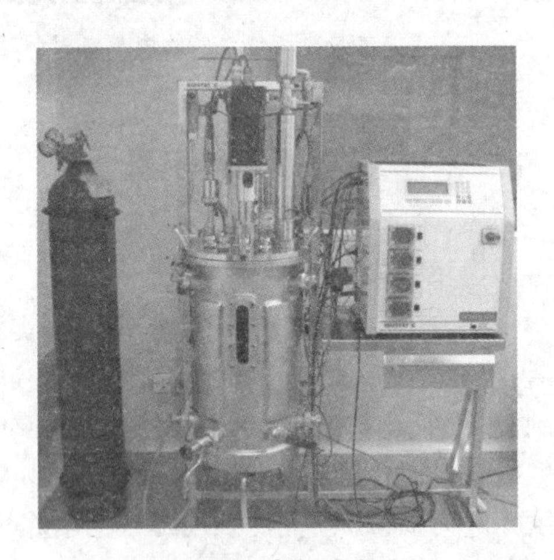

图 2.11　生物反应器

2.2.5　培养容器与培养用具

培养容器是指盛有培养基并提供培养物生长空间的无菌容器；培养用具是指培养物接种封口所用的各种金属或塑料制品，这些都是植物组织培养实验室必备的。

1）培养容器

各种规格的培养皿适用于单细胞的固体平板培养、胚和花药培养和无菌发芽，常用的规格为直径 40 mm、60 mm、120 mm（图 2.12）。三角瓶在组织培养中用得最多的规格是50 mL和100 mL，其优点是采光好，瓶口较小不易失水；缺点是价格昂贵，容易破损，且瓶矮，不适于单子叶植物的长苗培养（图 2.13）。试管适于进行花药培养和单子叶植物分化长苗培养（图2.14）。培养瓶（各种玻璃瓶都可以作为试管苗繁殖用的培养瓶，规格一般为 250 mL 和500 mL）；玻璃容器一般用无色并不产生颜色折射的硼硅酸盐玻璃材质；塑料容器材质轻、不易破碎、制作方便，广泛使用，一般为聚丙烯、聚碳酸酯材料的培养容器(图 2.15)。

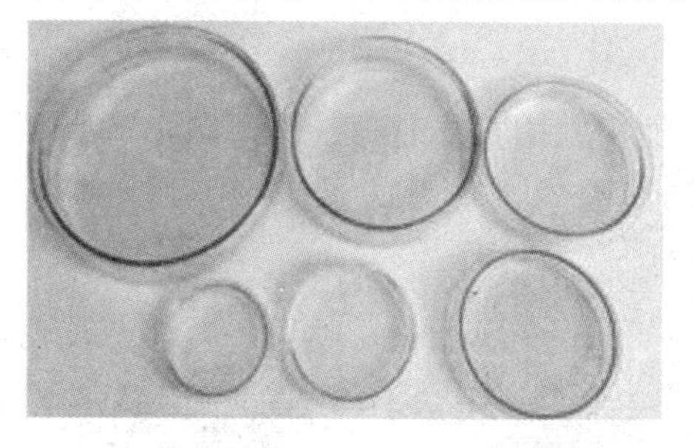

图 2.12 培养皿

图 2.13 三角瓶

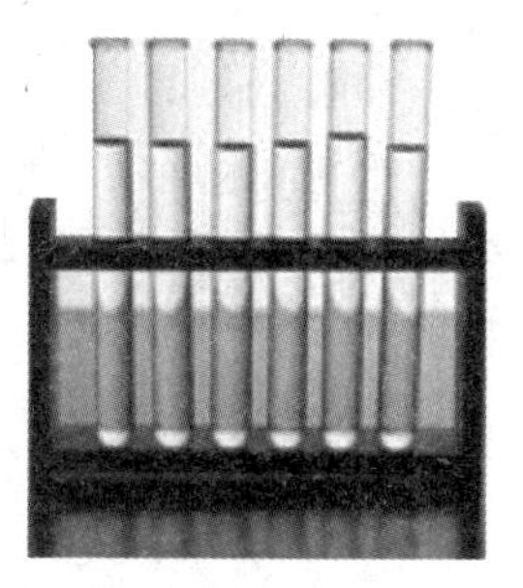

图 2.14 试管

图 2.15 培养瓶

2) 金属用具

①镊子：小的尖头镊子主要用于解剖和分离叶表皮；枪形镊子，其腰部弯曲，长 16~22 cm，主要用于转移外植体和分株转移、繁殖转接(图 2.16)。

②剪刀：不锈钢医用弯头剪，主要用于剪取材料和切段转移繁殖，长 14~22 cm(图 2.17)。

图 2.16 小的尖头镊子和枪形镊子

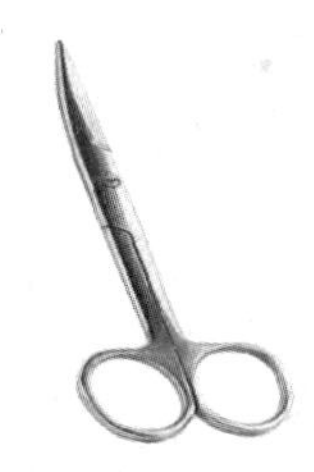

图 2.17 剪刀

③解剖刀：解剖刀有活动和固定的两种。活动的可以更换刀片，用于分离培养物；固定的用于较大的外植体解剖。植物组织培养中多用短柄可换刀片的医用不锈钢解剖刀(图 2.18)。

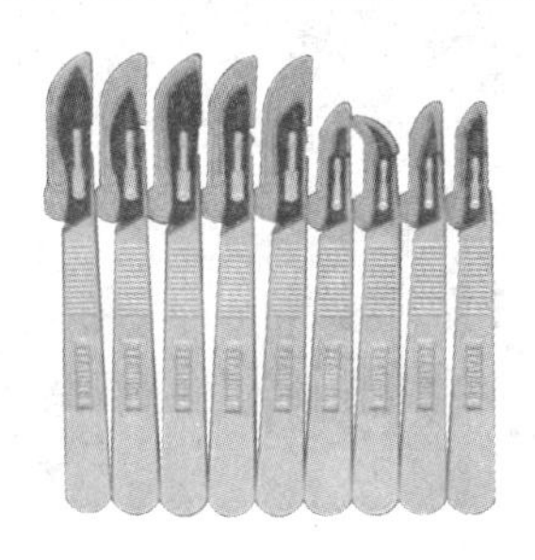

图 2.18 解剖刀

④其他用具：接种铲、接种针，均需用不锈钢制成，主要用于花药培养和花粉培养，也常用于试管中愈伤组织的转移（图 2.19）。

3）塑料用具

各种封口膜（图 2.20）、盖、塑料盘（图 2.21）及其他实验用具，如组培推车（图 2.22）、酒精灯（图 2.23，主要用于金属工具的灭菌和在火焰无菌圈内进行无菌操作）、万用电炉等（图 2.24）。

图 2.19　接种铲和接种针　　图 2.20　封口膜　　图 2.21　耐高温组培盘

图 2.22　组培推车　　图 2.23　酒精灯　　图 2.24　万用电炉

2.2.6　其他设备与用具

1）纯水机

植物组织培养的实验中，用量最多的就是高纯度的水。据统计，一个年产 300 万组培苗的实验室每天需用 15 L 以上的优质纯水。使用纯水的目的是能清楚地了解和把握培养基的成分。市面上常见的纯水机如图 2.25 所示。

图 2.25　纯水机　　图 2.26　SP-18 智能数显磁力加热搅拌器

2)加热器

加热器主要用于培养基的配制。研究性实验室一般选用带磁力搅拌功能的加热器,规模化大型实验室用大功率加热和电动搅拌系统(图 2.26)。

3)离心机

离心机主要用于细胞、原生质体等活细胞分离,也可用于培养细胞的细胞器、核酸以及蛋白质的分离提取。根据分离物质不同配置不同类型的离心机。一般细胞、原生质体等活细胞的分离用低速离心机;核酸、蛋白质分离用高速冷冻离心机;规模化生产次生产物,还需选择大型离心分离系统(图 2.27)。

图 2.27 离心机

4)分装设备

分装设备主要用于培养基的自动分装(图 2.28)。

5)酸度计

酸度计主要用于测定培养基及其他溶液的 pH 值,一般要求可测定 pH 值范围为 1~14,精度 0.01 即可(图 2.29)。若无酸度计,也可使用 pH 试纸进行粗测。

图 2.28 AES 全自动培养基分装系统

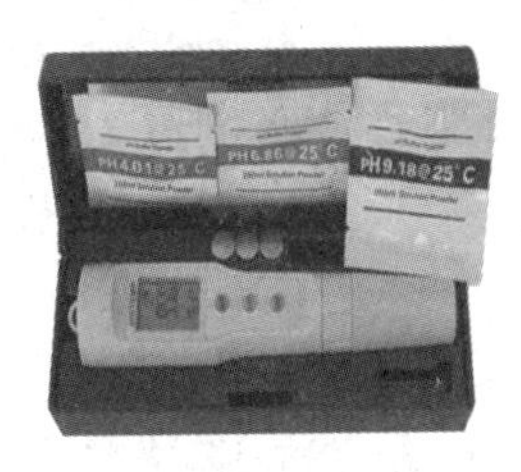

图 2.29 酸度计

6)冰箱

冰箱主要用于储存培养基母液,各种易变质、易分解的化学药品以及某些试验材料的低温处理,普通冰箱即可(图 2.30)。

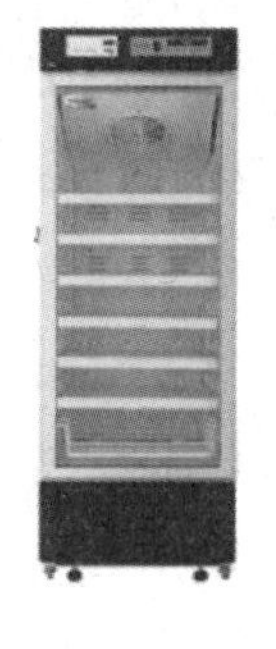
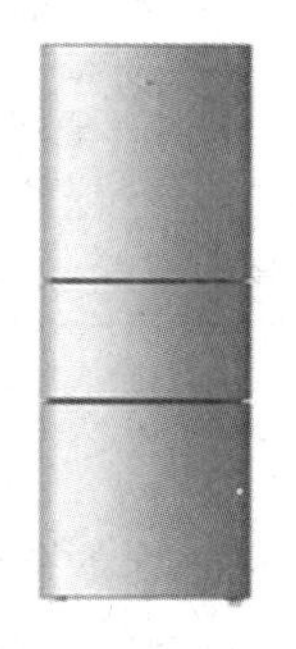

图 2.30 冰箱

实验实训1 园区植物组织培养实验室的参观与设计

【任务单】

任务名称:园区植物组织培养实验室的参观与设计
学时:4学时
教学任务: 1.参观植物组织培养室并了解各组成部分的作用 2.能够设计植物组织培养室
教学目标: 1.了解植物组织培养实验室的布局 2.掌握植物组织培养实验室的基本设施及设计要求 3.熟悉组织培养中涉及的各种仪器设备和器皿用具
任务载体:园区植物组织培养实验室
任务地点:实训场
教学方法及组织形式:以现场教学法、教授法、直观演示法为主;现场教学
教学流程: 1.指导教师集中讲解本次实验实训的目的、要求及内容 2.实验实训指导教师集中介绍植物组织培养实验室安全守则及有关注意事项 3.根据班级人数,将全班同学分成若干组,由指导教师与实验实训指导教师分别向学生讲解 4.指导教师讲解植物组织培养的流程,参观实验室 5.讲解实验室房间布局、基本设施以及各分室功能和设计要求 6.分组讲解各分室放置的仪器设备的名称、用途及使用方法 7.室外参观炼苗,移栽温室,观看移栽后试管苗生长状况 8.完成实训任务报告: (1)绘制植物组织培养实验室的房间布局 (2)列出植物组织培养实验室常用仪器设备、器皿用具名称及其用途

1)目的

通过认知实训,了解植物组织培养实验室的布局,掌握植物组织培养的程序,同时熟悉组织培养中涉及的各种仪器设备和器皿用具。

2)仪器与用具

超净工作台、蒸馏水发生器或纯水发生器、高压灭菌器、普通冰箱、微波炉、煤气灶或电炉、显微镜、1/10 000(或1/1 000)的电子天平、恒温箱、烘箱、各种培养器皿、分注器、各种实验器皿和各种器械用具。

3)方法步骤

(1)集中学习植物组织培养实验室安全守则及有关注意事项。

①实验人员必须熟悉仪器、设备性能和使用方法,按规定要求进行操作。

②组织培养室应保持室内通风良好,避免不必要的污染。

③在无菌室操作时,必须穿工作服、戴工作帽及口罩,使用前必须经紫外线照射或其他方法消毒才可使用,操作必须严格无菌操作,以免污染。

④在无菌室的超净工作台使用后,必须用酒精消毒手和台面,然后开紫外线照射20 min。

⑤不使用无标签(或标志)容器盛放的试剂、试样。

⑥实验中产生的废液、废物应集中处理,不得任意排放;所用的培养物、被污染的玻璃器皿,都必须用消毒水浸泡一夜或煮沸或高压蒸汽灭菌等方法处理后再清洗。

⑦在实验室中使用手提高压灭菌锅时,必须熟悉操作过程,操作时不得离开,时刻注意压力表,不得超过额定范围,以免发生危险。

⑧严格遵守安全用电规程,不使用绝缘损坏或接地不良的电器设备,不准擅自拆修电器。

⑨实验完毕,实验人员必须洗手及消毒后方可进食,并不准把食物、食具带进实验室,实验室内禁止吸烟。

⑩实验室应配备消防器材,实验人员要熟悉其使用方法并掌握有关的灭火知识。实验结束,人员离室前要检查水、电、燃气和门窗,确保安全。

(2)指导教师讲解植物组织培养的流程。

(3)指导教师讲解组培实验室的构建情况,包括准备室、缓冲室、无菌操作室(又称接种室)和培养室的设计要求。

(4)指导教师讲解仪器设备的名称、用途及使用方法。

(5)指导教师讲解在实验室中培养材料的一些常用参数,如培养室的温度、光照时数、光照度等。

4)作业

(1)撰写实验实训报告。

(2)每人设计一个植物组织培养实验室的组建方案。

【评价单】

任务名称:			
姓名:		班级:	
序号	评价内容	分值	得分
1	植物组织培养实验室的功能及构建要求	30	
2	按照小组套路结果绘植物组织培养实验室设计图	40	
3	①陈述本小组的设计理由 ②回答其他组成员的疑问	30	
总计		100	
教师签名	主讲教师:	实训指导教师:	

实验实训 2　组培器皿及器械的洗涤、灭菌及环境的消毒

【任务单】

任务名称:组培器皿及器械的洗涤、灭菌及环境的消毒
学时:4 学时
教学任务:学生能够对组培器皿及器械进行洗涤、灭菌和环境消毒
教学目标: 1.掌握各种器皿的洗涤方法 2.能够对各种组培器皿及器械进行灭菌 3.掌握环境消毒的方法,培养学生良好的卫生概念
任务载体:园区植物组织培养实验室
任务地点:实训场
教学方法及组织形式:以现场教学法、教授法、直观演示法为主;现场教学
教学流程: 1.讲解本次实训的重要性 2.讲解器皿与用具的洗涤方法及示范如何洗涤 3.讲解玻璃器皿、用具及环境的灭菌方法 4.完成实训任务报告

1）目的

通过实验，使学生了解并掌握组织培养用的实验器皿和器械的洗涤、灭菌，以及环境的消毒方法。

2）原理

实验仪器及器械的清洗、消毒和灭菌是组织培养成功的关键所在，是外植体免受污染的前提。由于灭菌剂的种类不同，所以选择消毒剂既要考虑良好的消毒、杀菌作用，同时也应易被蒸馏水冲洗掉。

无菌的环境是植物组织培养成功的前提，因为绝大多数操作程序要求在无菌条件下进行。

3）步骤

（1）器皿与用具的洗涤。

①玻璃器皿的洗涤：新购置的玻璃器皿或多或少都含有游离的碱性物质，使用前要先用1%稀 HCl 浸泡一夜，再用肥皂水洗净，清水冲洗后，再用蒸馏水冲洗 1 次，晾干后备用。用过的玻璃器皿，用清水冲洗，蒸馏水冲洗 1 次，晾干后备用即可。

对已被污染的玻璃器皿则必须在高压蒸汽灭菌后，倒去残渣，用毛刷刷去瓶壁上的培养液和污斑后，再用清水冲洗干净，蒸馏水冲淋一遍，晾干备用，切忌不可用水直接冲洗，否则会造成培养环境的污染。清洗后的玻璃器皿，瓶壁应透明发亮，内外壁水膜均一，不挂水珠。

②金属用具的洗涤：新购置的金属用具表面上有一层油腻，需擦净油腻后再用热肥皂水洗净，清水冲洗后，擦干备用。用过的金属用具，用清水洗净，擦干备用即可。

③清洗部分玻璃器皿流程：清水洗净→浸入洗衣粉溶液中洗刷→清水反复冲洗→蒸馏水淋洗 1 遍→烘干备用。

对较脏玻璃器皿的洗涤：采用先碱后酸的方法，即用洗衣粉洗刷后冲洗干净→晾干→浸入酪酸洗液（一种强氧化剂，去污能力强，配制方法：重铬酸钾 40 g，溶解在 500 mL 水中，然后徐徐加入 450 mL 粗制浓硫酸），浸泡时间视器皿的肮脏程度而定→清水反复冲洗干净→蒸馏水淋洗 1 遍→烘干备用。

对带有石蜡或胶布的器皿：先将其除去，再用常规洗涤，石蜡用水煮沸数次即可去掉，胶布黏附物则需用洗衣粉液煮沸数小时，再用水冲洗，晾干后浸入洗液，以后的步骤同前。

（2）玻璃器皿、用具及环境的灭菌。

①玻璃器皿和用具的灭菌。

a.干热灭菌法：将洗干净晾干后的培养皿、三角瓶、吸管等玻璃用具和解剖针、解剖刀、镊子等金属器具，用纸包好，放进电热烘干箱，当温度升至 100 ℃时，启动箱内鼓风机，使电热箱内的温度均匀。当温度升至 150 ℃时，定时控制 40 min（或 120 ℃定时 120 min），达到灭菌的目的。但干热灭菌温度不能超过 180 ℃，否则，包器皿的纸或棉塞就会烧焦，甚至引起燃烧。

b.高压蒸汽灭菌法：用手提式高压灭菌锅，在 1.2 个大气压下保持 15~20 min。有些如聚丙烯、聚甲基戊烯等类型的塑料用具也可进行高温消毒。

c.灼烧灭菌：用于无菌操作的镊子、解剖刀等用具除高压蒸汽灭菌外，在接种过程中还常常采用灼烧灭菌，将镊子、解剖刀等从浸入 95%酒精中取出，置于酒精灯火焰上灼烧，借助酒精瞬间燃烧产生高热来达到杀菌的目的。操作过程中要反复浸泡、灼烧、放凉、使用，操作完毕后,用具应擦拭干净后再放置。

②环境的消毒。

a.地面、墙壁和工作台的灭菌:每次使用前,将配好的20%新洁尔灭溶液倒入喷雾器中,对接种室地面、墙壁、角落均匀地喷雾,在喷房顶时,注意不要让药液滴入眼睛,然后开启紫外灯开关,照射15~30 min,紫外线消毒后一般不要立即进入,应在关闭紫外灯15~20 min后再进入室内。

b.无菌室和培养室的灭菌:对于无菌室和培养室等无菌要求比较严格的地方,一般采用熏蒸的方法进行消毒(也可采用臭氧消毒)。一般要求每年熏蒸1~2次。首先将房子密封,然后在房子中间放一个盆或大烧杯,将称好的高锰酸钾放入其中,每1 m^3 空间用甲醛10 mL加高锰酸钾5 g的配比液进行熏蒸。盆内,再把已称量的甲醛溶液慢慢倒入缸内,完毕,人迅速离开,并关上门,密封3 d。操作前要戴好口罩及手套,倒入甲醛时要小心,因为甲醛遇到高锰酸钾会迅速沸腾,并产生大量烟雾,操作时人要迅速避开烟雾。3 d后,打开房间,搬走废液缸,7 d后方可进入操作。在已经熏蒸过的房间内,用70%酒精纱布擦洗培养架、工作台。

4)作业

将本次实验实训内容整理成实验实训报告。

【评价单】

任务名称:			
姓名:		班级:	
序号	评价内容	分值	得分
1	能准确、快速地识别植物组织培养室中常使用的设备和器材	20	
2	能正确洗涤器皿与用具	40	
3	掌握器皿与用具的灭菌方法	40	
总计		100	
教师签名	主讲教师:	实训指导教师:	

过滤灭菌

某些生长调节物质以及抗生素等物质在高温下易分解,可采用过滤灭菌法,把经过高压灭菌后的过滤器、滤膜、承接过滤灭菌后滤液的容器、移液管或移液枪枪头放入超净工作台,同时将配制好的需要过滤灭菌的生长调节物质、抗生素等一并放入超净工作台;双手消毒,在超净工作台内安装过滤灭菌器;将待过滤的生长调节物质等加入过滤漏斗或注射器内,启动减压过滤灭菌器或用力推压注射器活塞杆,使液体流过滤膜(图 2.31);将滤液按照培养基培养要求加入的量用移液管或移液枪(枪头已灭菌)立即加入 55 ℃左右已灭菌的培养基中,如果是液体培养基则可等液体培养基冷却后再加入。

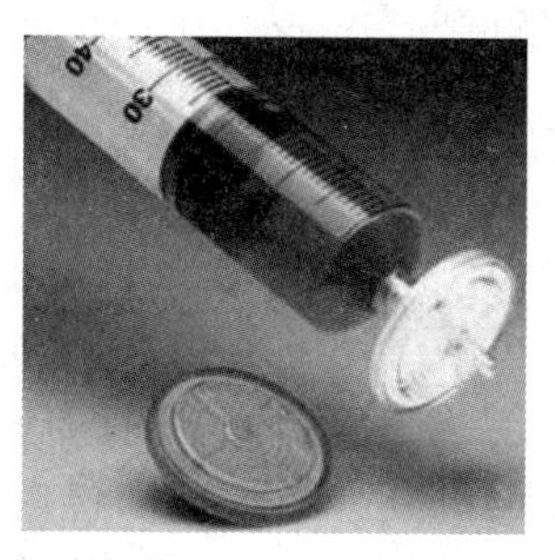

图 2.31 过滤灭菌器

图 2.32 臭氧发生器

臭氧消毒

臭氧以氧原子的氧化作用破坏微生物膜的结构,以实现杀菌作用。与其他杀菌剂不同的是:臭氧能穿入菌体内部,作用于蛋白质和脂多糖,改变细胞的通透性,从而导致细菌死亡;臭氧直接与细菌、病毒作用,破坏它们的细胞器和 DNA、RNA,使细菌的新陈代谢受到破坏,导致细菌死亡;臭氧透过细胞膜组织,侵入细胞内,作用于外膜的脂蛋白和内部的脂多糖,使细菌发生通透性畸变而溶解死亡。

臭氧杀菌,不残留有毒物质,对于公共场所、医院及厂矿企业净化室的消毒、杀菌及各种臭味的消除,可采用臭氧杀菌消毒去味。臭氧是高效、广谱、快速、无死角的杀菌剂,可移动,使用方便。臭氧灭菌一般用臭氧发生器(图 2.32),可 2~3 d 打开臭氧发生器消毒 30 min。

任务 2.3 培养基的制备

2.3.1 认识培养基

1)培养基的概念

培养基是人工配制的,满足植物材料生长繁殖或积累代谢产物的营养物质,其作用好比传统栽培的土壤,是植物组织培养中离体材料赖以生存和发展的物质基础,是决定组织培养是否成功的关键因素之一。由于植物的多样性和生长环境的复杂性与多变性,在离体条件下,没有一种培养基能够适合一切类型的植物组织或器官,因此,确定适合的培养基是植物组织培养的重要内容。

2)培养基的成分

植物组织培养时所需要的营养成分主要从培养基中获得,培养基的成分主要包括水、无机营养物(即无机盐类)、有机物、植物生长调节物质、凝固剂及其他添加物质等。

(1)水

水是植物原生质体的组成成分,是一些代谢过程的介质,是生命活动不可或缺的重要物质,培养基中绝大部分是水。为保持母液中营养物质的准确性,防止储存过程中变质,在配制母液时应采用蒸馏水或去离子水;实验室中配制培养基时,也应用蒸馏水或去离子水;工厂化育苗时,为降低成本,可用自来水代替蒸馏水配制培养基。

(2)无机营养物

无机营养物是植物在生长发育时所需的各种矿质营养物。它们能够为培养物提供除C、H、O以外的一切必需元素,分为大量元素和微量元素。根据国际植物生理学会建议,植物所需元素浓度大于0.5 mmol/L的为大量元素,主要有氮(N)、磷(P)、钾(K)、钙(Ca)、镁(Mg)、硫(S)等;植物所需元素浓度小于0.5 mmol/L的为微量元素,包括铁(Fe)、锰(Mn)、硼(B)、锌(Zn)、铜(Cu)、钼(Mo)、钴(Co)等。它们均是植物组织培养中不可缺少的营养元素,含量不足会导致缺素症。

①氮:氮是蛋白质、酶、维生素、核酸、磷脂、生物碱等的主要成分,参与各种生理代谢,主要促进植物营养生长,缺氮会导致植物下部叶片变黄,愈伤组织不能形成导管。在培养基中氮素以硝态氮和铵态氮两种形式供应,主要由KNO_3、NH_4NO_3、$(NH_4)_2SO_4$等提供。

②磷:磷是磷脂的主要成分,而磷脂又是原生质、细胞核的重要组成部分,在植物组织培养过程中,向培养基内添加磷,可增加养分、提供能量,促进对氮的吸收,促进蛋白质、糖的合成,促进脂肪代谢,提高植株的抗逆性。在培养基中磷元素通常由KH_2PO_4或NaH_2PO_4等提供。

③钾:钾对碳水化合物合成、转移及氮素代谢有促进作用,能促进光合作用,同时对胚的分化有促进作用。制备培养基时,常用的物质有KCl、KNO_3等;缺磷或钾时细胞会过度生长,愈伤组织表现出极其疏松的状态。

④钙:钙是构成细胞壁的组成成分,对细胞分裂、保护质膜不受破坏有重要作用,常用物质为$CaCl_2 \cdot 2H_2O$。

⑤镁、硫:镁是叶绿素的组成成分,又是激酶的活化剂,能够促进蛋白质的合成,常用物质为$MgSO_4 \cdot 7H_2O$。硫是含硫蛋白质的组成成分,常用物质有$MgSO_4 \cdot 7H_2O$、$(NH_4)_2SO_4$等。

⑥铁:铁是一些氧化酶、细胞色素氧化酶、过氧化氢酶等的组成成分,是叶绿素形成的必要条件。培养基中的铁对胚的形成、芽的分化和幼苗转绿均有促进作用。但铁不容易被植物直接吸收,且在制备培养基时,pH值5.2以上易形成$Fe(OH)_3$不溶性沉淀,因此,在培养基中不用$Fe_2(SO_4)_3$和$FeCl_3$,而用$FeSO_4 \cdot 7H_2O$和Na_2-EDTA(乙二胺四乙酸钠)结合成螯合态铁使用。

⑦锰、硼、锌、铜、钼、钴:锰是维持叶绿素结构的必需元素,参与植物的氧化还原反应,同时是三羧酸循环中多种酶的催化剂,并影响根系的生长,常用$MnSO_4 \cdot 4H_2O$等盐类。硼能够促进植物生殖器官的发育,并且与糖的运输、蛋白质的合成有关;缺硼叶片向上卷曲、失绿、细胞分裂停止,常用H_3BO_3。锌是植物体内各种酶的组成成分,促进植物体内生长素的合成,常用物质为$ZnSO_4 \cdot 7H_2O$。铜参与蛋白质的合成和固氮作用,同时能促进离体根的生长,常用$CuSO_4 \cdot 5H_2O$。钼参与氮代谢和繁殖器官的形态建成,促进光合作用,常用$Na_2MoO_4 \cdot 2H_2O$。

钴是维生素 B_{12} 的组成成分,在豆科植物固氮中起重要作用,常用的物质为 $CoCl_2 \cdot 6H_2O$。

(3)有机物

①糖:糖是碳水化合物,为培养物生长发育提供碳源,维持培养基渗透压,可使用蔗糖、葡萄糖、果糖、麦芽糖、半乳糖、甘露糖和乳糖等,其中最常用的是蔗糖。蔗糖使用浓度一般在2%~5%,常用3%,但在胚培养、花药培养和原生质体培养时,多采用4%~15%的高浓度。生根培养时适当降低蔗糖浓度,有利于提高试管苗的自养能力。由于蔗糖较贵,在规模化生产时,为降低生产成本,可用食用的白砂糖、绵白糖代替蔗糖,但在代替前一定要进行小规模的生产性试验。

②维生素:维生素在植物细胞里主要以各种辅酶的形式参与多种代谢活动,对生长、分化等起促进作用,离体培养的外植体在培养过程中能合成所必需的维生素,但合成数量上明显不足,因此需要人为添加才能维持正常生长。常用的维生素主要有盐酸硫胺素(VB_1)、盐酸吡哆醇(VB_6)、烟酸(VB_3,又称维生素PP)、抗坏血酸(V_C),有时还使用维生素H(VB_7,又称生物素)、叶酸(VB_{11})等,其作用见表2.1,一般用量为0.1~1.0 mg/L,抗坏血酸一般用量为1~100 mg/L。

表2.1 维生素在植物组织培养中的作用

维生素名称	在植物组织培养中的作用
VB_1	促进愈伤组织的产生,全面促进植物生长
VB_6	促进根系生长
VB_3	与植物代谢和胚发育有一定关系
V_C	具有抗氧化的作用,作为抗氧化剂,在组织培养中可有效防止褐变的发生
VB_7	是植物体内许多酶的辅助因子,在碳水化合物、脂类、蛋白质和核酸的代谢过程中发挥重要作用
VB_{11}	对蛋白质、核酸的合成,氨基酸代谢有重要作用

③肌醇:肌醇又称环己六醇,在糖类的相互转化中起重要作用。适当使用肌醇,能促进愈伤组织的生长、胚状体和芽的形成,对组织和细胞的繁殖、分化有促进作用,对细胞壁的形成也有作用,但肌醇用量过多易导致外植体褐变,一般使用浓度为100 mg/L。

④氨基酸:氨基酸是组织培养中很好的有机氮源,是构成蛋白质的基本单位,可直接被细胞吸收利用,促进蛋白质的合成,对芽、根、胚状体的生长和分化均有良好的促进作用。常用的氨基酸有甘氨酸(Gly)、精氨酸(Arg)、谷氨酸(Glu)、谷氨酰胺(Gln)、天冬氨酸(Asp)、天冬酰胺(Asn)、丙氨酸(Ala)、丝氨酸(Ser)、半胱氨酸(Cys)及氨基酸的混合物[如水解乳蛋白(LH)和水解酪蛋白(CH)]等。其中甘氨酸能促进离体根的生长,对植物组织的生长具有良好的促进作用;丝氨酸和谷氨酰胺有利于花药胚状体或不定芽的分化;半胱氨酸具有延缓酚类物质氧化和防褐变的作用,水解乳蛋白和水解酪蛋白对胚状体、不定芽的分化有良好的作用。有机氮作为培养基中的唯一氮源时,离体组织生长不良,只有在含有无机氮的情况下,氨基酸类物质才有较好效果。

⑤天然有机物质:天然有机物质主要指成分尚不清楚的天然提取物,其中含有一定的植物激素、各种维生素等复杂成分,能促进细胞和组织的增殖与分化,促进愈伤组织和器官的生长。常用的天然有机物质有椰乳(CM)、酵母提取液(YE)、马铃薯、香蕉汁、苹果汁、番茄汁等。天然有机物质的成分受到很多因素影响,实验重演性差,一般应尽量避免使用,对一些难以培养的材料,可在试验中适当添加;有一些天然有机物质高温灭菌时会受影响,可采用过滤灭菌的方法处理。

椰乳是椰子的液体胚乳,是使用最多、效果最好的一种天然复合物。它在愈伤组织和细胞培养中起明显的促进作用,一般使用浓度为10%~20%;香蕉汁是用黄熟的小香蕉,加入培养基后变为紫色,对pH值的缓冲作用大,主要在兰花的组织培养中应用,对其发育有促进作用,一般用量为150~200 mL/L;马铃薯去掉皮和芽后,加水煮30 min,再经过滤,取其滤液使用,对pH值缓冲作用也较大,添加后可使植株健壮,用量为150~200 g/L;酵母提取液使用浓度为0.01%~0.05%,主要成分为氨基酸和维生素类等。

(4)植物生长调节物质

植物生长调节物质影响着植物细胞的分化、分裂、发育、形态建成、开花、结实、成熟、脱落、衰老和休眠以及萌发等许许多多的生理生化活动,用量虽然微小,但对植物组织培养起决定性作用,是培养基中的关键性物质。植物组织培养中常用的生长调节物质有生长素类和细胞分裂素类物质。

①生长素类:植物组织培养过程中常用的生长素类物质主要包括吲哚乙酸(IAA)、吲哚丁酸(IBA)、萘乙酸(NAA)、2,4-二氯苯氧乙酸(2,4-D)等。生长素的主要作用是诱导愈伤组织形成;促进细胞伸长生长和分裂;促进生根;在与一定量的细胞分裂素配合使用下可诱导不定芽分化和侧芽的萌发与生长。

IAA是天然存在的生长素,也可人工合成,其活力较低,对器官形成的副作用小,不耐高温,高压蒸汽灭菌易被破坏;NAA和IBA广泛用于生根,NAA是人工合成的,性质比较稳定,耐高温高压,不易被分解破坏,与IBA相比,NAA诱导生根的能力比较弱,诱导的根少而粗,但在某些植物上诱导的效果好于IBA,IBA是天然合成的生长素,可被光分解和酶氧化,对根的诱导作用强烈,诱导的根多而长;2,4-D是一种人工合成的生长素,在促进愈伤组织形成上启动能力比IAA高10倍,但对芽的形成和根的分化等方面效果不好,过量使用有毒害作用,一般在愈伤组织诱导时应用。

②细胞分裂素类:细胞分裂素主要的生理功能包括促进细胞分裂和扩大;诱导芽的分化,促进侧芽萌发;抑制衰老和根的发育。细胞分裂素常与生长素配合使用,通常情况下,当生长素与细胞分裂素的比值大时可促进根的形成,当生长素与细胞分裂素的比值小时可促进芽的形成。组织培养中常用的细胞分裂素类物质有6-苄基氨基嘌呤(6-BA)、激动素(KT)、玉米素(ZT)等。6-BA和KT均是人工合成的,6-BA的作用效果远远好于KT,是应用最广泛的细胞分裂素,ZT对芽的诱导效果很好,但性质不稳定,在高温下易分解。

③其他生长调节物质:赤霉素(GA)的主要作用是促进幼苗茎的伸长生长;对植物器官和胚状体的形成有抑制作用,但在器官形成后,添加赤霉素可促进器官或胚状体的生长,促进不定胚发育成小植株;同时赤霉素和生长素协同作用,对形成层的分化有影响,当生长素与赤霉素的比值高时有利于木质部分化,比值低时有利于韧皮部分化。

脱落酸(ABA)对体细胞胚的发生发育具有促进作用,同时可使体细胞胚发育成熟而不萌发,对部分不定芽的分化具有促进作用。

多效唑(PP_{333})具有控制矮化、促进分枝、生根、成花、延缓衰老、增强植物抗逆性,在植物组织培养中主要用于试管苗的壮苗生根,提高抗逆性和移栽成活率。

(5)凝固剂

①琼脂:琼脂(Agar)是从石莱花等海藻中提取的高分子碳水化合物,本身并不提供任何营养,无毒、无气味,是制备固体培养基很好的一种凝固剂。琼脂不溶于冷水,缓溶于热水,琼脂在90 ℃左右融化,40 ℃左右凝固。用量一般在6~10 g/L,若浓度太高,培养基就会变得很硬,营养物质难以扩散到培养的组织中去,培养材料不能很好地吸收培养基中的养分;若浓度过低,凝固性不好,培养材料在培养基中下沉,造成通气不良而死亡。市场上出售的琼脂有琼脂条和琼脂粉,琼脂条价格相对便宜,用量较多,煮化的时间较长;琼脂粉纯度较高,凝固力强,煮化时间短,但价格较贵。

琼脂的凝固能力除与原料、厂家的加工方式有关外,还与高压灭菌时的温度、时间、pH值等因素有关,长时间的高温会使其凝固力下降,过酸过碱加上高温会使琼脂发生水解,丧失凝固能力,过酸会使培养基不易凝固,过碱易使培养基变硬。

②卡拉胶:卡拉胶(Carrageenan)是从麒麟菜、石花菜、鹿角菜等红藻类海草中提炼出来的亲水性胶体,卡拉胶为白色或浅褐色颗粒或粉末,无臭或微臭,口感黏滑,溶于约80 ℃水,形成黏性、透明或轻微乳白色的易流动溶液,与30倍的水煮沸10 min后的溶液,冷却后即成胶体。在中性条件下,若卡拉胶在高温下长时间加热,也会水解,导致凝胶强度降低。与琼脂相比,卡拉胶做培养基透明度更高。

(6)其他添加物

①活性炭:在培养基中加入活性炭可利用活性炭的吸附性减少一些有害物质的不利影响,可降低玻璃化苗的产生频率,也有利于生根,但其本身对器官发育并无太大作用。活性炭的吸附作用没有选择性,既吸附有害物质,也吸附必需的营养物质,因此造成实际浓度低于设计浓度,要慎重使用,有研究发现,1 mg的活性炭能吸附100 mg左右的生长调节物质,这说明只需要极少量的活性炭就可以完全吸附培养基中的生长调节物质。另外,培养基中加入活性炭后经过高压灭菌,培养基的pH值会降低,使琼脂不易凝固,因此要多加一些琼脂。

②抗生素物质:在植物组织培过程中,植物组织会分泌一些酚类物质,接触空气中的氧气后自动氧化或由酶类催化氧化为相应的醌类,这些物质渗出细胞外就造成自身中毒,使培养的材料生长停止,失去分化能力,最终褐变死亡,在木本,尤其是热带木本及少数草本植物中较为严重。针对容易发生褐变的培养物在培养过程中添加抗酚类氧化物质可以减轻褐变,常用的药剂有半胱氨酸、抗坏血酸、聚乙烯吡咯烷酮(PVP)、二硫苏糖醇、谷胱甘肽及二乙基二硫氨基甲酸酯等,一般用量为5~20 mg/L。使用方法为用溶液洗涤刚切割的外植体伤口表面,或过滤灭菌后加入固体培养基的表层。

3)培养基的pH值

培养基的pH值因培养材料不同而异,大多数植物要求pH值为5.6~5.8,培养基的pH值经高温高压灭菌后会下降(蔗糖的分解会使培养基变酸,一般可降低0.2左右),因此调整后的pH值应高于目标pH值。同时pH值的大小会影响琼脂的凝固能力,一般$pH>6.0$时培养基会变硬,$pH<5.0$时琼脂不能很好凝固,培养基酸碱性的调节常用0.1 mol/L的

HCl 和 0.1 mol/L 的 NaOH 来调节，调节过程中要逐渐添加，避免一次大量加入。

4）培养基的种类及特点

（1）培养基的种类

培养基的种类很多，应根据不同的植物、培养部位及培养目的选用不同的培养基。

①根据营养水平不同选择不同的培养基：基本培养基指只含无机盐、有机物、维生素、肌醇、氨基酸等营养成分的培养基，就是通常所说的 MS、White、B_5、N_6 等培养基；完全培养基是由基本培养基中添加适宜的植物生长调节物质、有机附加物、凝固剂等组成的可直接用于组织培养的培养基。

②根据培养基的物理状态不同选择不同的培养基：固体培养基是指添加了琼脂或卡拉胶的固体型培养基；液体培养基则是指未添加凝固剂的液态型培养基。

③根据培养的阶段不同选择不同的培养基：初代培养基是指用于外植体的第一次接种培养的培养基；继代培养基则指用于培养初代培养物以后的培养基。

④根据培养的目的不同选择不同的培养基：诱导培养基是指用于诱导愈伤组织形成和器官分化尤其是芽形态发生的培养基；增殖培养基是指用于愈伤组织或芽的增殖的培养基，附加成分与分化培养基在量上有一定差异，但在质上差异不大；壮苗培养基是指用于壮苗培养（在继代培养过程中，增殖的芽往往会出现生长势减弱，不定芽短小、细弱，无法进行生根培养的现象，即使能够生根，移栽成活率也不高，必须经过壮苗培养）的培养基；生根培养基是指用于诱导外植体生根的培养基，通常不加激素或加少量的生长素。

（2）几种常用培养基的配方

表 2.2 为几种常用培养基的配方。

表 2.2　几种常用培养基的配方　（单位：mg/L）

培养基 化合物名称	MS （1962）	White （1943）	B_5 （1968）	N_6 （1974）	Nitsch （1972）	Miller （1967）	SH	Heller
NH_4NO_3	1 650	—	—	—	720	—	—	—
KNO_3	1 900	80	2 527.5	2 830	950	1 000	2 500	—
$(NH_4)_2SO_4$	—	—	134	463	—	—	—	—
$NaNO_3$	—	—	—	—	—	—	—	600
KCl	—	65	—	—	—	65	—	750
$CaCl_2 \cdot 2H_2O$	440	—	150	166	166	—	200	75
$Ca(NO_3)_2 \cdot 4H_2O$	—	300	—	—	—	347	—	—
$MgSO_4 \cdot 7H_2O$	370	720	246.5	185	185	35	400	250
Na_2SO_4	—	200	—	—	—	—	—	—
KH_2PO_4	170	—	—	400	68	300	—	—

续表

培养基 化合物名称	MS (1962)	White (1943)	B_5 (1968)	N_6 (1974)	Nitsch (1972)	Miller (1967)	SH	Heller
K_2HPO_4	—	—	—	—	—	—	300	—
NaH_2PO_4	—	16.5	150	—	—	—	—	—
$FeSO_4 \cdot 7H_2O$	27.8	—	—	27.8	27.85	—	15	—
Na_2-EDTA	37.3	—	—	37.3	37.75	—	20	—
Na-Fe-EDTA	—	—	28	—	—	32	—	—
$FeCl_3 \cdot 6H_2O$	—	—	—	—	—	—	—	1
$Fe_2(SO_4)_3$	—	2.5	—	—	—	—	—	—
$MnSO_4 \cdot 4H_2O$	22.3	7	10	4.4	25	4.4	—	0.01
$ZnSO_4 \cdot 7H_2O$	8.6	3	2	1.5	10	1.5	—	1
Zn(螯合体)	—	—	—	—	—	—	10	—
$NiCl_2 \cdot 6H_2O$	—	—	—	—	—	—	1.0	—
$CoCl_2 \cdot 6H_2O$	0.025	—	0.025	—	0.025	—	—	—
$CuSO_4 \cdot 5H_2O$	0.025	—	0.025	—	—	—	—	0.03
$AlCl_3$	—	—	—	—	—	—	—	0.03
MoO_3	—	—	—	—	0.25	—	—	—
TiO_2	—	—	—	—	—	0.8	1.0	—
$Na_2MoO_4 \cdot 2H_2O$	0.25	—	0.25	—	—	—	—	—
KI	0.83	0.75	0.75	0.8	10	1.6	5.0	0.01
H_3BO_2	6.2	1.5	3	1.6	—	—	—	1
$NaH_2PO_4 \cdot H_2O$	—	—	—	—	—	—	—	125
烟酸(VB_3)	0.5	0.5	1	0.5	—	—	5.0	—
盐酸吡哆醇(VB_6)	0.5	0.1	1	0.5	—	—	—	—
盐酸吡哆素	—	—	—	—	—	—	5.0	1.0
盐酸硫胺素(VB_1)	0.1	0.1	10	1	—	—	0.5	—
肌醇	100	—	100	—	100	—	100	—
甘氨酸	2	3	—	2	—	—	—	—

(3)常用基本培养基的特点

①MS 培养基:MS 培养基是 1962 年由 Murashige 和 Skoog 为培养烟草细胞而设计的。特点是无机盐浓度较高,钾盐、铵盐、硝酸盐含量较其他培养基高,营养丰富,其养分的数量和比例较合适,不需要添加更多的附加物,可满足植物组织生长的需要,具有加速培养物生长的作用,是目前应用最广泛的一种培养基。

②White 培养基:White 培养基是 1943 年由 White 为培养番茄根尖而设计的。其特点是无机盐离子浓度较低,适于生根培养。

③B_5 培养基:B_5 培养基是 1968 年由 Gamborg 等为培养大豆根细胞而设计的。其主要特点是钾盐和盐酸硫胺素含量高,铵盐含有较低,这可能对不少培养物的生长有抑制作用。双子叶植物特别是木本植物在 B_5 培养基上生长更好。

④N_6 培养基:N_6 培养基是 1974 年朱至清等为水稻等禾谷类作物花药培养而设计的。其特点是成分较简单,KNO_3 和 $(NH_4)_2SO_4$ 含量高。在国内已广泛应用于小麦、水稻及其他植物的花药培养和其他组织培养。

⑤Nitsch 培养基:Nitsch 培养基是 1951 年由 Nitsch 设计的。特点是大量元素含量低,微量元素含种类少,氮含量高,主要用于花药培养。

⑥Miller 培养基:Miller 培养基是 1963 年由 Miller 设计的。特点是无机元素比 MS 培养基量减少 1/3~1/2,微量元素种类减少,无肌醇,主要用于花药培养。

⑦KM-8P 培养基:KM-8P 培养基是 1975 年由 Kao 等为原生质体培养而设计的。其特点是有机成分较复杂,它包括了所有的单糖和维生素,广泛用于原生质融合的培养。

⑧VW 培养基:VW 培养基是 1949 年由 Vacin 和 Went 为气生兰组织培养而设计的。其特点是总的离子强度稍低些,磷以磷酸钙形式供给,要先用 1 mol/L HCl 溶解后再加入混合溶液中。

2.3.2 培养基的制备

1)母液的配制与保存

植物组织培养中培养基的配制是最基础的工作,培养基中含有多种化学物质,其浓度、性质各异,特别是微量元素、维生素及植物生长调节物质用量少,称量很麻烦,不仅费时费工,且不准确,因此,为了节约时间,保证培养基配制准确性和便利性,培养基制备之前通常先配制母液,放入冰箱存放,当制备培养基时,只需要按预先计算好的量吸取母液即可。母液即浓度较高的储备液,一般按一定的浓缩倍数,将大量元素、微量元素、铁盐、有机物类、激素类分别配制而成。根据营养元素的类别和化学性质,母液一般分别配成大量元素母液、微量元素母液、铁盐母液、有机物母液和生长调节物质母液。

(1)基本培养基母液

①大量元素母液:大量元素母液是指 N、P、K、Ca、Mg、S 等大量元素的混合液。一般配制成 10 倍或 20 倍的母液。配制时各种药品要分别称量、分别溶解,充分溶解后再混合,以免产生沉淀。混合时要注意 Ca^{2+} 和 SO_4^{2-},Ca^{2+}、Mg^{2+} 和 PO_4^{3-} 一起溶解易产生硫酸钙或磷酸钙沉淀,要错开加入,必要时钙盐可单独配制母液。

②微量元素母液:微量元素母液是指含除 Fe 以外的 Mn、B、Zn、Cu、Mo、Co 等微量元素

的混合液。各种药品要分别称量、分别溶解，再混合；微量元素母液一般配制成 100 倍或 200 倍的母液。

③Fe 盐母液：由于 Fe^{2+} 在水溶液中不稳定，容易与 OH^- 或其他离子结合而发生沉淀，需单独配制。一般用 $FeSO_4 \cdot 7H_2O$ 和 Na_2-EDTA（乙二胺四乙酸二钠）配制成铁盐螯合剂比较稳定。一般配制成 100 倍或 200 倍的母液。

④有机物母液：有机物母液主要是维生素和氨基酸类物质，一般配制成 100 倍或 200 倍的母液。

（2）生长调节物质母液

每种生长调节物质必须单独配成母液，浓度一般配成 0.1～1.0 mg/mL，用时根据需要取用。因为生长调节物质用量较少，一次可配成 50 mL 或 100 mL。多数生长调节物质不溶于水或难溶于水，要先用适当的溶剂溶解，一般 IAA、IBA、GA_3、ZT、ABA 等先溶于少量的 95%的酒精中，再加水定容；NAA 可先溶于热水或少量 95%的酒精中，再加水定容；2,4-D 可用少量 1 mol/L NaOH 溶解后，再加水定容；KT 和 6-BA 先溶于少量 1 mol/L 的 HCl 中再加水定容。

注意，配制母液的水应为蒸馏水或去离子水，选用药品应为分析纯或化学纯，母液配制后分别在母液瓶上贴上标签，注明母液名称、配制倍数、日期及配制人等详细信息，保存在 0～5 ℃的冰箱内。

2）培养基的配制、灭菌与保存

（1）培养基的配制

将配制好的母液按顺序排列，并逐一检查是否沉淀或变色；根据母液的倍数和配制培养基的体积计算母液移取量、琼脂和糖用量；在烧杯中加入一定量的水，再按母液的顺序依次加入所需量；称量琼脂和糖，倒入移好母液的烧杯中溶解（琼脂需加热熔解）、定容至所需体积；随即用 0.1 mol/L 的 NaOH 和 HCl 将 pH 值调至所需数值，培养基的 pH 值因培养材料的来源不同而有差异，大多数植物都要求 pH 值为 5.6～5.8。

将配好的培养基尽快分装到培养瓶中，分装时要掌握好培养基的量。培养基分装时，一般占试管、三角瓶等培养容器的 1/5～1/3 为宜，若为塑料瓶，则培养基的厚度一般以 2 cm厚为宜，分装时要注意不要将培养基溅到瓶口，以免引起污染，分装后的培养基应尽快盖上盖子封口。

（2）培养基的灭菌

分装后应立即灭菌，若不及时灭菌应保存在冰箱中，24 h 内完成灭菌工作。培养基一般采用湿热灭菌法，即把分装好的培养瓶置入高压蒸汽灭菌器中进行高温高压灭菌。灭菌条件为压力 108 kPa，温度 121 ℃，时间 15～20 min。

注意：某些生长调节物质如 IAA、ZT、ABA 等以及某些维生素遇热不稳定，不能进行高压灭菌，应使用过滤灭菌法。用量小时采用无菌注射器，用量大时采用抽滤装置。

培养基灭菌与高压灭菌锅使用

（3）培养基的保存

灭菌好的培养基放置在干净、整洁无污染的地方保存，配制好的培养基应尽快使用，一般培养基的使用不超过 2 周。

实验实训 3　MS 培养基母液的配制

【任务单】

任务名称:MS 培养基母液的配制
学时:4 学时
教学任务: 1.掌握 MS 母液配制需要营养成分 2.能根据不同的配方计算各营养物质的用量 3.能正确使用电子天平 4.能准确称量各种营养物质 5.按照母液配制要求,分别配制 4 种母液或 6 种母液 6.用容量瓶将母液定容 7.标记母液 8.储存母液 9.整理归位
教学目标: 1.会计算各营养物质的用量 2.会使用电子天平 3.能准确称量 4.能正确溶解营养物质 5.定容 6.标记 7.储存
任务载体:MS 培养基配方中所需各种药品、NAA、6-BA、IBA、1 mol/L NaOH、1 mol/L HCl、95%酒精、蒸馏水、电子天平(精确度为 0.01 g、0.001 g、0.000 1 g)、烧杯、玻璃棒、磁力搅拌器、量筒、定容瓶、贮液瓶(棕色、无色)、标签、冰箱等。
任务地点:植物组织培养与细胞繁育中心
教学方法及组织形式:现场教学法、直观演示、操作指导
教学流程: 1.讲解培养基母液配制所需的营养物质及各营养物质的作用 2.讲解培养基配方的含义及母液配制的计算方法

续表

3.布置任务,让学生计算配制 1 L 大量元素、微量元素、铁盐、有机物及生长物质等母液所需的营养物质的用量,并填写在表 2.3 中

4.讲解演示电子天平、容量瓶等仪器设备的名称、用途及使用方法

5.讲解演示母液配制的流程

6.学生分组配制母液,教师指导

7.教师检查评价配制效果

8.整理归位

步骤

(1)计算。根据要求完成表 2.3。

表 2.3　MS 培养基配制表

配制人:　　　　　　　　　　　　　　　　配制日期:

MS 母液名称	化合物名称	培养基用量/(mg·L^{-1})	扩大倍数	母液体积/mL	称取量/mg
大量元素母液	KNO_3	1 900			
	NH_4NO_3	1 650			
	$MgSO_4 \cdot 7H_2O$	370			
	KH_2PO_4	170			
	$CaCl_2 \cdot 2H_2O$	440			
微量元素母液	$MnSO_4 \cdot 4H_2O$	22.3			
	$ZnSO_4 \cdot 7H_2O$	8.6			
	H_3BO_3	6.2			
	KI	0.83			
	$Na_2MoO_4 \cdot 2H_2O$	0.25			
	$CuSO_4 \cdot 5H_2O$	0.025			
	$CoCl_2 \cdot 6H_2O$	0.025			
铁盐母液	Na_2-EDTA	37.3			
	$FeSO_4 \cdot 7H_2O$	27.8			

续表

MS 母液名称	化合物名称	培养基用量/(mg·L^{-1})	扩大倍数	母液体积/mL	称取量/mg
有机物母液	甘氨酸	2.0			
	VB_1	0.1			
	VB_6	0.5			
	烟酸	0.5			
	肌醇	100			

母液名称	药品	溶解用的物质	母液浓度/(mg·mL^{-1})	配制的母液体积/mL	称取量/mg
生长调节物质母液	NAA				
	IBA				
	6-BA				
	2,4-D				
	NAA				

(2)称量。选择相应的药品按顺序排好,根据药品的称量选择适当的天平,微量元素称量用 1/10 000 的天平,称量时将称量纸对折一下放入天平中,用药勺盛取药品放在称量纸上,观察称量数据的变化,当称量的药品快达到所需质量前,用一只手轻轻抖动另一只手,少量加入药品,称量的准确度为最后一位数的±5。

(3)溶解。在烧杯中倒入母液配制体积的 60%~70%的蒸馏水或去离子水,将称量好的药品按顺序加入,用玻璃棒搅拌,玻璃棒一定不能碰到烧杯壁发出响声。当一种药品完全溶解后再加入另外一种,直至该母液的所有药品全部溶解。多数生长调节物质不溶于水或难溶于水,要先用适当的溶剂溶解,一般 IAA、IBA、GA_3、ZT、ABA 等先溶于少量的 95%的酒精中,再加水定容;NAA 可先溶于热水或少量 95%的酒精中,再加水定容;2,4-D 可用少量 1 mol/L NaOH 溶解后,再加水定容;KT 和 6-BA 先溶于少量1 mol/L的 HCl 中再加水定容。

(4)定容。将完全溶解后的溶液倒入相应的容量瓶中定容,用玻璃棒引流,用蒸馏水或去离子水冲洗烧杯3~4次,将洗液完全移入容量瓶内,注意一定不能将溶液洒出来了,然后加水定容至刻度线,注意一定要平视刻度线观察,盖紧盖子,用一只手大拇指按住盖子,双手拿起容量瓶上下摇动 3 次,使其混匀。

(5)标记。将配制好的母液倒入贮液瓶中,铁盐要用棕色瓶保存。瓶上贴好标签,注明母液名称、扩大倍数与配制日期。

(6)保存。将母液瓶储放在 4 ℃左右的冰箱中保存,定期检查有无沉淀产生,如出现沉淀需重新配制。

（7）整理归位。将所有使用过的器皿用具等清洗干净，擦干放回原来的位置，将天平擦干净，关闭电源，拔出插头，盖上罩子，放回原来的位置，将桌面擦干净，凳子摆放整齐。

【评价单】

任务名称：			
姓名：		班级：	
序号	评价内容	分值	得分
1	计算	20	
2	称量	20	
3	溶解	10	
4	定容	20	
5	标记	20	
6	储存	10	
总计		100	
教师签名	主讲教师：	实训指导教师：	

知识拓展

母液的配制方法不仅可以按照元素含量、性质来配制，也可以把同类盐配制成一种母液，这个方法配制的母液在常温下可储存，不必放入冰箱中，其配制的量见表2.4。

表2.4　MS培养基母液配制

配制人：　　　　　　　　　　　　　　　　　　配制日期：

MS母液名称	化合物名称	培养基用量/($mg \cdot L^{-1}$)	扩大倍数	母液体积/mL	称取量/mg
母液1	KNO_3 NH_4NO_3	1 900 1 650	50倍		
母液2	$MgSO_4 \cdot 7H_2O$ $MnSO_4 \cdot 4H_2O$ $ZnSO_4 \cdot 7H_2O$ $CuSO_4 \cdot 5H_2O$	370 22.3 8.6 0.025	100倍		
母液3	KI $CoCl_2 \cdot 6H_2O$ $CaCl_2 \cdot 2H_2O$	0.83 0.025 440	100倍		

续表

MS 母液名称	化合物名称	培养基用量 /(mg·L^{-1})	扩大倍数	母液体积 /mL	称取量 /mg
母液 4	Na_2-EDTA $FeSO_4 \cdot 7H_2O$	37.3 27.8	100 倍		
母液 5	H_3BO_3 $Na_2MoO_4 \cdot 2H_2O$ KH_2PO_4	6.2 0.25 170	100 倍		
母液 6	甘氨酸 VB_1 VB_6 烟酸 肌醇	2.0 0.1 0.5 0.5 100	100 倍		

实验实训 4　MS 固体培养基的配制、分装及保存

【任务单】

任务名称:MS 固体培养基的配制、分装及保存
学时:6 学时
教学任务: 1.能根据需要配制培养基的体积计算各母液及生长物质、琼脂、蔗糖的用量 2.能正确使用电子天平 3.能准确称量各种营养物质 4.按照配制要求培养基 5.培养基 pH 值调节 6.培养基分装 7.会使用高压灭菌锅 8.培养基的灭菌与储存 9.整理归位  MS 固体培养基的配制与分装

续表

教学目标： 1.会计算各母液、琼脂、蔗糖的用量 2.会使用高压灭菌锅 3.能准确称量 4.能调节 pH 值 5.会分装 6.会灭菌 7.会储存 8.能整理台面
任务载体：MS 培养基的各种母液、生长调节物质母液、琼脂、蔗糖、天平、蒸馏水、移液枪、量筒、定容瓶、电炉或电磁炉、酸度计或 pH 试纸、0.1 mol/L NaOH、0.1 mol/L HCl 、培养瓶、标签、笔等
任务地点：植物组织培养与细胞繁育中心
教学方法及组织形式：现场教学法、直观演示、操作指导
教学流程： 1.讲解植物组织培养中常见的培养基的种类和特点，重点讲解 MS 固体培养基配制要求，琼脂的特点及作用，蔗糖的作用及特点 2.讲解 MS 固体培养基配制所需母液、蔗糖、琼脂的计算方法 3.布置任务，让学生计算配制 1 L MS 固体培养基所需母液的用量 4.讲解演示琼脂溶解、pH 调节等培养基配制的流程和方法 5.讲解演示分装的要求 6.讲解演示高压灭菌锅的使用方法和注意事项 7.学生分组配制 MS 固体培养基，教师指导 8.教师检查评价配制效果 9.整理归位

步骤

(1)计算。根据公式(2.1)~(2.3)计算各种母液的用量(按配制 1 000 mL MS 培养基计算)。

根据配方计算母液用量，以此配方为例：1 L MS+NAA 0.5 mg/L +6-BA 2 mg/L +3%蔗糖+ 0.7%琼脂，pH=5.8，并将 MS 母液、生长调节物质母液放大倍数、蔗糖、琼脂用量浓度以及培养基配制的体积数填入表 2.5。

$$\text{母液用量(mL)} = \frac{\text{配制培养基体积(mL)}}{\text{母液浓缩倍数}} \tag{2.1}$$

$$\text{生长调节物质母液用量} = \frac{\text{培养基配方浓度}}{\text{生长调节剂母液浓度}} \times \text{培养基配制体积} \tag{2.2}$$

$$\text{蔗糖、琼脂称取量} = \text{百分比浓度} \times \text{培养基配制体积} \tag{2.3}$$

表 2.5　MS 固体培养基配制表

配制人：　　　　　　　　　　　　　　　　　　　　配制时间：

培养基母液名称	母液扩大倍数(浓度)	配制的体积数/L	本次需要的量
大量元素母液			
铁盐母液			
微量元素母液			
有机物母液			
蔗糖			
琼脂			
细胞分裂素			
生长素			

(2)量取。在烧杯中加培养基体积30%的蒸馏水，分别移取母液加入烧杯中，用天平分别称量蔗糖和琼脂。

(3)定容。将称量好的蔗糖倒入母液中搅拌，使其完全溶解，移入容量瓶内，并淋洗烧杯2次，同样移入容量瓶，定容。

(4)熬制。将定容的溶液倒入锅内，留少部分溶液润湿琼脂，倒入锅内，淋洗2次倒入锅内，熬制，直至琼脂完全溶解。也可不用熬制，定容后调节pH值，直接分装，利用高压灭菌的温度溶解琼脂，但在分装时，一定注意琼脂要分装均匀，以免部分培养基过硬或部分培养基不凝固。

(5)调节pH值。用0.1 mol/L的NaOH或0.1 mol/L的HCl调节pH值，将其调节至6.0。

(6)分装与封口。将配好的培养基尽快分装到培养瓶中，分装时要掌握好培养基的量。培养基分装时，一般占试管、三角瓶等培养容器的1/5~1/3为宜，若为广口培养瓶，则培养基的厚度一般以2 cm为宜，分装时注意不要将培养基溅到瓶口，以免引起污染，分装后的培养基应尽快盖上盖子封口。

分装后应立即灭菌，若不及时灭菌应保存在冰箱中，24 h内完成灭菌工作。

(7)灭菌。培养基中含有大量的有机物，特别含糖量较高，是各种微生物滋生、繁殖的理想场所，分装好的培养基要及时灭菌，不然很快便滋生霉菌，影响培养效果。而接种材料需在无菌的条件下培养很长时间，如果培养基被微生物所污染便达不到培养的预期结果。因此，培养基的灭菌是植物组织培养中十分重要的环节。培养基灭菌的方法有多种，主要采用高压蒸汽灭菌法，具体方法如下：

①打开锅盖，加水至水位线，维持高水位线的灯是亮的。

②把已装好培养基的培养瓶，放入锅筒内，同时还可将需要灭菌的接种工具、包扎好的细菌过滤器、包好的滤纸(制作无菌滤纸)、罐装好蒸馏水(制作无菌水，不超过容器体积2/3)等放入灭菌锅内。

③然后盖上锅盖,对角旋紧螺丝,时间调至规定时间(如 25 min),接通电源加热。

④当压力升至 0.05 MPa 时,关闭电源,打开放气阀,当压力回到"0"时关闭放气阀,灭培养基时需放 2 次冷气。当气压上升到 0.105 MPa 时,温度在 121 ℃,开始计时,保持灭菌规定时间(25 min),25 min 后关闭电源,缓缓打开放气阀。

⑤当压力降至"0"时打开锅盖,取出培养基和灭菌物品,培养基放于平台上冷凝,如没有准备熬制的培养基,在取出时应轻轻晃动培养瓶,使琼脂混合均匀。

(8)培养基的保存。灭菌好的培养基放置在干净、整洁无污染的地方保存,配制好的培养基应尽快使用,一般培养基的使用不超过 2 周。

【评价单】

任务名称:			
姓名:		班级:	
序号	评价内容	分值	得分
1	计算	20	
2	称量	20	
3	定容	10	
4	熬制	20	
5	调节 pH 值	10	
6	分装	10	
7	灭菌	10	
总计		100	
教师签名	主讲教师:	实训指导教师:	

知识拓展

生长调节物质遇热不稳定,应使用过滤灭菌法,不应进行高压灭菌。

培养基灭菌后,需在培养室内预培养 3 d,若无污染,证明培养基可用,最好在 2 周内用完,最长不超过 1 个月,含吲哚乙酸或赤霉素的培养基 1 周内用完,暂时不用的放置在4 ℃的冰箱内保存。

任务 2.4　外植体的选取及处理

2.4.1　外植体的选取原则

1) 外植体来源要丰富

为了建立一个高效而稳定的植物组织离体培养体系，往往需要反复实验，并要求实验结果具有可重复性。这就需要外植体材料丰富并易获得。

2) 外植体要易于消毒

在选择外植体时，应尽量选择带杂菌少的器官或组织，降低初代培养时的污染率。一般地上组织比地下组织容易消毒，一年生组织比多年生组织容易消毒，幼嫩组织比老龄受伤组织更易消毒。

3) 选择优良的种质及母株

要选择性状优良的种质、特殊的基因型和生长健壮的无病虫害植株，离体快速繁殖出来的种苗才有意义才能转化成商品，取得较高的经济效益；生长健壮无病虫害的植株及器官或组织代谢旺盛，再生能力强，培养后容易成功。

4) 选择最适的时期

植物组织培养选择材料时，要注意植物的生长季节和植物的生长发育阶段。对大多数植物而言，应在其开始生长或生长旺季采样，此时材料内源激素含量高，容易分化，不仅成活率高，而且生长速度快，繁殖率高。若再生生长末期或进入休眠期时采样，则外植体可能对诱导反应迟钝或无反应。花药培养应在花粉发育到单核期时取材，这时比较容易形成愈伤组织。例如，百合在春夏季采集的鳞茎、片，在不加生长素的培养基中，可自由地生长、分化，而在其他季节则不能。叶子花的腋芽培养，如果在 1 月至翌年 2 月采集，则腋芽萌发非常迟缓；若在翌年的 3—8 月采集，萌发的数目多，萌发速度快。

5) 选择适宜的大小

培养材料的大小根据植物种类、器官和目的来确定。一般情况下，快速繁殖时叶片、花瓣等面积为 0.5 cm^2，其他培养材料的大小在 0.5～1.0 cm。如果是胚胎培养或脱毒材料的培养，则应更小。材料太大时，不易彻底消毒，污染率高；材料太小时，多形成愈伤组织，甚至难以成活。

2.4.2　外植体选取的部位

植物组织培养的材料，几乎包括了植物体的各个部位，如花瓣、茎尖、茎段、子叶、根、茎、鳞茎、胚珠、花药等。

1)茎尖

茎尖不仅生长速度快,繁殖系数高,不容易发生变异,而且茎尖培养是获得脱毒苗的有效途径。因此,茎尖是植物组织培养中最常见的外植体。

2)节间部

大部分果树和花卉等植物,新梢的节间部是植物组织培养好的材料。新梢节间部位不仅容易消毒,而且脱分化和再分化能力较强,因此是常用的植物组织培养材料。其大小为0.5~1.0 cm,最好是带芽的茎段。

3)叶片和叶柄

叶片和叶柄取材容易,新出的叶片杂菌较少,实验操作方便,是植物组织培养中常用的材料。尤其是近几年在植物的遗传转化中,以叶片为实验材料的报道很多。

4)鳞片

水仙、百合、葱、蒜、风信子等鳞茎类植物常以鳞片为材料。

5)其他

种子、根、块茎、花粉等也可作为植物组织培养的材料。

不同种类的植物以及同种植物的不同器官对诱导条件的反应是不一致的,如百合科植物风信子、虎眼万年青等比较容易形成再生小植株,而郁金香就比较困难。百合鳞茎的鳞片外层比内层的再生能力强,下段比中、上段再生能力强。选择材料时要对所培养植物各部位的诱导及分化能力进行比较,从中筛选出合适的、最易表达全能性的部位作为外植体。

2.4.3 外植体的处理

植物组织培养用的外植体大部分取自田间,表面上附有大量的微生物,这是组织培养的一大障碍。因此在材料接种培养前必须要消毒处理,消毒一方面要求把材料表面上的各种微生物杀灭,同时又不能损伤或只轻微损伤组织材料而不影响其生长。因此外植体的消毒处理是组培成功与否的第一关键步骤。外植体的处理主要包括以下两个方面。

1)外植体的预处理

对外植体进行修整,去掉不要的部分,在流水下冲洗干净。

2)外植体的表面灭菌

其原则是充分灭菌,但不伤外植体;不同的外植体,灭菌的要求也不一样。

(1)根和贮藏器官的消毒

根类材料大多埋于土中,材料上常有损伤及带有泥土,灭菌比较困难。灭菌前,要先用自来水冲洗,并用毛刷或毛笔将表面凹凸不平处及芽鳞或苞片处刷洗干净,再用刀切去损伤或难以清洗干净的部位,用吸水纸吸干后用70%酒精漂洗一下,再用0.1%~0.2%的氯化汞浸泡5~10 min,或用2%~8%次氯酸钠溶液浸5~15 min,接着用无菌水清洗3~5次,用无菌滤纸吸干水分,进一步切削与消毒液直接接触的外部组织,然后接种。在消毒过程中,进行抽气减压,有助于消毒剂渗入,可使外植体彻底消毒。

(2)茎尖、茎段、叶柄及叶片的灭菌

灭菌方法与花药的灭菌方法相同。对于茎叶,因为暴露在空中,且生有毛或刺等附属物,所以灭菌前洗涤至关重要,尤其是多年生木本材料,要用洗衣粉、肥皂水等进行洗涤,然后用自来水长时间流水冲洗 0.5~2 h,之后用吸水纸将水吸干,再用70%酒精漂洗。然后根据材料的老、嫩和枝条的坚硬程度,用1%~10%次氯酸钠溶液浸泡 6~15 min,或用 0.1%升汞消毒 5~15 min,用无菌水冲洗 3~5 次,用无菌纸吸干后进行接种。

(3)花药的灭菌

用于组织培养的花药,按小孢子发育时期要求,实际上大多没有成熟,花药外面有萼片、花瓣或颖片、稃片包裹着,通常处于无菌状态。所以一般用 70%酒精对整个花蕾或幼穗浸泡数秒,用无菌水清洗 2~3 次,然后将整个花蕾浸泡在饱和漂白粉上清液中 10 min,或2.0%次氯酸钠消毒 10 min,或用 0.1%升汞处理 5~10 min,处理后用无菌水清洗 3~5 次,然后剥取组织接种。

(4)果实及种子的灭菌

果实及种子的灭菌流程是根据果皮或种皮的软硬结实程度及干净程度而不同。对于果实,一般用 2%的次氯酸钠溶液浸泡 10 min,用无菌水冲洗 2~3 次,然后解剖内部的种子或组织接种;种皮较厚且坚硬的种子,通常用 10%的次氯酸钙或 0.1%~0.2%升汞浸泡 20~30 min 或数小时,或者常规消毒后无菌水浸泡 30 min 至数小时。另外也可以用砂布打磨、温水或开水浸煮 5 min 左右以软化种皮;进行胚或胚乳培养时,可去掉坚硬的种皮后进行常规消毒。

实验实训 5　外植体的选取与处理

【任务单】

任务名称:外植体的选取与处理
学时:2 学时
教学任务: 1.学生了解并掌握外植体的选取标准 2.学生了解并掌握外植体的预处理及灭菌方法
教学目标: 1.学生能够正确选取外植体 2.学生能够规范地对外植体进行预处理和灭菌操作
任务载体:园区植物组织培养实验室
任务地点:实训场

续表

教学方法及组织形式:以现场教学法、教授法、直观演示法为主;现场教学
教学流程: 1.讲解本次实训的重要性 2.讲解外植体的选取标准 3.讲解并示范外植体的预处理方法 4.讲解并示范外植体的灭菌方法 5.完成实训任务报告

1)目的

学会外植体的选择和处理方法,掌握选择表面灭菌剂的要求,熟练掌握外植体的灭菌方法。

2)原理

接种用的材料表面,常常附有多种多样的微生物,这些微生物一旦带进培养基,就会迅速滋生,使实验前功尽弃。因此,材料在接种前必须进行灭菌。灭菌时,既要将材料上附着的微生物杀死,同时又不能伤及材料。

经常使用的灭菌剂有酒精(70%~75%)、次氯酸钠、过氧化氢、漂白粉、溴水和低浓度的氯化汞等。使用这些灭菌剂,都能起到表面杀菌的作用。但氯化汞灭菌后,汞离子在材料上不易去掉,必须将材料用无菌水多清洗几次。

消毒剂的种类不同,消毒灭菌的效果不同。因此,选择消毒剂,既要考虑具有良好的消毒、灭菌作用,同时又易被蒸馏水冲洗干净或能自行分解的物质。使用时需要考虑使用浓度和处理时间。

3)仪器、用具及试剂

外植体的选取

(1)实验实训仪器、器皿及用具。接种工具、无菌杯、烧杯、外植体材料、培养皿、培养基、脱脂棉、手推车、剪刀、镊子、洗衣粉、毛笔、工作服、拖鞋、记号笔、香皂。

(2)试剂。70%酒精、2.0%次氯酸钠、10%次氯酸钙,0.1%升汞、无菌水。

4)步骤

外植体的预处理

(1)外植体的采集。春夏季节,选择健壮、无病虫害症状的外植体,取材部位最好是幼龄植株的幼嫩部位。

(2)外植体的预处理。去掉外植体不用的部位,剩余部分按培养要求剪成大小合适的材料。将材料刷洗干净;置于流水下冲洗(因材料种类不同而定)。

外植体的灭菌与接种

(3)外植体的灭菌。在超净工作台上进行,把培养材料放进70%的酒精中浸泡约30 s,再在0.1%的升汞中浸泡10 min,或在10%的漂白粉上清液中浸泡10~15 min,浸泡时可进行搅动,使植物材料与灭菌剂有良好的接触,然后用无菌水冲洗3~5次。

5)作业

将本次实验实训内容整理成实验实训报告。

【评价单】

任务名称:			
姓名:		班级:	
序号	评价内容	分值	得分
1	正确选取外植体	40	
2	规范操作外植体的预处理	30	
3	规范操作外植体的灭菌	30	
总计		100	
教师签名	主讲教师:	实训指导教师:	

知识拓展

外植体进行消毒时的注意事项

(1)表面消毒剂对植物组织是有害的,应正确选择消毒剂的浓度和处理时间,以减少组织的死亡。

(2)在表面消毒后,必须用无菌水漂洗材料3次以上以除去残留杀菌剂,但若用酒精消毒,则不必漂洗。

(3)与消毒剂接触过的切面在转移到无菌基质前需将其切除,因为消毒剂会阻碍植物细胞对基质中营养物质的吸收。

(4)若外植体污染严重则应先用流水漂洗1 h以上或先用种子培养得到无菌种苗,然后用其相应部分进行组织培养。

(5)$HgCl_2$效果最好,但对人的危害最大,用后要用水冲洗材料至少5次,而且要对升汞进行回收。

表2.6为植物组织培养中常用的消毒剂。

表2.6　植物组织培养中常用的消毒剂

消毒剂名称	使用浓度/%	消毒难易	灭菌时间/min	消毒效果
乙醇	70~75	易	0.1~3	好
氯化汞	0.1~0.2	较难	2~15	最好
漂白粉	饱和溶液	易	5~30	很好

续表

消毒剂名称	使用浓度/%	消毒难易	灭菌时间/min	消毒效果
次氯酸钙	9~10	易	5~30	很好
次氯酸钠	2	易	5~30	很好
过氧化氢	10~12	最易	5~15	好

如果培养材料大部分发生污染,说明消毒剂浸泡的时间短;若接种材料虽然没有污染,但材料已发黄,组织变软,表明消毒时间过长,组织被破坏而死亡;接种材料若没有出现污染,且生长正常,即可认为消毒时间适宜。

思考题

1.培养基的主要成分都有哪些,各有何作用?
2.说出至少4种常见培养基的名称,各有什么特点?
3.培养基的母液如何进行保存?
4.培养基的分装与灭菌各有哪些注意事项?
5.培养基的母液分为哪几大类?
6.如何对外植体材料进行消毒灭菌处理?
7.对外植体材料进行消毒灭菌应注意哪些问题?

无菌操作(接种)技术

任务 3.1 接 种

3.1.1 接种的概念

根据实际需求,将经过严格表面灭菌处理的植物材料(多数为植物离体器官根、茎、叶等,也可以是组织、细胞和原生质体),经现场切割或剪裁处理后,转放到培养基上的过程称为接种(图 3.1)。接种的全过程都必须在无菌环境下进行,否则会引起污染。

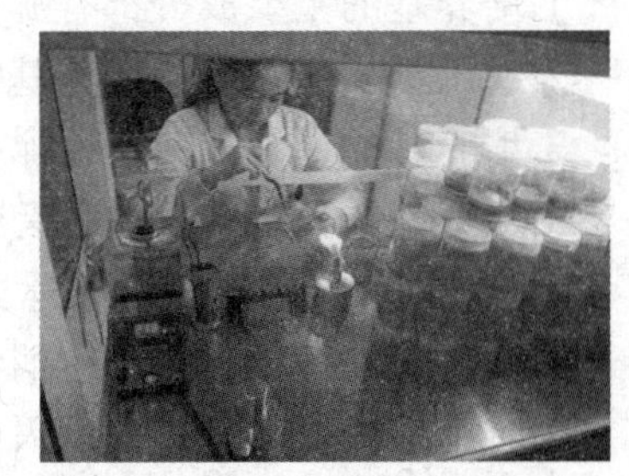

图 3.1 接种

3.1.2 接种前的准备步骤

接种室和缓冲间定期用臭氧发生器消毒或者甲醛气体(5 mL/m^3)进行密闭熏蒸。室内设备、墙面、地面等经常用 3%来苏尔喷雾,使空气中的灰尘颗粒沉降下来。接种室和缓冲间每隔 2 天用紫外线进行空间灭菌 1 次,包括缓冲间内的衣物等。

①接种开始前,提早 4 h 用甲醛熏蒸接种室,有条件的实验室可直接用臭氧发生器进行空间消毒灭菌,同时打开接种间内紫外灯进行操作台面空间灭菌。

②提前 20 min,启动超净工作台的风机和紫外灯。

③接种员要用肥皂水清洁双手,在缓冲间换上专用实验服,换好拖鞋等,进入接种室,关闭超净工作台上的紫外灯,同时打开照明灯。

④上工作台后,用 75%乙醇反复擦拭双手并按一定顺序和方向擦拭超净工作台面。

⑤用 95%乙醇浸泡接种工具,在火焰上灼烧灭菌后,放在器械架上备用,有条件的实验室可以使用高温干热灭菌器对接种工具进行灭菌,但也要注意放凉后使用。

⑥接种时,接种员双手不能离开工作台,操作期间应经常用 75%的乙醇擦拭工作台和双手,接种器械应反复在 95%的酒精中浸泡和火焰上灼烧(或使用高温干热灭菌器)。

3.1.3 接种

无菌操作按照以下步骤进行：

①将采集来的植物材料用清水清洗干净，置于水龙头下冲洗几分钟或者数小时。初步切割后放入烧杯，带到超净工作台上。用70%乙醇对材料表面进行浸润灭菌，用次氯酸钠、氯化汞等消毒剂进行表面消毒处理，然后用无菌水反复冲洗，最后沥去水分，取出放置在灭过菌的4层纱布上或滤纸上。

②材料吸干后，一手拿镊子，一手拿剪子或解剖刀，对材料进行适当的切割。如叶片切成0.5 cm^3 的小块；茎切成含有一个节的小段；微茎尖要剥成只含1~2片幼叶的茎尖大小，必要的话在双筒实体显微镜下放大操作。分离工具一定要放好，方便取用，工具要锋利且切割动作要快，防止挤压，以免使材料受损伤而导致培养失败。使用后的工具要立即放回95%乙醇中浸泡。在接种过程中要经常灼烧接种器械，以防止交叉污染。

③用灼烧消毒过的器械将切割好的外植体插植或放置到培养基上。具体操作过程如下：左手拿培养瓶，用右手轻轻取下瓶盖，以免瓶盖上的灰尘飞扬，造成污染。将瓶口靠近酒精灯火焰，并将瓶口在火焰上方转动，使瓶口里外灼烧数秒钟。打开瓶盖时，最大污染的机会是瓶口边缘的微生物落入瓶内，因为培养瓶在贮存期间积累了少量的灰尘，另外灭菌冷却时，在瓶口形成负压，开盖时，空气进入会带进去少量灰尘。所以，培养瓶最好与接种台平面成45°夹角，利用酒精灯火焰附近气流上升，以减少灰尘落入，开盖前要用火焰转动灼烧瓶口，把灰尘固定在瓶口，以杀死菌类。

保持瓶口在火焰范围内，用镊子夹取一块切割成适宜大小的材料送入瓶内，轻轻插入培养基上。若是叶片直接附着在培养基上，以放1~3块为宜。放置的时候，通常情况下，茎尖、茎段要正放（生理状态的上下）或横放，叶片要将叶背接触培养基（叶背比叶表有更多的气孔，利于吸收水分和养分）。放置材料数量现在倾向于少放，通过统计认为：对外植体每次接种以一个培养瓶放一枚组织块为宜，这样可以节约培养基和人力，一旦培养基污染可以放弃。接种时既可采用横插法，也可采用竖插法。横插法是左手将培养瓶横放，然后右手用镊子将外植体接种至培养瓶内；竖插法则是将培养瓶不动，放置在酒精灯附近，用右手直接将外植体接种至培养瓶内。

操作时动作要准确敏捷，但不必太快，以防止带动空气，增加污染机会。不能用手触及已消毒器皿，如不小心接触，要立即用火焰灼烧消毒触及部位。接完后，将瓶口在火焰上再灼烧数秒钟，最后盖好瓶盖。

所有材料接种完毕，要做好标记，注明已接种植物的名称和处理名称、接种日期等。

④接种完毕后要清理干净工作台，可打开紫外灯灭菌30 min。若连续接种，每周必须进行大强度灭菌1次。

实验实训6 外植体的接种与培养

【任务单】

任务名称:外植体的接种与培养技术	
学时:2学时	岗位:组培接种员
教学任务:根据实际需求,将经过表面灭菌处理的植物材料(如植物离体器官根、茎、叶等或者离体组织、细胞和原生质体)经现场切割或剪裁处理后,转放接入培养基的过程	
教学目标:掌握植物离体材料转接技术以及转接过程中的无菌操作步骤	
任务载体:植物离体器官或组织	
任务地点:校内园区组培实验室	
教学方法及组织形式:先由教师讲解原理,实训教师进行操作示范1~3遍。学生分组进行时间操作,教师与实训教师现场指导	
教学流程: 1.学习接种方法 2.进行接种前准备 3.操作讲解与示范 4.指导学生实践操作	

1)目的

①能够准确识别植物器官,并依据植物品种正确选择外植体。

②外植体取样、预处理和消毒方式恰当、有效,操作规范、熟练。

③接入外植体到培养基上的动作要规范、熟练。

2)原理

组织培养无菌操作是指在无菌的环境下,将植物的离体器官、组织或细胞在人工合成培养基上,使其发育成完整植物体的试验和生产行为。在组织培养过程中,涉及的操作环境、培养基和试验材料等都有感染细菌和真菌的可能。因此,组织培养的取材、接种、培养的整个过程,必须建立较强的无菌操作意识,严格执行规范化操作以减少污染。

3)材料与用具

(1)材料。常见植物(花卉、果树、蔬菜等)的实物;草炭、珍珠岩、蛭石等基质;市售杀菌剂和杀虫剂、次氯酸钠、酒精、过氧化氢、无菌水、已灭菌培养基等。

（2）实验仪器、器皿及用具。超净工作台、接种工具（主要是剪刀、镊子、解剖刀、纱布等）、植物材料（已灭过菌）、已配制好的培养基、酒精灯（或干热灭菌器）、酒精喷壶、天平、脱脂棉、记号笔、白大褂、工作帽、拖鞋等。

（3）试剂。70%的酒精、75%的酒精、95%的酒精、无菌水、2%次氯酸钠、3%来苏尔溶液。

4）步骤

（1）无菌操作前的准备工作。

①培养室、无菌操作室的清扫和灭菌（参照实验实训2）。

②培养基配制（参照实验实训4）。

③培养基、接种工具等灭菌（参照实验实训2）。

④外植体的选取及消毒（参照实验实训5）。

（2）外植体的接种。

①在酒精灯火焰附近，一只手斜握瓶置于火焰附近的超净工作台上，另一只手拿镊子夹持外植体横向或垂直轻轻插入培养基。材料形态学上端向上。将瓶口置酒精灯火焰区烘烤数秒钟后，迅速盖上瓶盖。每人要求接种5瓶。

②在培养瓶外标明培养基编号、接种材料名称、接种日期后，送入培养室置于培养架上。

③接种结束后，清理和关闭超净工作台。

5）作业

将本次实验实训内容整理成实验实训报告。

【评价单】

任务名称：			
姓名：		班级：	
序号	评价内容	分值	得分
1	接种前外植体处理	20	
2	转接灭菌	30	
3	转接切割与接入	30	
4	灭菌封瓶	20	
总计		100	
教师签名	主讲教师：	实训指导教师：	

实验实训 7　瓶苗的转接

【任务单】

<table>
<tr><td colspan="2">任务名称:瓶苗转接技术</td></tr>
<tr><td>学时:2 学时</td><td>岗位:组培接种员</td></tr>
<tr><td colspan="2">教学任务:根据实际需求,将已成活瓶苗或愈伤组织进行扩繁转接入培养基的过程</td></tr>
<tr><td colspan="2">教学目标:掌握瓶苗转接技术以及转接过程中的无菌操作步骤</td></tr>
<tr><td colspan="2">任务载体:瓶苗或愈伤组织</td></tr>
<tr><td colspan="2">任务地点:校内园区组培实验室</td></tr>
<tr><td colspan="2">教学方法及组织形式:先由教师讲解原理,实训教师进行操作示范 1~3 遍。学生分组进行时间操作,教师与实训教师现场指导</td></tr>
<tr><td colspan="2">教学流程:
1.学习接种方法
2.进行接种前准备
3.操作讲解与示范
4.指导学生实践操作

马铃薯继代
无菌转接

石斛继代
无菌转接</td></tr>
</table>

1)目的

掌握瓶苗的茎段转接技术,进一步巩固无菌操作技能。

2)仪器及试剂

超净工作台及配套接种用具(无菌接种工具、酒精灯、酒精棉球、70%酒精、75%酒精、95%酒精,无菌培养皿、打火机等)。

3)试验材料

取培养文心兰、土豆、铁皮石斛等瓶苗,选择长势好,高度达 5 cm 以上的茎梢种苗或芽丛种苗。每个超净台配给 2 瓶种苗、先做好的 10 瓶空白培养基。

4)步骤

①配制继代培养培养基并做好灭菌备用。

②接种前 20~30 min 接通电源,打开紫外灯和风机。

③用肥皂洗净双手,穿好专用实验服进入接种室,用 75%乙醇擦拭双手和台面,用 95%

乙醇浸泡接种工具等。

④将酒精灯放在距超净台边缘约 30 cm，正对胸前处，注意以后的操作都要在酒精灯的 10 cm 半径范围内完成。点燃酒精灯，对剪子和镊子过火，先从头至尾过火，然后对尖端反复过火，有条件的实验室直接使用高温干热灭菌器进行器械灭菌。将种苗瓶放在灯前偏左处；将空白培养基瓶放在灯前偏右处；将接种用培养皿放在距超净台边缘约 15 cm，正对胸前处，以利操作。

⑤打开原种瓶，对瓶口先外壁，后内壁过火。然后准备接种：先将种苗移到培养皿里。左手将培养瓶几乎水平拿着，用右手拿镊子夹一块分割好的文心兰（马铃薯、铁皮石斛）材料送入瓶内，轻轻插入培养基上，再将瓶口置酒精灯火焰区烘烤数秒钟后，迅速盖上瓶口，绑好瓶口（每人接种 10 瓶）。操作期间应经常用 75%酒精擦拭（或喷雾）工作台和双手；接种器械应反复在 95%的酒精中浸泡和在火焰（或高温干热灭菌器）上灭菌，以防止交叉污染。接好后，瓶口和瓶盖均要过火。如果技能熟练的话，可用悬接法，用镊子夹住瓶苗的顶端一节，拔出瓶口，剪断这一节，将茎段插入空白培养基中。对芽丛可提起一个芽丛的一个芽，用剪刀剪去其他部分，将单芽插入培养基里。

⑥接完一瓶原种后，可用 75%酒精棉球擦拭双手，弃去含废弃物的培养皿，换用新的无菌培养皿，以防交叉感染。

⑦接完 10 瓶种苗后，写好标签，移出超净台，置于塑料筐里，再接下一批。

⑧接种完毕，熄灭酒精灯，盖上酒精瓶，收拾净超净台面，先把种苗瓶移出，然后将废物皿、空原种瓶、培养皿、接种工具等移出放到塑料筐里，带出接种室，清洗干净。

⑨接后的培养物转移到培养室进行培养。3 d 以后，经常检查污染情况，及时清除被污染的培养瓶。

5）作业

①将本次实验实训内容整理成实验实训报告。

②观察并记录转接后植物的生长情况、污染率等。

【评价单】

任务名称：瓶苗转接技术			
姓名：		班级：	
序号	评价内容	分值	得分
1	接种前消毒准备	20	
2	转接灭菌	30	
3	转接切割与接入	30	
4	灭菌封瓶	20	
总计		100	
教师签名	主讲教师：	实训指导教师：	

实验实训 8　植物组织培养整体方案设计

【任务单】

<table>
<tr><td colspan="2">任务名称:植物组织培养整体方案设计</td></tr>
<tr><td>学时:2 学时</td><td>岗位:组培接种员</td></tr>
<tr><td colspan="2">教学任务:根据实际需求,设计植物组织培养整体方案的过程</td></tr>
<tr><td colspan="2">教学目标:掌握文献查阅、实验方案的编写</td></tr>
<tr><td colspan="2">任务载体:图书馆资料室、互联网</td></tr>
<tr><td colspan="2">任务地点:校内园区组培实验室</td></tr>
<tr><td colspan="2">教学方法及组织形式:课前学生查阅资料,学生分组进行讨论,教师与实训教师现场指导</td></tr>
<tr><td colspan="2">教学流程:
1.学习文献查阅
2.设计实验方案
3.讨论方案可行性
4.指导学生实际操作</td></tr>
</table>

1)目的

①熟悉植物组织培养方案的设计方法和过程。

②巩固植物组织培养的一般技术。

2)内容

(1)查阅资料。通过图书馆、互联网等途径查阅相关资料。

(2)编写实验方案。根据查阅的相关资料,独立编写实验方案。

3)具体要求

(1)选择合适的植物材料。选择的植物材料要求必须具有一定的价值,而不是无用的材料如杂草等,选择的植物材料简单常见、后续可操作性强。

(2)根据选择的材料查阅相关资料。电子阅览室查阅万方数据、超星汇雅电子图书、中国知网上的相关文献等。

(3)根据所查阅资料的情况选择合适的培养基配方。要有完整的(包括植物培养的各个阶段)培养基和生长调节剂配方。

(4)以组为单位进行方案的整体设计。各组所选择的植物材料将作为后续项目操作的内容。

4）作业

提交合理的方案设计报告。

【评价单】

任务名称：植物组织培养整体方案设计			
姓名：		班级：	
序号	评价内容	分值	得分
1	文献资料	20	
2	方案设计	30	
3	可行性讨论	30	
4	运用于实际操作	20	
总计		100	
教师签名	主讲教师：	实训指导教师：	

思考题

1.无菌操作时应注意哪些细节？

2.简述愈伤组织、分生芽、茎段等不同材料无菌转接的注意要点。

无菌操作后的工作

任务 4.1 植物组织培养试管苗环境条件的调控

植物组织培养中,培养条件对愈伤组织的形成、器官的发生有较大的影响,主要有温度、光照、湿度、气体等各种环境条件。

4.1.1 试管苗温度的调控

温度是组织培养过程中的重要因素,温度不仅影响外植体的分化、增殖以及器官建成,还影响组培苗的生长和发育进程,外植体在最适温度下生长分化良好。大多数组织培养的温度调控在 24~28 ℃,一般来说,在此条件下都能形成芽和根。低于 12 ℃时,不利于培养组织的生长分化,高于 35 ℃时,对试管苗生长不利,很多生产企业采用了 25 ℃±2 ℃的恒温条件。但是,不同植物培养的适宜温度不同,百合的适宜温度是 20 ℃,月季是 25~27 ℃,番茄是28 ℃,烟草芽的形成以 28 ℃为最好;菊芋在白天 28 ℃、夜间 15 ℃的变温条件下,对根的形成最好,百合鳞片在 30 ℃下再生的小鳞茎的发叶速度和百分率都比在25 ℃下的高。

4.1.2 试管苗光照的调控

光照也是组织培养中的重要条件之一,光照主要起诱导器官发生的作用。光照强度、光质和光周期对试管苗的影响最大。不同种类的植物进行组织培养,其器官发生对光照的要求也不尽相同,如烟草、荷兰芹的器官发生不需要光照。

光照强度对培养细胞的增殖和器官的分化有重要影响,从目前的研究情况看,光照强度对外植体、细胞的最初分裂有明显影响。一般来说,光照强度较强,幼苗生长得较粗壮;而光照强度较弱,幼苗则容易徒长。

光质对愈伤组织诱导、培养组织的增殖以及器官的分化都有明显的影响。如百合珠芽在红光下培养,8 周后,分化出愈伤组织,但在蓝光下,几周后才出现愈伤组织;而唐菖蒲子球块接种 15 d 后,在蓝光下培养首先出现芽,形成的幼苗生长旺盛,而白光下幼苗纤细;蓝光对烟草愈伤组织和苗的形成有促进作用,而红光和远红光则没有促进作用。光质对根的形成作用正好与芽的作用相反。

光照时间对植株器官的发生也有明显的影响。试管苗培养时要选用一定的光暗周期来进行组织培养,最常用的周期是16 h光照,8 h黑暗。研究表明,对短日照敏感的品种的器官组织,在短日照下易分化,而在长日照下产生愈伤组织,有时需要暗培养,尤其是一些植物的愈伤组织在黑暗下比在光照下更好,如红花、乌桕树的愈伤组织。短日照敏感的葡萄茎段培育中,仅在短日照下形成根,而日照不敏感的品种,可在任何光周期下形成根,如长日照植物菊苣的根段能在长日照下诱导形成花芽。

4.1.3　试管苗湿度的调控

湿度对试管苗的影响包括培养容器的湿度和环境的湿度条件两个方面,培养容器主要受培养基水分含量和封口材料的影响。

培养容器内的湿度一般较大,通常情况下可达到100%,随着培养时间的延长,湿度逐渐降低,培养容器内的湿度主要受琼脂含量和封口材料的影响,在环境湿度较低时,应适当减少琼脂用量、增加培养容器内的湿度,否则培养基将干硬,不利于外植体接触或插进培养基,导致生长发育受阻。封口材料直接影响容器内湿度情况,密封越好湿度越高,但封闭度较高的封口材料易引起气体交换不良而导致生长发育受影响。

环境的相对湿度可以影响培养基的水分蒸发,湿度过高过低都不利,过低将造成培养基失水而影响试管苗的生长,过高容易滋生杂菌,导致污染,一般培养室要求70%~80%的相对湿度,湿度过低时可用加湿器或经常洒水的方法来调节湿度,湿度过高可用除湿机来降低湿度。

4.1.4　试管苗气体条件的调控

氧气是外植体分化、增殖和生长的必需因素,瓶盖封闭时要考虑通气问题,可用附有滤气膜的封口材料(图4.1),通气最好的是棉塞封闭瓶口,但棉塞易使培养基干燥,夏季容易引起污染。固体培养基可加活性炭来增加通气度,以利于发根。培养室要经常换气,改善室内的通气状况。液体振荡培养时,要考虑振荡的次数、振幅等,同时要考虑容器的类型、培养基等。

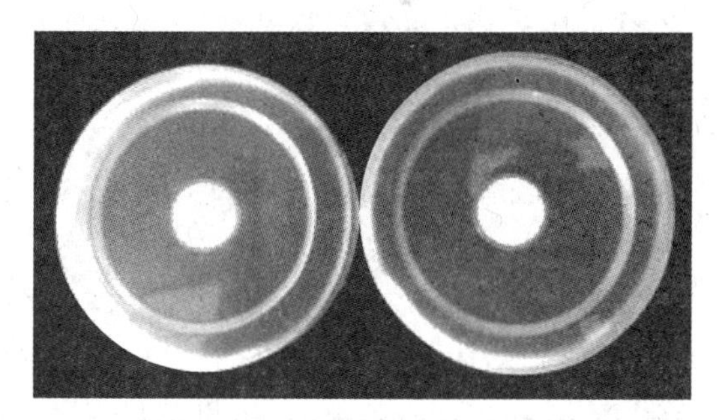

图4.1　有滤气膜封口的瓶盖

任务4.2　试管苗培养中的常见问题及预防措施

组织培养过程中,即使每个过程都规范操作,但也会发生一些问题,常见的是污染、玻璃化和褐变,这3个问题并称为组织培养的三大难题。

4.2.1 污染

1)污染现象

污染是在组培过程中培养基和培养材料滋生真菌、细菌等微生物,使培养材料不能正常生长和发育的现象。植物组织培养中污染是经常发生的,常见的污染病原体主要是细菌、真菌这两大类污染。细菌污染常在接种后1~2 d后即可发现,培养基表面出现菌斑呈黏液状物,有臭味(图4.2)。真菌污染一般在接种后3~10 d才能发现,主要症状是培养基上出现绒毛状菌丝,然后形成不同颜色的孢子层(图4.3)。

图4.2 细菌性污染

图4.3 真菌污染

2)污染的原因

(1)外植体带菌

原瓶苗有污染,外植体消毒不彻底。通常多年生的木本材料比1~2年生的草本材料带菌多;老的材料比嫩的带菌多;田间生长的材料比温室的带菌多;带泥土的材料比清洁的带菌多;阴雨天采集的材料易带菌;一天中以中午阳光最强时的材料带菌少。

(2)培养基带菌

高压蒸汽灭菌的温度、压力、时间和正确使用情况,以及过滤灭菌中过滤膜孔径、过滤灭菌器械的灭菌处理和过滤灭菌操作等均影响培养基的灭菌效果。此外,培养瓶瓶盖松动,培养基存放时间太长都可能导致染菌。

(3)操作环节

接种室不清洁、不干燥、不密封,接种室不经常用紫外线灯照射、甲醛熏蒸、70%酒精喷雾杀菌等,超净工作台不杀菌,风机不打开,操作过程不规范、不熟练,经常走动,在操作时说话都可能导致染菌。

(4)培养环境

培养室要求清洁、密闭,每天用70%酒精喷雾除菌、降尘,每周用少量甲醛熏蒸灭菌,如有空气过滤装置效果更好。培养室相对湿度太高时,污染加重。

3)预防措施

发现污染的材料应该及时处理,否则将导致培养室环境污染。对一些特别宝贵的材料,可以取出并再次进行更为严格的消毒,然后接入新鲜的培养基中重新培养。要处理的污染培养瓶最好在打开瓶盖前,先集中进行高压灭菌,再清除污染物,然后洗净备用。现根据污染途径，阐述几个常用的污染预防措施。

（1）防止材料带菌的措施

①避免阴雨天在田间采集外植体。在晴天采材料时，下午采取的外植体要比早晨采的污染少，因材料经过日晒后可杀死部分细菌或真菌。

②用茎尖作为外植体时，可在室内或无菌条件下对枝条先进行预培养。将枝条用水冲洗干净后插入无糖的营养液或自来水中，使其抽枝，然后以这种新抽的嫩枝作为外植体，便可大大减少材料的污染。或在无菌条件下采自田间的枝条进行暗培养，待抽出徒长的黄化枝条时采枝，经灭菌后接种也可明显减少污染。

③目前对材料内部污染还没有令人满意的灭菌方法。在菌类长入组织内部时，要除去韧皮组织，只接种内部的分生组织，可以收到一定的效果。

（2）外植体灭菌

①多种药液交替浸泡法：对一些容易污染而难灭菌的材料，用下列程序灭菌较为理想。

第一，取茎尖、芽或器官外植体，用自来水及肥皂充分洗净，表面不可附着污垢、灰尘，用剪刀修剪掉外植体无用的部分，剥去芽上鳞片。

第二，将材料放入70%～75%的医用酒精中灭菌数秒钟。

第三，在1∶500 Roccal B（一种商品灭菌剂名）稀释液中浸泡5 min。

第四，放入5%～10%次氯酸钠溶液中并滴入“土温80”数滴，灭菌15～30 min，或浸入0.1%～0.2%升汞溶液中并加入“土温80”数滴，灭菌5～10 min。

第五，用无菌水冲洗5次。也可从次氯酸钠溶液中取出后，再放入无菌的0.1 mol/L的HCl中浸片刻，再用无菌水冲洗数次。

②多次灭菌法：如咖啡成熟的叶片的灭菌即用这种方法。

第一，除去主脉（因主脉与支脉交界处常有真菌休眠孢子存在），同时去掉叶的顶端、基部和边缘部分，这样可大大减少污染。

第二，将切好的外植体放入1.3%的次氯酸钠溶液中（商品漂白粉25%的溶液），灭菌30 min。

第三，在无菌蒸馏水中漂洗3次。

第四，将材料封闭在无菌的培养皿中过夜，保持一定温度。

第五，次日将叶片用2.6%次氯酸钠灭菌30 min，然后用蒸馏水冲洗3次。

对层积过的种子也可用多次灭菌法，在种子吸胀前后都要灭菌，在层积贮藏的第1周还应增加1次灭菌处理。

（3）金属器械与玻璃器皿的灭菌

①金属器械的灭菌：金属器械一般用火焰灭菌法，即把金属器械放在95%的酒精中浸一下，然后放到火焰上灼烧灭菌。这一步骤应在无菌操作过程中反复进行。金属器械也可以用干热灭菌法灭菌，即将拭净或烘干的金属器械用纸包好，盛在金属盒内，放在烘箱中灭菌。

②玻璃器皿的灭菌：玻璃器皿可采用湿热灭菌法，即将玻璃器皿包扎后置入蒸汽灭菌器中进行高温高压灭菌，灭菌时间可延长至25～30 min。也可采用干热灭菌法，即将玻璃器皿置于电热烘箱中进行灭菌；还可以把玻璃器皿放入到水中煮沸灭菌。

（4）布质制品的灭菌

工作服、帽子、口罩等布制品均用湿热灭菌法，即将洗净晾干的布制品，放入高压灭菌器中,在压力为108 kPa,温度在121 ℃的条件下,灭菌20~30 min。

(5)无菌操作室的灭菌

无菌操作室的地面、墙壁和工作台的灭菌可用2%的新洁尔灭或70%的酒精擦洗,然后用紫外灯照射约30 min。使用前用70%的酒精喷雾,使空间灰尘落下。一年中要定期用甲醛和高锰酸钾熏蒸1~2次。

4)污染材料的处理

①真菌污染后,必须经高压灭菌后废弃。细菌污染不会弥散至整个空间,只要及时发现,将材料上部未感菌的部分剪下转接,仍可以正常使用。

②对一些特别宝贵的材料,可以取出再次进行更为严格的消毒,然后接入新鲜的培养基中重新培养。

4.2.2 玻璃化

1)玻璃化现象

玻璃化是试管苗的一种生理失调症,它的外形与正常苗有显著差异。其叶、嫩梢呈水晶透明或半透明,植物矮小肿胀、失绿,叶片皱缩成纵向卷曲,脆弱易碎;叶表皮缺少角质层蜡质,没有功能性气孔,不具有栅栏组织,仅有海绵组织;体内含水量高,但干物质、叶绿素、蛋白质、纤维素和木质素含量低。由于其组织畸形,吸收养料和光合器官功能不全,分化功能大大降低,因而很难继续用作继代培养和扩大繁殖的材料;加上生根困难,很难移栽成活。玻璃化苗在植物组培中很普遍,有时多达50%以上,严重影响繁殖率,造成人、财、物的极大浪费。

2)玻璃化的原因

玻璃化的起因是细胞生长过程中的环境变化。试管苗为了适应变化了的环境而呈玻璃状。产生玻璃化苗的因素主要有激素浓度、琼脂浓度、离子水平、光照时间、温度、通风条件等。

(1)激素浓度

激素浓度增加尤其是细胞分裂素浓度提高(或细胞分裂素与生长素比例高),易导致玻璃化苗的产生。产生玻璃化苗的细胞分裂素浓度因植物种类的不同而异。细胞分裂素的主要作用是促进芽的分化,打破顶端优势,促进腋芽发生,因而玻璃化苗也表现为茎节较短、分枝较多的特点。使细胞分裂素增多的原因有以下3种。

①培养基中一次性加入过多的细胞分裂素,比如6-BA、ZT等。

②细胞分裂素与生长素比例失调,细胞分裂素含量远远高于生长素,而使植物过多吸收细胞分裂素,体内激素比例严重失调,试管苗无法正常生长,而导致玻璃化。

③在多次继代培养时,愈伤组织和试管苗体内累积过量的细胞分裂素。在初级培养相同的培养基最初的几代玻璃化现象很少,多次继代培养后,便开始出现玻璃化现象,通常是继代次数越多玻璃化苗的比例越大。

(2)琼脂浓度

培养基中琼脂浓度低时玻璃化苗比例增加,水浸状严重,苗向上长。随着琼脂浓度的增加，玻璃化苗比例减少，但由于硬的培养基影响了养分的吸收，试管苗生长减慢，分枝亦减少。因此，琼脂的浓度宜选择适当。

(3)离子水平

植物生长需要一定量的矿物质营养，但是，如果无机离子之间失去平衡，试管苗的生长就会受到影响。植物种类不同，对矿物质的量、离子形态、离子间的比例要求不同。如果培养基中离子种类及其比例不适宜该种植物，玻璃化苗的比例会增加。

(4)光照时间

不同植物对光照时间的要求不同，满足植物的光照时间，试管苗才能正常生长。大多数植物在10~12 h光照下都能生长良好，每天光照时数大于15 h时，玻璃化苗的比例会增加。

(5)温度

适宜的温度可使试管苗生长良好，当温度低时，容易形成玻璃化苗。

(6)通风条件

试管苗生长期间，要求有足够的气体交换，气体交换的好坏取决于生长量、瓶内空间、培养时间和瓶盖种类。在一定容量的培养瓶内，愈伤组织和试管苗生长越快，越容易形成玻璃化苗。如果培养瓶容量小，气体交换不良，易发生玻璃化。愈伤组织和试管苗长时间培养，不能及时转移，容易出现玻璃化苗。组织培养所用瓶盖有棉塞、滤纸、封口纸、牛皮纸、锡箔纸、塑料膜等，其中棉塞、滤纸、封口纸、牛皮纸通透性较好，玻璃化苗的比例低；而锡箔纸不透气，影响气体交换，玻璃化苗增加。用塑料膜封口时，玻璃化苗剧增。

3)预防措施

(1)适当提高培养基中琼脂和蔗糖浓度

适当提高培养基中蔗糖浓度，可降低培养基中的渗透势，防止外植体从培养基中获得过多的水分。而适当提高培养基中琼脂的浓度，可降低培养基中的衬质势，使细胞吸水减少，也可降低玻璃化；如将琼脂浓度提高到1.1%时，洋蓟的玻璃化苗完全消失。

(2)适当控制培养基中无机营养成分

大多数植物在MS培养基上生长良好，玻璃化苗的比例较低，主要由于MS培养基的硝态氮、钙、锰、锌的含量较高。适当增加培养基中钙、锰、锌、铁、铜、钾、镁含量，降低氮和氯元素比例，特别是降低铵态氮的浓度，提高硝态氮的浓度，可较少玻璃化苗的比例。

(3)适当降低细胞分裂素和赤霉素的浓度

细胞分裂素和赤霉素可以促进芽的分化，但是为了防止玻璃化现象，应适当减少其用量，或增加生长素的比例。在继代培养时，要逐步减少细胞分裂素的含量。

(4)控制好温度

培养温度要适宜植物正常生长发育。如果培养室的温度过低，应采取增温措施。热击处理，可防止玻璃化的发生。如用40 ℃热击处理，瑞香愈伤组织培养物可完全消除其再生苗的玻璃化，同时还能提高愈伤组织芽的分化频率。

(5)改善培养器皿的气体交换状况

如使用棉塞、滤纸片或通气好的封口膜封口可减少玻璃化苗的发生。

(6)加入其他物质

在培养基中加入间苯三酚或根皮苷或其他添加物，可有效地减轻或防止试管苗玻璃化。如添加马铃薯可降低油菜玻璃化苗的发生频率；用0.5 mg/L多效唑或10 mg/L的矮壮素可减少重瓣丝石竹试管苗玻璃化的发生；添加1.5~2.5 g/L的聚乙烯醇也成为防止苹果砧木玻璃化的措施。在培养基中加入0.3%的活性炭还可以降低玻璃苗的产生频率，对防止产生玻璃化有良好作用。

(7)增加自然光照，控制光照时间

在试验中发现，玻璃苗放在自然光下几天后茎、叶变红，玻璃化逐渐消失。这是因为自然光中的紫外线能促进试管苗成熟，加快木质化。光照时间不宜过长，大多数植物以每天8~12 h为宜；光照强度在1 000~1 800 lx，就此可满足植物生长的要求。

4.2.3 褐变

1)褐变现象

褐变是指外植体在培养过程中体内的多酚氧化酶被激活后，使细胞内的酚类物质氧化成棕褐色醌类物质，这种致死性的褐化物不但向外扩散致使培养基逐渐变成褐色，而且还会抑制其他酶的活性，严重影响外植体的脱分化和器官分化，最后变褐而死亡的现象(图4.4)。在植物组织培养过程中，褐变是普遍存在的，而控制褐变比控制污染和玻璃化更加困难，因此，能否有效地控制褐变是某些植物能否组培成功的关键。

图4.4 褐变苗

2)褐变的原因

影响褐变的因素极其复杂，随着植物的基因型、外植体的生理状态、培养基成分、培养条件、材料转移时间等的不同，褐变的程度有所不同。

(1)植物品种(基因型)

有研究表明，海垦2号橡胶树的花药褐变较少，因而易形成愈伤组织；而有些橡胶品种极易褐变，其愈伤组织的诱导也很困难。故在组织培养中，有些品系难以成功，而有些则容易成功，其原因之一可能是酚类物质的含量及多酚氧化酶活性上的差异。因此对于容易褐变的植物，应考虑对其不同基因型的筛选，力争采用不褐变或褐变程度低的外植体进行培养。

(2)外植体的生理状态

外植体的老化程度、年龄、大小和取材部位都会影响褐变的发生。外植体的老化程度越高，其木质素的含量也越高，也越容易发生褐变；大的外植体比小的外植体容易发生褐变；成龄材料一般比幼龄材料褐变严重；切口越大，酚类物质的被氧化面积也越大，褐变程度就会越严重。

(3)培养基成分

①植物生长调节物质使用不当时，材料也容易褐变，细胞分裂素有刺激多酚氧化酶活性提高的作用，这一现象在甘蔗组织培养中十分明显。

②过高的无机盐浓度会引起棕榈科植物外植体酚的氧化。例如，油棕用MS无机盐培

养容易引起外植体的褐变，而用降低了无机盐浓度的改良 MS 培养基时则可减轻褐变，而且获得愈伤组织和胚状体。

③在外植体最适宜的脱分化条件下，分生能力强的细胞大量繁殖，酚类的氧化受抑制，在芽旺盛增殖时，褐变也被抑制。

④培养条件不适宜，如温度过高或光照过强，均可使多酚氧化酶的活性提高，从而加速外植体的褐变。在咖啡组织培养中曾出现这一现象。

(4)培养条件

光照过强、温度过高、培养时间过长均可加速褐变的发生。

(5)材料转移时间

试管苗长时间不转接容易发生褐变现象，可导致全部试管苗死亡。

3)预防措施

(1)选择适宜的外植体

不同时期和年龄的外植体在培养中褐变的程度不同，选择适当的外植体是克服褐变的重要手段，避免在夏季高温季节取材，选择幼小的植株，选择幼嫩的部位，选择大小适宜的外植体，选择生长旺盛的外植体。

(2)选择合适的培养基和培养条件

降低盐浓度，减少 BA 和 KT 的使用，采取液体培养，初期黑暗或者弱光条件下培养，保持较低的温度(15~20 ℃)也是降低褐变的有效方法。

(3)外植体的预处理

对较易褐变的外植体可采取预处理措施，即先用流水冲洗外植体，然后放置在 5 ℃左右的冰箱中低温处理 12~24 h。消毒后先接种到只含有蔗糖的琼脂培养基中培养 3~7 d，使组织中的酚类物质部分渗入培养基中，取出外植体用 0.1%的漂白粉溶液浸泡 10 min，然后接种到合适的培养基上。

(4)加快继代转接的速度

对易发生褐变的植物，在外植体接种后 1~2 d 立即转接到新鲜培养基上，可减轻酚类物质对培养物的毒害作用，连续转移 5~6 次可减少褐变的产生。

(5)加活性炭

培养基中加入 0.1%~0.5%的活性炭可减少褐变的产生，主要利用活性炭的吸附能力来吸附酚类氧化物。但活性炭在吸附有害物质的同时也吸附营养物质和激素，因此会影响外植体的生长和发育。

(6)加抗氧化剂

在培养基中加入抗氧化剂，或用抗氧化剂进行材料的预处理或预培养，可预防醌类物质的形成。常用的抗氧化剂有：抗坏血酸、PVP(聚乙烯吡咯烷酮)和牛血清蛋白等。抗氧化剂要注意分次使用，应注意有些抗氧化剂会对培养物产生毒害作用，要避免长期在含这些抗氧化剂的培养基中培养，如果先期褐变得到了控制，就应该从培养基中除去抗氧化剂。在静止的液体培养基中加入抗氧化剂比在固体培养基中加入抗氧化剂，效果要好很多。在倒挂金钟茎尖培养中加入 0.01%PVP 便对褐变有抑制作用。

4.2.4 组培苗瘦弱或徒长

正常的组培苗应当叶色鲜绿，植株粗壮。如果在增殖阶段出现芽苗瘦弱、徒长或节间过长，这种苗会长大，但要比正常的苗瘦弱。有时即使是正常健壮的小苗，若生根阶段培养基或培养环境得不到保障的话，也会叶尖明显伸长，叶片变细，变薄，黄化等。这些苗在过渡培养时会一一死亡。

1)原因

(1)细胞分裂素浓度过高

细胞分裂素浓度过高，产生的不定芽过多，这些密集的芽若不及时进行转移与分割，很快会变成瘦弱苗。

(2)温度过高

高温有利于苗的生长，温度过高，会造成节间生长过快。

(3)光照不足

培养过程中，如果光照不足，组培苗会变黄、变细、变瘦，加速生长，使苗在短时间内变得更瘦弱。

(4)通气不良

通气不良会增加瓶内湿度，容易导致组培苗的玻璃化和徒长。

2)解决方法

根据植物特点减少分裂素的使用，加速继代培养的速度，适当减少接种的密度，适当降低温度，提高光照时间，调整培养基硬度，改用透气的封口膜。

4.2.5 过渡苗死亡率高

1)原因

过渡苗死亡率高是由于过渡苗的环境条件不适宜造成的。基质的湿度过大会引起根部的溃烂，温度过高、过低都会使组培苗的生长不适。还有光照，在过渡期间要适当地用遮阳网遮去大部分光照，之后再逐渐增加光照。但是在过渡培养的后期，要提高光照度，否则会造成定植成活率低。

过渡苗管理不精细也是原因之一。当发现组培苗出现不良状况时要及时找出对策，防止其进一步的死亡。

2)解决措施

有针对性地调整配方，改善组培条件，努力培养质量优良的小苗，及时出瓶，要防止出现根部的损伤，改善过渡培养的环境，自动温控，及时灌水，加强过渡苗的肥水管理和病虫害防治。

4.2.6 生根难

1)原因

组培过程中，常碰到扩繁易、生根难的植物。组培生根，多数是愈伤组织生根，愈伤组织过大、激素配比不合理、温度过高过低、光照强度时间长短不合理、分化苗玻璃化，都能影响组培苗生根。

2)解决措施

对于快繁物种，应多设激素水平梯度，选出最佳分化、生根激素浓度配比；合理控制温度、光照。因为各物种间对光、温、激素种类和浓度要求差别很大，所以不能一概而论。研究者应根据自己的实际情况，采取适当措施。

4.2.7 变异和畸形

1)原因

变异和畸形是指在培养过程中，由于激素、环境等的作用，使得组培苗的外部形态和内部生理发生变化，引起畸变、矮化、丛生、叶片变厚等现象。变异主要是由于温度过高引起的，环境变得恶劣时也会发生变异；畸变主要是由于激素种类和浓度导致的。

2)解决措施

可根据植物的种类和生长习性，降低细胞分裂素的浓度，调节生长素与细胞分裂素的比例，改善环境等来减轻变异和畸变。

4.2.8 材料死亡

1)原因

(1)外植体灭菌过度

一旦材料太小或灭菌时间太长，剂量太大，就会导致材料死亡，所以要严格控制外植体的灭菌时间。

(2)污染

大量污染也会造成材料的死亡。

(3)培养基配置出现问题

在激素配置或营养成分配置出现问题时，材料容易死亡，常常发生在无生长点的材料和愈伤组织中。

(4)培养环境的恶化

温度过高、透气不好、培养过于密集、久不转移、有害气体的累积等都会造成培养材料的死亡。

2)预防措施

选用较为温和的灭菌剂，降低药物浓度，减少灭菌时间，或选取较为坚强的外植体(生长季节取芽)，注意个人卫生，严格按照规则进行操作，认真配置各种母液及培养基，选用含盐量较低的培养基，也可以试着用 1/2 或 1/4 的培养基，并调整各激素的用量和配比。也可以适当添加抗生素、活性炭及必要的有机营养，改善培养环境，及时转移和分瓶，加强组培的过渡管理。

4.2.9 其他问题

1)初期培养阶段

①培养物长期培养几乎无反应。

可能原因:基本培养基不适宜,生长素不当或用量不足,温度不适宜。

改进措施:更换基本培养基或调整培养基成分,尤其是调整盐离子浓度,增加生长素用量,试用2,4-D,调整培养温度。

②培养物水浸状、变色、坏死、茎断面附近干枯。

可能原因:表面杀菌剂过量,消毒时间过长,外植体选用不当(部位或时期)。

改进措施:调换其他杀菌剂或降低浓度,缩短消毒时间,试用其他部位,生长初期取材。

③愈伤组织太紧密、平滑或突起,粗厚,生长缓慢。

可能原因:细胞分裂素用量过多,糖浓度过高,生长素过量。

改进措施:减少细胞分裂素用量,调整细胞分裂素与生长素比例,降低糖浓度。

④愈伤组织生长过旺、疏松,后期水浸状。

可能原因:激素过量,温度偏高,无机盐含量不当。

改进措施:减少激素用量,适当降低培养温度,调整无机盐(尤其是铵盐)含量,适当提高琼脂用量,增加培养基硬度。

⑤侧芽不萌发,皮层过于膨大,皮孔长出愈伤组织。

可能原因:枝条过嫩,生长素、细胞分裂素用量过多。

改进措施:减少激素用量,采用较老化的枝条。

2)继代增殖培养阶段

①苗分化过多,生长慢,部分苗畸形,节间极度缩短,苗密集丛生微型化。

可能原因:细胞分裂素用量过多,温度不适宜。

预防措施:减少细胞分裂素用量或停用一段时间,调整培养温度。

②苗分化数量少、生长慢、分枝少、个别苗细高。

可能原因:细胞分裂素用量不够、温度偏高、光照不足。

预防措施:增加细胞分裂素用量,适当降低温度,改善光照,改单芽继代培养为团块(丛生芽)继代培养。

③分化出苗较少,苗畸形,培养较久可能再次出现愈伤组织。

可能原因:生长素用量偏高,温度偏高。

预防措施:减少生长素用量,适当降温。

④再生苗的叶缘、叶面等处偶有不定芽分化出来。

可能原因:细胞分裂素用量偏高,或表明该种植物适于该种再生方式。

改进措施:适当减少细胞分裂素用量,或分阶段地利用这一再生方式。

⑤丛生苗过于细弱,不适于生根或移栽。

可能原因:细胞分裂素浓度过高或赤霉素使用不当,温度过高,光照短,光强不足,久不转移,生长空间窄。

改进措施:减少细胞分裂素用量,免用赤霉素,延长光照时间,增强光照,及时转接,降低接种密度,更换封瓶纸的种类。

⑥幼苗生长无力,发黄落叶,有黄叶、死苗夹于丛生苗中。

可能原因:瓶内气体状况恶化,pH 值变化过大,久不转接导致糖已耗尽,营养元素亏缺失调,温度不适,激素配比不当。

改进措施:及时转接、降低接种密度,调整激素配比和营养元素浓度,改善瓶内气体状况,控制温度。

⑦幼苗淡绿,部分失绿。

可能原因:无机盐含量不足,pH 值不适宜,铁、锰、镁等缺少或比例失调,光照、温度不适。

改进措施:针对营养元素亏缺情况调整培养基,调整 pH 值,调控温度、光照。

⑧叶粗厚、变脆。

可能原因:生长素用量偏高,兼有细胞分裂素用量偏高。

预防措施:减少激素用量,避免叶片接触培养基。

3)生根培养阶段

①培养物久不生根,基部有伤口,没有适宜的愈伤组织生长。

可能原因:生长素种类不合适、用量不足;生根部位通气不好,pH 值不合适,无机盐浓度不合适。

预防措施:更换使用的生长素种类和用量,适当降低无机盐浓度,改用滤纸桥生根。

②愈伤组织生长过快,过大,根部肿胀或畸形,几条根并联或愈合,苗发黄受抑制或死亡。

可能原因:生长素种类不合适,用量过大,或伴有细胞分裂素用量过高,生根诱导培养程序不对。

预防措施:调整生长素种类或几种生长素配合使用,降低使用浓度,附加维生素 B_2 或 PG 等,改变生根培养程序。

实验实训 9 组培过程中污染苗、褐变苗、玻璃化苗的识别

【任务单】

任务名称:组培过程中污染苗、褐变苗、玻璃化苗的识别
学时:2 学时
教学任务: 1.能够识别组培过程中出现的污染苗、褐变苗、玻璃化苗 2.能够找出发生上述现象的原因,并能够解决实际问题

续表

教学目标:学生能够独立地解决组培苗所遇到的现象
任务载体:园区植物组织培养实验室
任务地点:实训场
教学方法及组织形式:以现场教学法、教授法、直观演示法为主;现场教学
教学流程: 1.准备好实验材料及用具 2.带领学生进入组织培养室,逐一检查异常的组培苗,将其带出组织培养室 3.观察异常组培苗、培养基的情况 4.学生讨论出现每种异常组培苗的原因,并制定预防措施 5.完成实训任务报告

1)目的

能够识别组培过程中出现的污染苗、褐变苗、玻璃化苗;能够找出发生上述现象的原因,并能够解决实际问题。

2)材料及用具

培养室内的所有组培苗、放大镜、笔、纸等。

3)步骤

①做好进入培养室前的消毒、换工作服、拖鞋等工作。

②进入组培苗培养室,在培养架上逐一检查,全部拣出异常苗。

③将所有发现异常的组培苗带到洗涤室或药品配制室,观察组培苗、培养基的情况(主要看组培苗是否茎叶透明、是否变褐、是否发霉等)。

④若有发现问题,但看不太清的,则借助放大镜进行仔细观察、判断。

⑤小组讨论、仔细观察分析有问题试管苗的特点,判断组培苗发生该现象的原因,制定预防措施,并将观察记录填写在表4.1中。

表4.1 试管苗记录表

样品编号	问　题	问题特征	预防措施

4）作业

将本次实验实训内容整理成实验实训报告。

【评价单】

任务名称：			
姓名：		班级：	
序号	评价内容	分值	得分
1	是否按照要求进入组培室	20	
2	能辨别各种异常组培苗	40	
3	针对异常组培苗，有预防措施	40	
总计		100	
教师签名	主讲教师：	实训指导教师：	

任务 4.3 瓶苗的驯化与移栽

4.3.1 瓶苗的生长环境与特点

1）瓶苗生长的环境

瓶苗是在无菌、营养丰富、温光适宜、接近 100%的相对湿度环境条件下生长的，因此，在生理、形态等方面都与自然条件生长的小苗有着很大的不同。

①高温且恒温：瓶苗整个瓶内生长期环境是高温且恒温的，在整个生长过程中采用的是恒温培养，几乎没有温差，通常情况下温度一般控制在（25±2）℃。而在自然环境条件下生长的植物是面临环境温度的不断变化中，其调节由太阳辐射决定，温差很大，而且一般不会达到（25±2）℃。

②高湿：培养瓶在空间相对密闭的环境，瓶苗的气孔蒸腾水分和培养基水分向外蒸发，在培养瓶内凝结后又进入培养基，水分在瓶内循环移动造成瓶内相对湿度接近 100%，远远大于瓶外空气湿度，故瓶苗自身蒸腾作用小。

③弱光：瓶内光照较弱，不能与外界自然光线比，因此生长也较弱，通常无法接受太阳光直接照射。

④无菌：瓶苗所在环境无菌，与外界有菌环境不同，瓶苗本身也无菌，同时，培养瓶内气体环境与外界环境有很大不同。

2) 瓶苗的特点

如图 4.5 所示，马铃薯的脱毒瓶苗，仔细观察后可见，从叶片上看，瓶苗的角质层不发达，叶片通常没有表皮毛，或仅有较少表皮毛，甚至叶片上出现了大量的气孔，而且气孔的数量、大小也远远超过普通苗。由此可知，瓶苗更适宜高湿的环境。将瓶苗突然移栽到瓶外环境时候，由于环境差别较大，瓶苗不能适应，失水率会很高，非常容易死亡。

图 4.5　马铃薯脱毒瓶苗

4.3.2　瓶苗的驯化

为了改善瓶苗的上述生理、形态特点，必须经过与外界相适应的驯化处理。所以要通过炼苗，比如通过控水、减肥、增光、降温等措施，使它们逐渐地适应外界环境，从而使瓶苗在生理、形态、组织上发生相应的变化，使之更适合于自然环境，只有这样才能保证瓶苗顺利移栽后能有较高的成活率。

驯化也称炼苗，是指瓶苗由一种生长环境转到另一种差异较大的生长环境的适应过程。驯化的目的是提高瓶苗对外界环境条件的适应性，提高光合能力，使瓶苗健壮，提高瓶苗移栽成活率，使瓶苗由异养转为自养。

炼苗是从具有恒温、保湿、营养丰富、光照适宜、无病菌侵害等“异养”为主的人工生态环境，转变为易受病菌侵染等“自养”为主的自然生态环境中生长的过程，因此组培苗的炼苗移栽是一个逐步过渡的过程。这一过程通常要经过组培苗的过渡锻炼、驯化来实现。

驯化的原则是调节温湿光和无菌等环境要素，刚开始和培养条件相似，后期逐步过渡到与预计栽培条件相似。驯化的方法是：

(1)闭盖驯化阶段

选择生长健壮、生根良好的组培瓶苗，从恒温、无菌的培养间转移到接近移栽环境的温室中，不打开瓶苗进行炼苗。注意刚开始不要与培养间的条件相差太大。总的说，变化过程遵循的基本原则是温度逐步降低，温差逐渐增大，湿度逐步降低，光照逐步增强的过程。闭瓶炼苗的时间，根据瓶苗的生长状况、苗木种类而略有差异。通常情况下，大部分植物需要 3~8 d。

(2)开盖炼苗阶段

将经过闭盖炼苗的组培瓶苗揭开瓶盖，使瓶苗逐步暴露在外部环境中生长。开盖炼苗的时间不宜过长，否则培养基容易污染。通常情况下，大部分植物需要 2~3 d 为宜。移栽环境应尽量保持干净，条件允许的话，开盖前用 0.1%的高锰酸钾或百菌清进行环境消毒。如果想延长开盖炼苗时间，开盖后可向瓶内加入适量的无菌水或抗菌剂，在自然条件下驯化。这样既可以减少培养基中水分大量蒸发而变干，又可以有效促进培养基有效成分的扩散，便于苗木根系吸收，更主要的是能够防止外界污染，以延长组培苗驯化的时间，达到充分驯化的目的。要注意的是，往瓶内加入无菌水的温度要接近于瓶内培养基温度，温差过大会对苗木造成伤害。

炼苗时间的长短主要根据组培苗叶片的生长表现来判断。炼苗之前，苗木基本靠异养生活，叶片颜色嫩绿且薄，极易失水萎蔫；炼苗后，叶片颜色深绿，对湿度降低引起的水分胁迫已初步具有了一定的抗性，比较伸展。通过分步炼苗，提高了植株的抗逆性，从而大大提高了瓶苗的移栽成活率。

4.3.3　瓶苗的移栽

1）配制基质

要做好瓶苗的移栽，应该选择合适的基质，并对栽培驯化基质进行灭菌，因为瓶苗在无菌的环境中生长，对外界细菌、真菌的抵御能力极差。移栽后，及时配以相应的管理措施，确保整个组织培养工作的顺利完成。

适合于栽种瓶苗的基质要具备透气性、保水性和一定的肥力，容易灭菌处理，并不利于杂菌滋生的特点，通常选用珍珠岩、蛭石、砂子等。为了增加黏着力和一定的肥力可配合草炭土或腐殖土。草炭是由沉积在沼泽中的植物残骸经过长时间的腐烂所形成，其保水性好，蓄肥能力强，呈中性或微酸性反应，但通常不能单独用来栽种瓶苗，宜与河沙等种类相互混合配成盆土而加以使用；蛭石是一种云母类矿物质在高温作用下膨胀而成一种层状结构的颗粒，含磷、钾、铝、铁、镁、硅酸盐等成分，具有吸水保肥的作用，但植物可利用的营养成分很低；珍珠岩是火山喷发的酸性熔岩，经高温加热而成的白色海绵状小颗粒，疏松、透气、质轻，不含矿质营养。

营养土一般由 4 份草炭、1 份蛭石、1 份珍珠岩及少量肥料混匀而成，移栽基质一般以草炭、蛭石和珍珠岩为主，此外可用菌渣、锯末等。目前国内绝大部分采用草炭+蛭石+珍珠岩的复合基质，比例 3∶0.5∶1 或 4∶1∶1。为了增加黏着力和一定的肥力可配合草炭土或腐殖土，也可用商用育苗基质。使用前应高压灭菌，或用至少 3 h 烘烤来消灭其中的微生物，或喷施多菌灵、百菌清灭菌。要根据不同植物的栽培习性来进行配制，这样才能获得满意的栽培效果。将灭菌好的基质装入穴盘或营养钵中，刮平，浇透水备用。图 4.6 所示为灭好菌的穴盘基质。

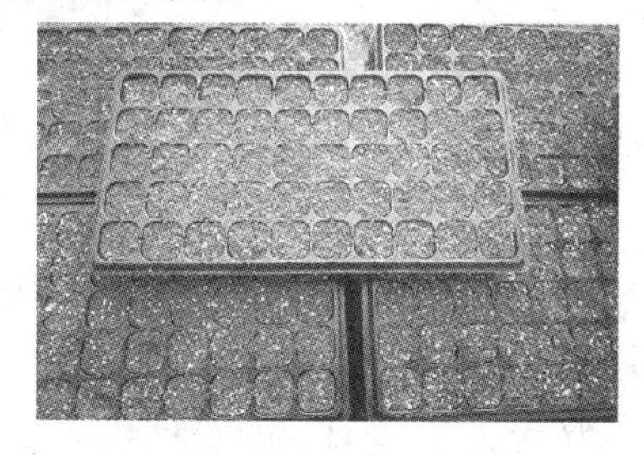

图 4.6　灭好菌的穴盘基质

2）移栽

(1)组培移栽苗的选择

选择根系发达、生长良好的瓶苗进行移栽。移栽前的组培苗应具有发育良好的顶芽。黄化苗、玻璃苗、瘦弱苗、发育畸形以及老化苗均应废弃，以免影响苗木质量和成活率，增加育苗成本。

(2)组培移栽苗的清洗和灭菌

为避免取苗时根系受到机械损伤,取苗前先往培养瓶中倒入少量适量的清水。然后将经过炼苗的瓶苗用镊子从瓶中取出。取出的幼苗应用清水将根部携带的培养基冲洗干净,以防残留培养基滋生杂菌。整个过程最好轻拿轻放,尽量减少对根系和叶片的伤害。然后用一定浓度的多菌灵或百菌清溶液浸泡数分钟,以增强苗木移栽后抗病菌的能力。应注意不同种类植物对杀菌剂浓度要求不同,以防浓度过高,抑制苗木生长。

(3)移栽组培苗

为便于以后移栽到大田,一般将组培苗移栽到装有基质土的营养钵中,即培养组培容器苗。移栽时用镊子或竹签进行操作,可减少机械损伤。用镊子或竹签在营养钵的中间挖一小洞,将苗木轻轻放入挖好的小穴中,并用镊子或竹签使苗木根系舒展,在根部轻轻地覆上营养土,使幼苗根系既能吸收土壤营养,又有较好的透气性。移栽后及时喷水使苗木根系与土壤接触紧密。

(4)其他移栽方法

上面讲述的移栽方法适合草莓、百合、非洲菊、马铃薯等多数植物,对于不同的植物往往采取不同的移栽措施,除了上述常规的移栽方法以外,还有下列移栽方法:

①直接移栽法:直接将瓶苗移栽入盆钵。这种移栽方法适合于凤梨、万年青、花叶芋、绿巨人等温室盆栽植物,其盆栽基质较好,有进行专业化生产的温室条件,随着植株的生长,逐渐换大号的花盆。

②嫁接移栽法:选取生长良好的同一植物的实生苗或幼苗作砧木,用瓶苗作接穗进行嫁接。嫁接移栽法与常规移栽法相比具有移栽成活率高,适用范围广、所需时间短、有利于移栽植株的生长发育等许多优点。例如西瓜、花生和一些多肉植物等瓶苗不易成活的品种。

任务 4.4　瓶苗的苗期管理

4.4.1　保持适宜的湿度条件

湿度是保证幼苗是否顺利成活至关重要的因素。瓶苗茎叶表面几乎没有防止水分散失的角质层,根系也不发达或无根,移栽后很难保持水分平衡,即使根的周围有足够的水分也无法吸收。所以瓶苗初期的条件应尽量接近培养瓶内条件,减少瓶苗叶面蒸腾作用,使小苗始终保持挺拔的姿态。尤其在移栽后 1~5 d 内,应给予较高的空气湿度条件,尽量保持 90%~100%的相对湿度,这一点比基质中提供的水分更重要。保持小苗水分供需平衡首先培养基质要浇透水,所放置的床面、地面也要浇湿,最好搭设小拱棚,以减少水分的蒸发,并且初期要常喷雾处理,保持拱棚薄膜上有水珠出现。5~7 d 后,发现小苗有生长趋势,可逐渐降低湿度,减少喷水次数,将拱棚两端打开通风,使小苗适应湿度较小的条件,逐渐降低湿度,防止病虫害的发生。但要避免叶片失水萎蔫,也要避免水分过多,影响透气性造成幼苗根系腐烂。约15 d以后揭去拱棚的薄膜，并给予水分控制，逐渐减少浇水，促进小苗长得粗壮。

4.4.2 适宜的温度和光照条件

瓶苗移栽以后要保持一定的温度和光照条件，最好保持在15~25 ℃。温度过低会使幼苗生长迟缓，或不易成活；温度过高会使水分蒸发，从而使水分平衡受到破坏，还可能会促使菌类滋生。适宜的生根温度是18~20 ℃。如果夏季移苗，最高温度不能超过30 ℃，阳光强烈的中午还要用深色遮阴网进行适当的遮阴，或通过间歇喷水以降低温度，温度过高会导致蒸腾作用加强，水分失衡以及菌类滋生等问题。冬春季地温较低时，可放入温室或用电热线来加温。如果有良好的设备或配合适宜的季节，使介质温度略高于空气温度2~3 ℃，则有利于生根和促进根系发育，提高成活率。采用温室低槽埋设地热线或加温生根箱种植瓶苗，也可以取得更好的效果。另外，在光照管理的初期可用较弱的光照，如在小拱棚上加盖遮阳网或报纸等，以防阳光灼伤小苗和增加水分的蒸发。当小植株有了新的生长时，逐渐加强光照，后期可直接在太阳光下生长，促进光合产物的积累，增强抗性，提高植株成活率。

4.4.3 防止菌类滋生

由于瓶苗原来的环境是无菌的，移栽后要保持环境清洁，减少杂菌滋生，保证瓶苗过渡成活。整个栽培环境做到清洁、通风、偏强光照，促使瓶苗生长旺盛，自然会提高瓶苗抵御病虫侵扰的能力。所以必须对栽培基质进行高压灭菌或烘烤灭菌，发现有病害的组培苗应及时销毁，并进行药物防治，将病害消灭在萌芽状态。在喷雾或浇水时，间隔喷洒或浇灌一定浓度的多菌灵等保护性杀菌剂，以提高苗木抵抗病菌侵染的能力，可以有效地保护幼苗，预防病虫害的发生。

4.4.4 保持基质适当的通气性

要选择适当的颗粒状基质，保证良好的通气作用。在管理过程中不要浇水过多，过多的水应迅速沥除，以利根系呼吸。

4.4.5 其他注意事项

刚移栽的瓶苗不要着急追肥，必须等到苗木长出新根后，先进行低浓度叶面追肥，长势旺盛后再施肥，否则一开始施肥的话，会抑制新根的生长发育。在养护过程中，必须指定专人进行精心看护，才能及时调节各种变化中的生态因子，为试管苗提供最佳的生长环境。在植物组织培养的全过程中，移栽是最后一个程序，也是关键的环节。移栽成活率的高低与经济效益密切相关。因此，在优化移栽技术的基础上，还要强化管理技术。

实验实训 10　瓶苗的驯化、移栽与管理

【任务单】

<table>
<tr><td colspan="2">任务名称：瓶苗的驯化、移栽与管理</td></tr>
<tr><td>学时：2 学时</td><td>岗位：组培接种员</td></tr>
<tr><td colspan="2">教学任务：
1.配制移栽基质，备用
2.瓶苗的炼苗、移栽及管理技术</td></tr>
<tr><td colspan="2">教学目标：
1.学会移栽基质的配制技术
2.能正确进行瓶苗的炼苗、移栽及管理</td></tr>
<tr><td colspan="2">任务载体：组培瓶苗、炼苗温室</td></tr>
<tr><td colspan="2">任务地点：校内园区组培实验室</td></tr>
<tr><td colspan="2">教学方法及组织形式：先由教师讲解原理，实训教师进行操作示范 1~3 遍。学生分组进行实践操作，教师与实训教师现场指导</td></tr>
<tr><td colspan="2">教学流程：
1.移栽基质的配制
2.炼苗
3.移栽
4.苗期管理</td></tr>
</table>

1）目的

学习瓶苗的移栽方法，掌握组培苗炼苗技术，提高瓶苗的成活率，掌握移栽后幼苗期的精细管理技术。

2）原理

当铁皮石斛瓶苗长至 3~5 cm 时即可移栽入土，由于在室内人工光照下培养的瓶苗十分幼嫩，因此要成功地大量移栽瓶苗，必须掌握以下几个环节：

①选择健壮的幼苗，要求节间短而粗壮、叶片大而浓绿，展叶四片以上，没有水渍状叶，具有 3 条以上的根，根尖为黄白色，不发黑。

②逐步增加光照强度和降低空气相对湿度，促使瓶苗慢慢适应自然生长条件。

③选用合适的驯化基质。

3）材料及用具

石斛组培苗、蛭石、珍珠岩、泥炭、苔藓、育苗盘、镊子、喷雾器、杀菌剂、营养钵、小手铲、喷壶、多菌灵（0.1%）、高锰酸钾溶液（0.3%~0.5%）、塑料薄膜等。

4）步骤

（1）移栽基质的配制。根据不同植物瓶苗的要求，选择适当的基质种类和配比，一般选用珍珠岩∶蛭石∶草炭土或腐殖土为1∶1∶2，或沙子∶草炭土或腐殖土为1∶1混合。将配制好的基质用800~1 000倍的50%多菌灵溶液喷淋消毒，装入育苗盆或营养钵中，为了进一步杀菌消毒，可以再进一步采用高温灭菌处理。

（2）炼苗。①将生根瓶苗从培养室取出，置于温室中，不开口置于自然光照下进行光照适应性锻炼，大多为3~4 d。注意，勿使温室温度与培养室的培养条件相差太大。温室炼苗区的环境条件应从接近培养室环境逐步过渡到接近移栽场地的环境条件。

②再将培养瓶瓶口轻轻打开1/3~1/2，使培养材料开口适应外界大气环境2~3 d。注意保湿且光照强度不能过大，不同植物材料根据其喜光性给予适当的光照。

（3）移栽。①将瓶苗从所培养的瓶中取出，放入水盆中，在20 ℃左右的温水中浸泡约10 min。取时要小心地操作，切勿把根系损坏。

②然后把根部黏附的琼脂漂洗掉，要求全部除去，而且动作要轻，在操作过程中一定切勿伤根伤苗，清洗后可蘸生长素或生根粉。清洗一定要干净，否则残留的培养基会导致霉菌污染。如果根过长，可以用锋利的剪刀剪掉一段，将洁净的瓶苗在800~1 000倍的50%多菌灵溶液中浸泡处理5 min，捞出稍晾干，蘸生长素（50 mg/L的吲哚丁酸或萘乙酸）后移入苗盘。

③迅速栽入育苗盘。栽植时用镊子在基质中插一个小孔，然后将小苗插入，注意幼苗娇嫩，防止损伤，栽后把苗周围基质压实，栽前基质要浇透水。栽后用浸泡过苗子的杀菌剂喷洒。再将苗移入干净、排水良好的温室中，保证空气湿度在90%以上，需1~20 d。

④移栽后的管理。移栽后的瓶苗要注意控温、保湿、遮阴，一般温度控制在15~25 ℃，空气湿度保持在90%以上，并要适当遮阴，10~15 d后开始通风，逐渐降低湿度增加光照。当长出2~3片新叶后可以定植，进行苗期管理。

（4）移栽后管理。刚种下去的小苗暂时不用浇水，因为基质在种之前已经浸泡过水，种下后先喷一遍杀菌剂，之后每天喷雾保湿，待5 d后再浇水；5 d后，每隔10 d来对小苗进行观察，捡出死亡的小苗，并统计死亡数量，用以计算成活率；小苗刚种下去也以干养为宜，促进长根，故浇水不宜过勤。新根长出来之前不用施肥，预计种后一个月施肥即可。

5）数据统计

$$\text{瓶苗移植成活率} = \frac{\text{成活的瓶苗数}}{\text{移栽瓶苗数}} \times 100\%$$

6）作业

①将本次实验实训内容整理成实验实训报告。

②观察并记录移栽后瓶苗的移植成活率。

【评价单】

<table>
<tr><td colspan="4">任务名称：</td></tr>
<tr><td colspan="2">姓名：</td><td colspan="2">班级：</td></tr>
<tr><td>序号</td><td>评价内容</td><td>分值</td><td>得分</td></tr>
<tr><td>1</td><td>移栽基质的配制</td><td>20</td><td></td></tr>
<tr><td>2</td><td>炼苗</td><td>30</td><td></td></tr>
<tr><td>3</td><td>移栽</td><td>30</td><td></td></tr>
<tr><td>4</td><td>苗期管理</td><td>20</td><td></td></tr>
<tr><td>总计</td><td></td><td>100</td><td></td></tr>
<tr><td>教师签名</td><td>主讲教师：</td><td>实训指导教师：</td><td></td></tr>
</table>

思考题

1.引起试管苗污染的原因主要有哪些？
2.在组培过程中，褐变是怎样引起的，如何有效预防？
3.针对组培过程中经常出现的玻璃化现象是怎么引起的，如何有效预防及处理？
4.简述试管苗的驯化原则、目的及方法。
5.如何有效提高组培苗的移栽成活率？

植物脱毒技术

任务 5.1 植物脱毒的概念与意义

5.1.1 植物病毒病的数目、分布及其危害

1) 植物病毒病的概念

植物病毒病是指由植物病毒寄生而引起的病害。全世界已发现植物病毒近 788 种。植物的病毒病原体可通过维管束传导,因此,对无性繁殖的植物来说,一旦感染上病毒之后,就会代代相传,日趋严重。

2) 植物病毒病的数目、分布

大部分无性繁殖的作物都带了病毒病,比如马铃薯、红薯、魔芋、大蒜、生姜等,每种作物的病毒数量和种类有所不同,病毒在不同组织器官的分布也不同,幼嫩组织比老组织病毒的含量少,种薯种苗繁育代数越多,所含病毒越多。表 5.1 是不同作物含病毒的数量。

表 5.1 危害园艺植物的病毒数量

植物种类	染病毒种类	植物种类	染病毒种类	植物种类	染病毒种类
菊花	19	矮牵牛	5	葡萄	26
康乃馨	11	马铃薯	17	樱桃	44
水仙	4	大蒜	24	无花果	5
唐菖蒲	5	豌豆	15	桃	23
风信子	3	百合	6	梨	11
月季	10	柑橘	23	草莓	24
天竺葵	5	苹果	36	—	—

3) 植物病毒病的危害

目前病毒病已成为世界作物生产中仅次于真菌病害的主要病害,是造成大田作物和园艺作物等的生活力、产量和品质下降,甚至造成植株大面积死亡的重要原因之一,会给农业生产造成巨大的危害和损失。

目前病毒危害已严重影响生产的有:大田作物主要包括马铃薯、甘薯、甘蔗和烟草;蔬菜主要包括白菜、大蒜、葱、番茄和萝卜;果树主要包括柑橘、苹果、草莓和香蕉;花卉主要包括香石竹、各种菊花、天竺葵、紫罗兰等;块根、块茎、鳞茎为繁殖器官的作物主要包括大蒜、马铃薯和贝母。

(1)对产量的危害

据不完全统计,病毒病对产量的危害最大,轻者减产能达到30%~50%,重者甚至绝收。近年来马铃薯病、红薯、大蒜的病毒病对产量的影响越来越大,部分地区产量较往年减少30%。

(2)对品质的危害

柑橘的衰退病曾经毁灭了巴西的大部分柑橘;花卉病毒的危害主要表现在球茎、宿根等花卉的严重退化上,致使花小而少,甚至畸形、变色,观赏价值大大下降。草莓病毒的危害曾使日本草莓产量严重降低,品质大大退化,使生产几乎停顿。

5.1.2 植物病毒病的症状

1) 变色

植株叶片的叶绿素形成受阻或积聚,从而产生花叶、斑点、环斑、脉带和黄化等(图5.1)。花朵的花青素也因此而改变,使花色变成绿色或杂色等,常见的症状为深绿与浅绿相间的花叶症,如烟草花叶病。

2) 坏死

在植株叶片上常呈现坏死斑、坏死环和脉坏死(图5.2),在茎、果实和根的表面常出现坏死条等,如香石竹坏死斑点病毒、凤仙花坏死斑点病毒、番茄果实病毒病等。

图5.1 南瓜病毒病

图5.2 丝瓜病毒病

3) 畸形

器官变形,如茎间缩短,植株矮化,生长点异常分化形成丛枝或丛簇,叶片的局部细胞变形出现疱斑、卷曲、蕨叶及带化等(图5.3)。

4）萎蔫

植物萎蔫主要是指植物根或茎的维管束组织受到破坏而发生供水不足而出现的凋萎现象(图5.4)。

图5.3　马铃薯病毒病

图5.4　马铃薯病毒病

5.1.3　植物脱毒的概念及意义

1）植物脱毒的概念

脱毒技术是指采用一定的方法除去植物体内病毒，生产健康繁殖材料的技术。

2）植物脱毒的意义

由于病毒复制与植物代谢密切相关，而且有些病毒的抗逆性很强，至今仍没有一种既能有效防治病毒病，又不伤害植物的特效药物。因此，通过组织培养来培育脱毒苗(也称无病毒苗，指不含该种植物的主要危害病毒，即经检测主要病毒在植物体内的存在表现为阴性反应的苗木)，无疑满足了农作物和园艺植物等生产发展的迫切需要。

(1)能够有效地保持优良品种的特性

任何一种优良品种均需有一个稳定保存其遗传性状的繁殖方法。脱毒培养可以很好地保持品种的优良特性，是无性繁殖品种繁育的理想途径。

(2)快速繁殖品种，使优良品种迅速应用

离体脱毒培养周期短、不受季节限制、繁殖系数高，繁殖速度是任何其他方法所不能比的。

(3)生产无病毒种苗，防止品种退化

受病毒危害严重的作物如下：大田作物主要有马铃薯、甘薯、甘蔗和烟草；蔬菜主要有白菜、大蒜、葱、番茄和萝卜；果树主要有柑橘、苹果、草莓和香蕉；花卉主要有香石竹、各种菊花、天竺葵和紫罗兰。将以上作物通过脱毒培养生产无病毒种苗，可防止品种退化。

(4)节约耕地，提高农产品的商品率

块根、块茎、鳞茎为繁殖器官的作物，每年产品留作种的比例如下：大蒜的留种量占产量的1/8~1/5；马铃薯的留种量占产量的1/10；贝母的留种量占产量的1/3。

(5)便于运输

常规的块根、块茎等体细胞大、含水量高，包装、运输十分不便。而脱毒离体繁殖的种苗体积小，易携带，运输十分方便。以马铃薯为例：按4 000株/667 m^2 计算，常规薯4 000个重200 kg，每个平均50 g，而用试管薯4 000个则只有2 kg，每个平均只有0.5 g（图5.5）。

图5.5　马铃薯试管薯

（6）其他

植物脱毒技术不仅脱除了病毒，还可以去除多种真菌、细菌及线虫病害，使种性得以恢复，植株生长健壮，减少肥料和农药的施用量，降低生产成本，保护环境。

任务5.2　植物脱毒的原理与方法

5.2.1　植物脱毒的原理

①植物病毒本身不具有主动转移的能力：在一个植物体内，病毒容易通过维管系统而移动，但在分生组织中不存在维管系统。病毒在细胞间移动只能通过胞间连丝，速度很慢，很难赶上活跃生长的茎尖。

②在旺盛分裂的分生细胞中，代谢活性高，竞争抑制了病毒的复制。

③在植物体内，可能存在着病毒钝化系统，它在分生组织中比其他任何区域具有更高的活性。

④在茎尖存在高水平内源生长素，也可能抑制病毒的增殖。

5.2.2　植物脱毒方法

1）茎尖培养脱毒

（1）通过茎尖培养脱毒的原理

①病毒在植物体内的分布：植物体内部位不同，病毒浓度也不同，离尖端越远病毒浓度越高。茎尖、根尖顶端分生组织病毒浓度低，甚至不带病毒，并且茎尖、根尖无维管束系统，病毒无法运动。

②茎尖大小与脱毒效果：茎尖外植体的大小与脱毒效果成反比。茎尖分生组织不能合成自身需要的生长素，但下部叶原基能提供，因而带叶原基的茎尖生长快，成苗率高。但茎尖越大，脱毒效果越差。顶端分生组织既可是生长点（最大直径0.1 mm），也可是带1~3个幼叶原基的茎尖（0.3~0.5 mm），最适合作外植体，脱毒效果最好。

（2）茎尖脱毒方法

①取样与消毒：可在直接选定的植株上采顶芽与侧芽进行消毒接种。消毒方法是：剪取顶芽梢段或侧芽3~5 cm，剥去大叶片，用自来水冲洗干净，在75%酒精中浸泡30 s左右，

再用1%~3%次氯酸钠或5%~7%的漂白粉溶液消毒10~20 min,最后用无菌水冲洗材料4~5次。

②茎尖剥离与接种:在双筒解剖镜下,用解剖刀尖剥去幼叶,露出生长点后,用刀尖切下带1~2个叶原基的生长点(0.3~0.5 mm),再用解剖针将切下的茎尖转接到培养基(一般通常采用半固体培养基,多选用MS、White和Morel培养基,培养基中加入IAA、NAA、KT或椰乳,适当配合GA可促进茎尖外植体的生长与分化,而应避免使用2,4-D)上,顶部向上,每个试管可接1~2个茎尖。茎尖培养最好采用液体培养中的纸桥培养方法,利于外植体的通气、生根,并能消除固体培养基琼脂中杂质对茎尖生长和脱毒效果的不利影响。为防止茎尖失水,需用无菌水润湿滤纸。操作时注意随时更换滤纸和接种工具,剥取茎尖时切勿损伤生长点。

③培养:温度控制在(25±2)℃;湿度控制为70%~80%;光照10~16 h/d,光照度为1 500~5 000 lx);60 d左右,大茎尖再生出绿芽,0.1~0.2 mm的小茎尖则需90 d以上,期间应更换培养基,提高6-BA浓度,可形成大量从生芽。

④生根诱导:将2~3 cm的无根苗转入生根培养基(1/2MS+IBA 0.1~0.2 mg/L)继续培养1~2个月即可生根。

(3)影响脱毒效果的因素

①母体材料病毒侵染的程度:只被单一病毒侵染的植株脱毒较容易,而复合侵染的植株脱毒较难。

②起始培养的茎尖大小:一般取不带叶原基的生长点培养脱毒效果最好,带1~2个叶原基的茎尖培养可获得40%左右的脱毒苗,而带3个以上叶原基的茎尖培养一般获得脱毒苗的频率就大大降低。通过二次茎尖培养,脱毒率达100%。表5.2为茎尖大小对马铃薯脱毒效果的影响;表5.3为不同植物,针对不同的病毒,用于脱毒的适宜茎尖大小。

表5.2 茎尖大小对马铃薯脱毒效果的影响

茎尖大小/mm	叶原基数	成苗数	脱毒株数	脱毒率/%
0.12	1	50	24	48.0
0.27	2	42	18	42.9
0.60	4	64	0	0

表5.3 用于脱毒的适宜茎尖大小

植 物	病毒名称	剥离茎尖大小/mm	植 物	病毒名称	剥离茎尖大小/mm
马铃薯	马铃薯卷叶病毒	1.0~3.0	百合	花叶病	0.2~1.0
	马铃薯Y病毒	1.0~3.0	鸢尾	花叶病	0.2~0.5
	马铃薯X病毒	0.2~0.5	菊花	各种病毒	0.2~1.0
	马铃薯G病毒	0.2~0.3	康乃馨	各种病毒	0.2~0.8
	马铃薯S病毒	<0.2	大丽花	花叶病	0.6

续表

植 物	病毒名称	剥离茎尖大小/mm	植 物	病毒名称	剥离茎尖大小/mm
甘薯	斑纹花叶病毒	1.0~2.0	大蒜	花叶病毒	0.3~1.0
	缩叶花叶病毒	1.0~2.0	甘蔗	花叶病	0.7~3.0
	羽毛状花叶病毒	0.3~1.0	草莓	各种病毒	0.2~1.0

③外植体的生理状态:一般来讲,顶芽的脱毒效果比侧芽好,生长旺盛季节的芽比休眠或快进入休眠的芽的脱毒效果好。另外还应防止脱毒苗再度感染病毒。

2)热处理脱毒

(1)热处理脱毒原理

热处理并不能杀死病毒,但一些病毒对热不稳定,在高于常温的温度下(35~40 ℃)钝化失活,使病毒在植物体内增殖减缓或增殖停止,失去传染能力。热处理作为一种物理效应可以加速植物细胞的分裂,使植物细胞在与病毒繁殖的竞争中取胜。

(2)常见的热处理方法

①温汤浸渍处理脱毒法:材料置于 50 ℃左右热水中浸渍几十分钟到数小时。特点是简单易行,成本低,但易使材料受伤,适用于甘蔗、木本植物和休眠器官的处理。

②热空气处理脱毒法:将植物用 35~40 ℃的热空气处理 2~4 周或更长时间。特点是损伤较小,操作简便,但须严格控制温度和时间,适用于大多数植物。

③热处理结合茎尖培养脱毒法:目前常采用将热处理和茎尖分生组织培养结合起来脱毒的方法。特点是既可缩短热处理时间,提高植株成活率,又可剥离较大的茎尖,提高茎尖培养的成活率和脱毒率,适用于大多数植物,并可除去一般培养难以去除的纺锤块茎类病毒。

(3)热处理脱毒的优缺点

①优点:方法简单,效果明显。

②缺点:具有局限性,不能去除所有病毒,只对圆形病毒(苹果花叶病毒)或线状病毒(马铃薯卷叶病毒)有效,而对杆状病毒(千日红病毒)无效;热处理后只有小部分植株能够存活,极易使植物材料受热枯死,造成损失;延长热处理时间,病毒钝化效果好,同时也可能会钝化植物组织中的抗性因子而降低处理效果。

3)愈伤组织培养脱毒

将感染病毒的组织离体培养获得愈伤组织,再诱导愈伤组织分化成苗,从而获得无病害毒植株的方法,即愈伤组织培养脱毒法。经过多次继代的愈伤组织中病毒的浓度下降,甚至检测不出病毒。

部分愈伤组织细胞不带病毒可能有两方面的原因:一是愈伤组织细胞分裂增殖速度快,而病毒复制速度较慢,赶不上细胞的繁殖;二是愈伤组织发生了抗病毒突变。

4)珠心胚培养脱毒

柑橘类种子为多胚种子,除具有合子胚外还有珠心胚,病毒一般不通过种子传播,故通过珠心胚培养获得的再生植株无病毒。珠心胚培养对柑橘鳞皮病、速衰病、裂皮病、脉突病等十分有效。

柑橘珠心胚培养:取花后约7周的幼果胚囊,接种在(25±2)℃黑暗条件下培养30 d,再转光培养,光照时间12 h/d,光照度为1 000 lx。3~4周发生球形胚和愈伤组织,9~10周分化子叶,苗高3 cm左右移植到营养钵蛭石基质中培养,7周左右移栽到土中。

5)微尖嫁接脱毒

微尖嫁接脱毒是指在人工培养基上培养实生砧木,嫁接无病毒茎尖(0.14~1.0 mm,带3~4个叶原基),以培养脱毒苗的技术。主要应用于茎尖脱毒培养生根困难,不能形成完整植株的柑橘、苹果、桃等。茎尖来源主要有成年无病毒植株的茎尖、热处理(应用最广)或温室培养植株的茎尖、脱毒试管苗茎尖等。

微茎尖脱毒主要程序:无菌砧木培养→茎尖准备→嫁接→嫁接苗培养→移植。

①砧木培养:新鲜果实种子去种皮后接种于MS无激素的培养基上,在(25±2)℃暗培养2周,再光培养。

②茎尖准备:茎尖取热处理的植株茎尖,消毒和剥取同"茎尖培养脱毒"。

③嫁接:取砧木,切去过长的根,切顶留1.5 cm左右的茎。在砧木附近顶处一侧切个"U"形切口达形成层,用刀尖挑去切口部皮层。将茎尖移置砧木切口部,茎尖切面紧贴切口横切面。

④嫁接苗培养:一般采取液体纸桥培养。先在纸桥中开一小孔,将砧木的根通过小孔植入液体培养基,按常规光照培养管理。开始低光照(光照度为800~1 000 lx),长出新叶后提高光强。

⑤移栽:培养3~6周,具2~3叶时按一般试管苗移植的方法移入蛭石、河沙、椰壳等基质中培养。

任务5.3 植物脱毒茎尖脱毒标准流程——以马铃薯茎尖脱毒为例

5.3.1 马铃薯茎尖脱毒标准流程

马铃薯茎尖脱毒标准流程如图5.6所示。

5.3.2 马铃薯茎尖脱毒过程

(1)茎尖脱毒材料的选择

马铃薯茎尖脱毒材料的选择非常重要,原则上选择无病害、商品性好的薯块作为茎尖剥离材料,选择前还需要对其农艺形状进行调查,选择农艺性状典型植株的薯块作为茎尖剥离材料，以保证其品种的特性(图 5.7、图 5.8)。

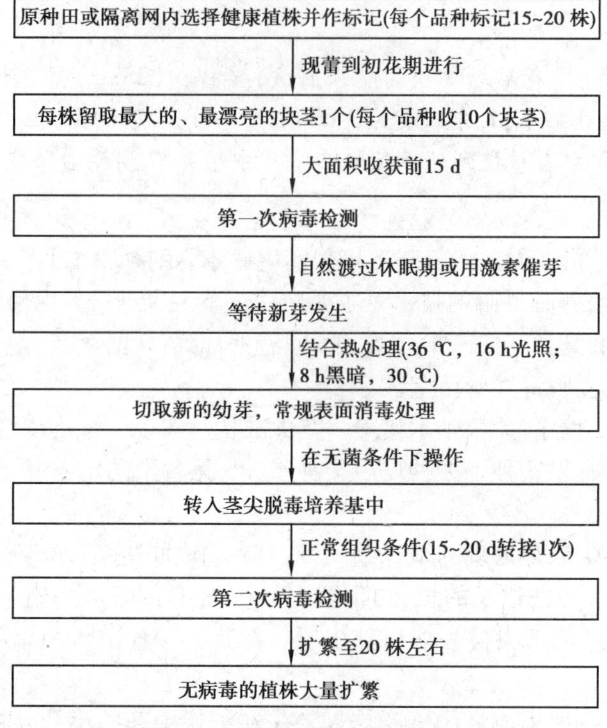

图 5.6　马铃薯茎尖脱毒流程图

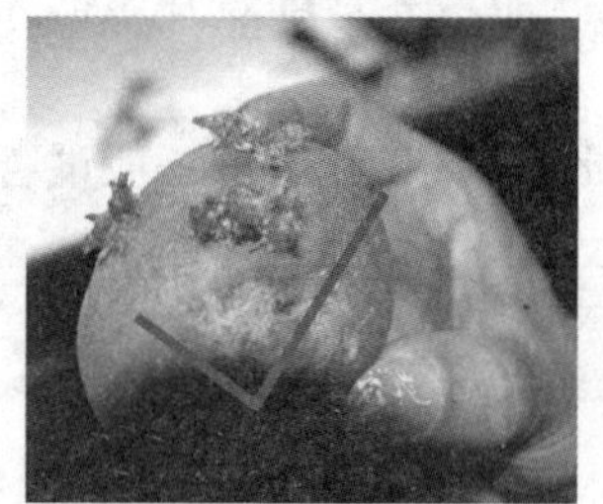

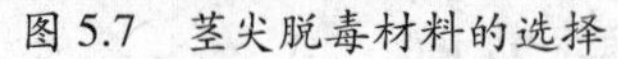
图 5.7　茎尖脱毒材料的选择

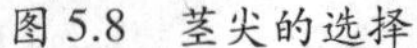
图 5.8　茎尖的选择

(2)茎尖脱毒前的热处理

茎尖脱毒前需要结合热处理，热处理的主要作用是将病毒进行钝化，使得病毒积累速度慢于生长点的生长速度，从而生长点的病毒会减少，热处理的处理条件：36 ℃，16 h光照；8 h 黑暗，30 ℃(图 5.9)。

图 5.9　热处理

(3)茎尖脱毒过程操作

将马铃薯薯块的芽按照正常的消毒程序完成后，拿到超净工作台进行茎尖剥离(图 5.10)，马铃薯茎尖脱毒剥离的生长点 0.2~0.5 mm，每个培养瓶放置一个茎尖，并且标号，比如 1,2,3,…号，将剥离下来的茎尖放置在培养基中生长。

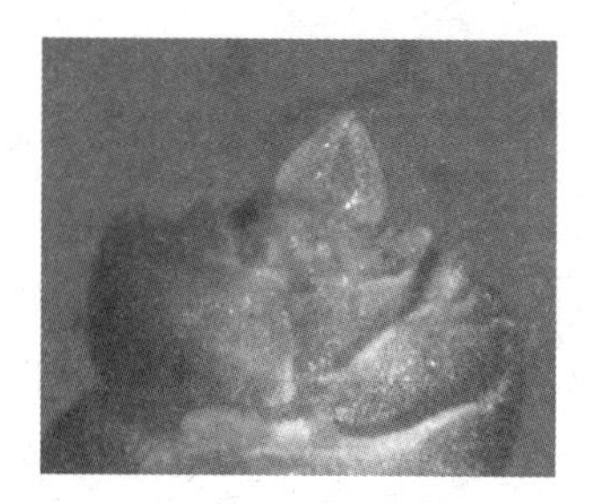

图 5.10　茎尖脱毒

(4)脱毒苗的鉴定、保存与繁殖

茎尖剥离的带生长点的芽尖放置在培养基上培养,培养 30~40 d 生长点成苗,成苗后按照每个茎尖的标号扩繁,每个茎尖扩繁到 10 瓶可以进行病毒检测,确定茎尖剥离是否成功,不含病毒茎尖的继续扩繁,含有病毒的茎尖淘汰。

任务 5.4　脱毒苗的病毒检测

5.4.1　脱毒苗的鉴定

1)直接检查法

直接观察待测植株生长状态是否异常,茎叶上有无特定病毒引起的可见症状,从而可判断病毒是否存在。一些常见病毒病引起的可见病症见表 5.4。

表 5.4　一些常见病毒病引起的可见病症

症　状	病毒病名称	症　状	病毒病名称
褪绿、黄化	小麦黄矮病	斑点	十字花科黑斑病
花叶、斑驳	烟草花叶病、菜豆花叶病、黄瓜花叶病	猝倒、立枯	棉花立枯病、瓜苗猝倒病、水稻烂秧病
溃疡	杨树溃疡病、柑橘溃疡病、番茄溃疡病	萎蔫	棉花枯萎病、茄科植物青枯病
枯死	马铃薯晚疫病、水稻白叶枯病	矮化	玉米矮化病、泡桐丛枝病、小麦丛矮病
穿孔	桃细菌性穿孔病	徒长	水稻恶苗病
疮痂	柑橘疮痂病、梨黑星病、马铃薯疮痂病	卷叶	马铃薯卷叶病

2)指示植物法

指示植物法是指将一些对病毒反应敏感、症状特征显著的植物作为指示植物(鉴别寄主),用以检验待测植物体内特定病毒存在的方法。

指示植物法的特点是:条件简单,操作方便,经济而有效,只能测出病毒的相对感染力,不能测出病毒总的核蛋白浓度,是传统的植物病毒检测方法。

几种马铃薯病毒的指示植物及表现症状见表 5.5。

表 5.5　几种马铃薯病毒的指示植物及表现症状

病毒种类	指示植物	表现症状
马铃薯 X 病毒(PVX)	千日红、曼陀罗、辣椒、心叶烟	脉间花叶
马铃薯 S 病毒(PVS)	苋色藜、千日红、曼陀罗、昆诺阿藜	叶脉深陷,粗缩
马铃薯 Y 病毒(PVY)	野生马铃薯、洋酸菜、曼陀罗	随品种而异,有些轻微花叶或粗缩,敏感品种反应为坏死
马铃薯卷叶病毒(PLRV)	洋酸菜	叶尖呈浅黄色,有些品种呈紫色或红色

(1)草本指示植物鉴定

①汁液涂抹法:取被鉴定植物幼叶 1~3 g,加 10 mL 水及少量 0.1 mol/L 磷酸缓冲液(pH7.0)磨成匀浆。在指示植物叶上涂一薄层 500~600 目的金刚砂,用脱脂棉球蘸匀浆在叶片上轻轻摩擦,以汁液进入叶片表皮细胞又不损伤叶片为度。5 min 后,以清水冲洗叶面多余匀浆和金刚砂。接种后的指示植物置防虫网室内适宜温度下,数天至几周后观察指示植物,若汁液带病毒即可出现症状。

②小叶嫁接法:取被鉴定植物小叶嫁接到指示植物(砧木)叶上,根据被嫁接指示植物叶上有无病毒症状,鉴定待测植物病毒,常用劈接法。若待测植物有病毒,嫁接后 15~25 d 就会产生症状。

(2)木本指示植物鉴定(嫁接法)

①直接嫁接法:直接在指示植物上嫁接待检植株的芽片。该方法费时,需要几年的时间。

②双重芽嫁接法:先将指示植物的芽嫁接到实生砧木的基部距地面 10~12 cm 处,再在接芽下方嫁接待检植物的芽,两芽相距 2~3 cm。成活后剪去指示植物芽上部砧木。夏秋季节进行芽接,次年即可观察到结果。

③双芽嫁接法:在休眠期剪取指示植物和待检植物的接穗,萌芽前分别把带有两个芽的指示植物接穗与待检植物接穗同时切接在实生砧木上,指示植物接穗接在待检接穗上方。各种植物病毒种类各异,指示植物种类繁多,表 5.6 仅列举了部分常用指示植物。

表 5.6　部分病毒的木本指示植物及相应症状

病毒种类	木本指示植物	表现症状
苹果褪绿叶斑病毒	苏俄苹果	叶片出现褪绿斑点,叶小,植株矮化,长势弱
苹果茎痘病毒	司派 227 或光辉	叶片反卷,植株矮化,皮层坏死
苹果茎沟病毒	弗吉尼亚小苹果	植株矮小,接合部内有深褐色坏死环纹,木质部产生深褐色纵向条沟
苹果花叶病毒	兰蓬王、红玉和金冠	叶片上产生黄斑、沿叶脉条斑

续表

病毒种类	木本指示植物	表现症状
苹果锈果类病毒	国光	叶和茎干锈斑、坏死斑
葡萄扇叶病毒 葡萄茎痘病毒	沙地葡萄圣乔治	叶片出现褪绿斑点、线纹斑及环斑、局部坏死、畸形；叶脉间出现星状透明斑
葡萄卷叶病毒	欧亚种葡萄	叶片下卷、叶脉间变红
葡萄茎沟病毒	Kober 5BB	仅在 Kober 5BB 上会产生茎沟
葡萄栓皮病毒	LN33	节间肿大，部分叶片背面出现栓皮
葡萄金黄病毒	Baco22A	植株矮化，叶片下卷、黄化
葡萄脉坏死病	110R	叶片背面沿叶脉出现坏死斑，卷须和嫩梢坏死
葡萄脉斑驳病	河岸葡萄	褪绿斑，沿脉斑驳，叶片畸形
柑橘碎叶病	腊斯克枳橙、特洛亚枳橙、卡里佐枳橙和厚皮柠檬	新叶上出现叶片扭曲，叶缘残缺呈破碎状

(3)抗血清鉴定法

①原理：通过植物病毒的抗原与抗体的专化结合，形成可见反应而加以判断。由于植物病毒抗血清具有高度的专化性，受体植物无论显、隐症，无论是何种传播介质，均可通过抗血清反应法准确判断病毒的存在与否，进行病毒的快速诊断。该方法特异性高，测定速度快，几小时甚至几分钟就可以完成，是植物病毒鉴定中最有用的方法之一。

②方法：

a.叶绿体凝集法：采用待检测植物叶片提取液与专一抗血清发生凝结反应来检测植物病毒，如烟草花叶病毒、马铃薯 Y 病毒等长形病毒。

b.块茎沉淀法(试管沉淀法)：各种稀释的抗血清与病毒抗原在小试管中混合反应而产生沉淀，是常用的病毒检测方法之一。长形病毒形成絮状沉淀、球形病毒形成浓密粒状沉淀。

c.环形接口法：在毛细管或细长玻管中，抗原抗体通过扩散结合。病毒抗原位于上部呈层状，少量抗血清向毛细管渗入，至达到足够的抗原/抗体比率时，在该区域产生可见沉淀物。该方法简单、快速。

d.酶联免疫法(ELISA)：也称为酶联免疫吸附分析法，该方法灵敏度高、特异性强，能同时进行多个样品的快速测定，是近年来抗血清鉴定方法中发展最迅速、应用最广的技术。其原理是用化学处理方法将酶与抗体或抗原结合，制成酶标抗体或抗原，这些酶标记物保持其免疫活性，能与相应抗体或抗原特异结合形成酶标记免疫复合物，遇相应底物时，免疫复合物上的酶催化无色的底物，降解生成有色产物或沉淀物，前者可用比色法定量测定，后者可肉眼观察或通过光学显微镜识别(图 5.11)。

(4)分子生物学鉴定

①双链 RNA 法(dsRNA)：通过提取纯纯化待测植物 RNA，并对其进行电泳分析，可确

定 dsRNA 存在,从而判断待检植物是否带病毒。

②互补 DNA(cDNA)检测法:也称 DNA 分子杂交法,指用互补 DNA(cDNA)检测病毒的方法。根据碱基互补原理,人工合成能与病毒碱基互补的 DNA(cDNA)即 cDNA 探针,用 cDNA 探针与从待检植物中提取的 RNA 进行 DNA-RNA 分子杂交,检测有无病毒 RNA 存在,从而确定植物体内有无该病毒。合成 cDNA 时,采用同位素标记。因而检测结果可通过放射自显影显示在图像上,直观、准确。

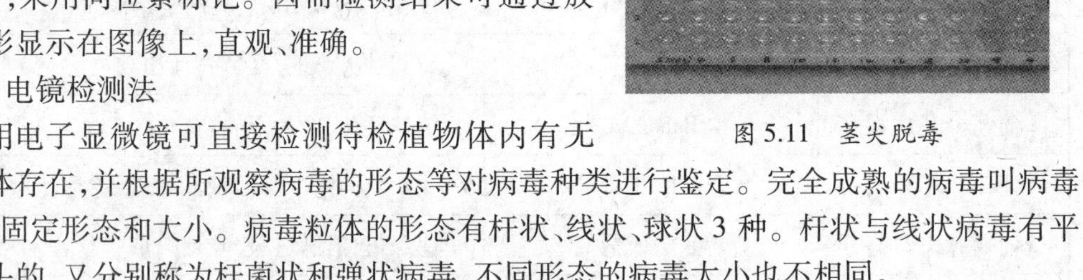

图 5.11　茎尖脱毒

(5)电镜检测法

运用电子显微镜可直接检测待检植物体内有无病毒粒体存在,并根据所观察病毒的形态等对病毒种类进行鉴定。完全成熟的病毒叫病毒粒体,有固定形态和大小。病毒粒体的形态有杆状、线状、球状 3 种。杆状与线状病毒有平头和圆头的,又分别称为杆菌状和弹状病毒,不同形态的病毒大小也不相同。

电镜检测法要求制备超薄切片,具体方法如下:取待检植物鲜叶,依次用 2%戊二醛(4~12 h)和 2%锇酸固定,乙醇系列脱水,环氧乙烷与树脂浸透,树脂包埋,最后在显微镜下切片,超薄切片厚度约 20 nm。将切片置铜载网上用透射电镜观察、拍照,应注意观察维管束有无病毒粒子。检测病毒悬浮液需采用扫描电镜、投影法、背景染色法等,是较为先进的方法,但需一定的设备和技术。

5.4.2　脱毒苗的保存

通过不同脱毒方法所获得的脱毒植株,经鉴定确系无特定病毒者,即是无病毒原种。无病毒植株并不是有额外的抗病性,它们有可能很快又被重新感染,所以一旦培育得到无病毒苗,就应很好保存,这些原种或原种材料保管得好,可保存利用 5~10 年。

1)隔离保存

避免脱毒苗再次感染病毒,脱毒苗需隔离保存,最好将无病毒母本园建立在相对隔离的山上,通常无病毒苗应种植在 300 目(网眼为 0.4~0.5 mm 大小的网纱)的隔虫网内,也可用盆钵栽。栽培用的土壤也应进行消毒,周围环境也要整洁,并应及时喷施农药防治虫害,以保证植物材料在与病毒严密隔离的条件下栽培。

2)长期保存

将无病毒苗原种的器官或幼小植株接种到培养基上,低温下离体保存,是长期保存无病毒苗及其他优良种质的方法。

(1)低温保存

茎尖或小植株接种到培养基上,置低温(1~9 ℃)、低光照下保存。低温下材料生长极缓慢,只需半年或一年更换培养基,此法也称为最小生长法。国内外研究者对不同植物材料进行低温或低光照保存,取得了良好的效果(表 5.7)。

表 5.7 几种植物低温离体保存的效果

植 物	材料类别	保存条件	保存时间/年	作者及发表时间
草莓	脱毒苗	4 ℃,每 3 个月加几滴营养液	6	Glazy,1969
葡萄	分生组织再生植株	9 ℃,低光照,每年继代 1 次	15	Mullin 等,1926
苹果	茎尖	1~4 ℃,不继代	1	Gatherine 等,1979
四季橘	试管苗	15 ~20 ℃,1 000 lx 弱光	5	陈振光,1980

(2)冷冻保存(超低温保存)

用液氮(-196 ℃)保存植物材料的方法称为冷冻保存。

①材料选择:材料的形态与生理状况显著地影响其冷冻后的存活力。处于旺盛分裂阶段的分生组织细胞,其细胞质浓、核大,冷冻后存活力较高。而已具有大液泡的细胞抗冻力弱,在冷冻与解冻时较易受害。幼苗和茎尖同胚状体细胞相比,更易受到冷冻伤害。因此,选择适当的材料并进行预处理是必要的。

②预培养:培养基中添加二甲亚砜(DMSO)、山梨糖醇、ABA 或提高蔗糖浓度,将材料置于其中进行短时期预培养,可提高其抗冻力。实验证明:马铃薯茎尖在含 5%的 DMSO 的培养基上预培养 48 h,其冷冻后的存活率高而且稳定;不经预培养(至少 48 h)的茎尖,冷冻后不能再存活。

③冷冻防护剂预处理:在材料冷冻期间,细胞脱水会导致细胞内溶质的浓度在原生质体冻结之前增加,从而造成毒害。为避免这种"溶液效应"产生的毒害,须采用冷冻保护剂预处理。常用冷冻保护剂有 DMSO、甘油、脯氨酸、可溶性糖、聚乙二醇(PEG)等,以 DMSO(5%~8%)效果最好。对玉米和某些悬浮培养细胞,则以培养基中补加脯氨酸(10%)效果最好。处理方法,一般是将冷冻保护剂在 30~60 min 内加入冷冻混合物,使保护剂充分渗透到材料中。冷冻保护剂可降低细胞中盐的浓度,同时能防止细胞内大冰晶的形成,并减少冷冻对细胞膜的伤害。

④冷冻。

a.快速冷冻法:将预处理后的材料直接放入液氮内,降温速度为 1 000 ℃/min 以上。由于降温速度快,使细胞内的水迅速越过-140 ℃这一冰晶形成临界温度(细胞内产生可致死的冰晶的温度),而形成"玻璃化"状态,避免了对细胞的伤害。快速冷冻法适于液泡化程度低的小型材料。

b.慢速冷冻法:将材料以 0.1~10 ℃/min 的降温速度由 0 ℃降至-100 ℃左右,再转入液氮中,迅速冷冻至-196 ℃。在前一阶段慢速降温过程中,细胞内的水有足够的时间渗透到细胞外结冰,从而减少了胞内结冰。慢速冷冻法适于含水量较高,细胞中含大液泡的材料。

c.分步冷冻法(也称前冻法):将材料以 0.5~4 ℃/min 的降温速度缓慢降至-30~-50 ℃,在此温度下停留约 30 min,转入液氮迅速冷冻。也可将材料以 5 ℃/min 的速度逐级冷却停留,至中间温度后再速冻。在前期慢冷过程中,细胞外首先结冰,细胞内水向冰晶聚集,减少了胞内可结冰水的含量。这一方法适于茎尖和芽的保存,草莓茎尖速冻存活率为 40%~60%,而分步冷冻后存活率提高到 60%~80%。

d.干燥冷冻法:将材料置于 27~29 ℃烘箱中(或真空中)干燥,待含水量降至适合程度后,再浸入液氮冷冻。脱水后的材料抗冻力增加,脱水程度合适的材料(如脱水至27%~40%的豌豆幼苗)在-196 ℃冷冻后可全部存活。不同植物材料适宜的脱水程度不同,可通过脱水时间加以控制。

⑤解冻:宜采用迅速解冻方法,即把-196 ℃下贮藏的材料投入37~40 ℃温水中,使其快速解冻(500~750 ℃/min),约1.5 min后把材料转入冰槽。如果室温下缓慢解冻,细胞内可重新出现结冰,造成材料死亡。已解冻的材料洗涤后再培养,可重新恢复生长。

5.4.3 脱毒苗的繁殖

1)脱毒苗的繁殖方法

(1)嫁接繁殖

从通过鉴定的无病毒母本植株上采集穗条,嫁接到实生砧木上。嫁接时间不同,嫁接方式也不同,春季多用切接、夏秋季采用腹接。嫁接技术与嫁接后管理与普通植株的嫁接相同,但嫁接工具必须专用,并单独存放。柑橘、苹果、桃等木本植物多采用嫁接繁殖(图5.12)。

(2)扦插繁殖

硬枝扦插应于冬季从无病毒母株上剪取芽体饱满的成熟休眠枝,经沙藏后,于次年春季剪切扦插。绿枝扦插在生长季节4—6月进行,从无病毒母株上剪取半木质化新梢,剪成有2~3节带全叶或半叶的插条扦插(图5.13)。扦插后注意遮阳保湿。

图5.12 嫁接繁殖

图5.13 扦插繁殖

(3)压条繁殖

将无病毒母株上1~2年生枝条水平压条,土壤踩实压紧,保持湿润,压条上的芽眼萌动长出新梢后,不断培土,至新梢基部生根(图5.14)。

(4)匍匐茎繁殖

一些植物的茎匍匐生长,匍匐茎上芽易萌动生根长成小苗,如草莓、甘薯。用于繁殖的脱毒母株应稀植,留足匍匐茎伸展的地面(图5.15)。管理重点是防虫、摘除花序、除草、打老叶。子苗(生产用脱毒苗)出圃前假植40~50 d,有利于壮苗和提高移栽成活率。

(5)微型块茎(根)繁殖

从无病毒的单茎苗上剪下带叶的叶柄,扦插到育苗箱砂土中,保持湿度,1~2个月后叶柄下长出微型薯块,即可用作种薯。

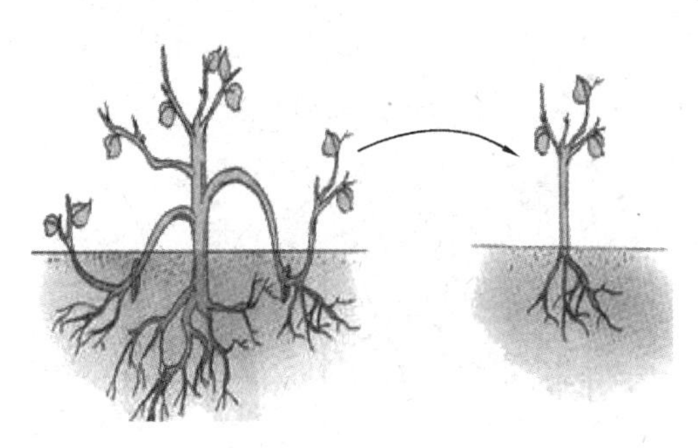

图 5.14 压条繁殖

图 5.15 草莓的匍匐茎繁殖

2)脱毒苗(薯)繁育生产体系(以马铃薯、草莓为例)

为确保脱毒苗的质量,推进农作物无病毒化栽培的顺利实施,建立科学的无病毒苗繁育生产体系是非常必要的。我国农作物无病毒苗繁育生产体系归结为以下模式:

国家级(或升级)脱毒中心—无病毒苗繁育基地—无病毒苗栽培示范基地—作物无病毒化生产。

脱毒中心负责脱毒、无病毒苗原种鉴定与保存和提供无病毒母株和穗条;无病毒苗繁育基地将无病毒母株(或穗条)在无病毒感染条件下繁殖生产用无病毒苗;无病毒苗栽培示范基地负责进行无病毒苗栽培的试验和示范,在基地带动下实现作物无病毒化生产。

(1)脱毒马铃薯种薯繁育体系

脱毒马铃薯种薯繁育生产体系包括:茎尖剥离、病毒检测、脱毒苗繁育、原原种生产、原种生产、生产种生产,整个过程需要三年的时间,每个过程都要严格的技术标准流程,生产种繁育出来之后可以销售给农户(图 5.16)。

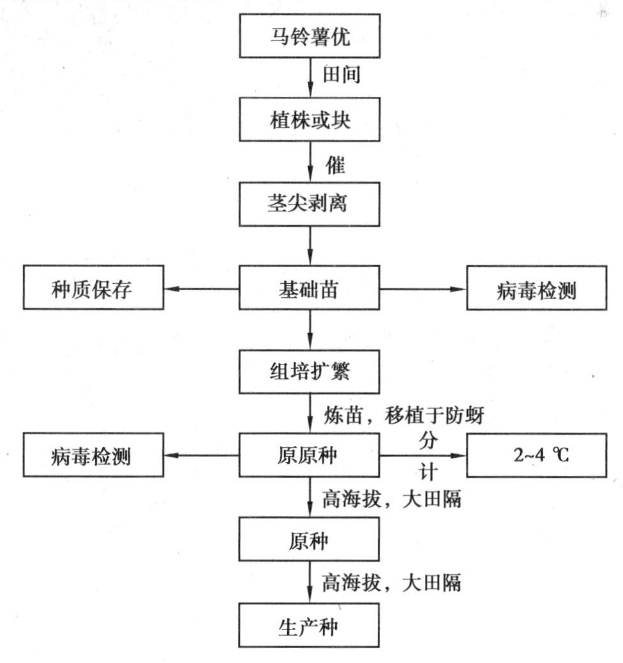

图 5.16 脱毒马铃薯种薯繁育生产体系流程图

①恒温培养室如图 5.17 所示。

图 5.17　恒温培养室

②组培苗扦插如图 5.18 所示。

图 5.18　组培苗扦插

③网室大棚生产如图 5.19 所示。

图 5.19　网室大棚生产

④原原种采收、分级如图 5.20 所示。

图 5.20　原原种采收、分级

⑤原原种的冻库贮藏(2~4 ℃)如图 5.21 所示。

图 5.21 原原种的冻库贮藏

⑥种薯切块如图 5.22 所示。

图 5.22 种薯切块

⑦种薯机播如图 5.23 所示。

图 5.23 种薯机播

⑧高山繁育如图 5.24 所示。

图 5.24 高山繁育

⑨种薯收获如图 5.25 所示。

图 5.25　种薯收获

⑩种薯的冻库贮藏如图 5.26 所示。

图 5.26　种薯的冻库贮藏

(2)脱毒草莓种苗繁育体系

①原原种苗的获得:每年 3—4 月选取健壮无病的草莓匍匐茎,采用茎尖剥离方法,在解剖镜下切取 0.2~0.5 mm 大小的茎尖迅速接种到 MS 培养基上于恒温培养室内进行芽诱导培养,从而获得无病毒草莓原原种苗。

②原种苗(一代苗)的繁育:原种苗繁育在具有防虫功能的网室大棚内,选用专用草莓栽培基质(蛭石∶珍珠岩∶草木灰=1∶1∶1),将原原种苗进行出瓶炼苗移栽,栽植密度为 600~800 株/亩,结合相应施肥打药管理。即时,草莓原原种苗将不断生长并抽生大量匍匐茎,形成新的子苗,这种网室繁育的苗子即为原种苗。

③生产苗(二代苗)的繁殖:每年 3—4 月,选取网室大棚内生长健壮,株高 10~15 cm,具有 4~5 片叶的原种苗,定植在土地平整、土质肥沃、疏松通气、排灌便利、光照充足的沙壤土中,栽植密度为 800~1 000 株/亩,按常规繁育方法进行大田繁殖。抽生的匍匐茎进行引蔓压土,形成的子苗即为生产苗。

④生产流程如图 5.27 所示。

在我国,作物无病毒苗的培育已在多种果树、蔬菜、花卉、粮食作物与经济作物上取得了显著成效。苹果、柑橘、草莓(脱毒苗产量增加了 22%)、香蕉、葡萄、枣、马铃薯、甘薯、大蒜、兰花、菊花、水仙、康乃馨等一大批无病毒苗被应用于生产。只要加强研究与管理,进一步规范无病毒苗的生产与应用,病毒病这一制约作物生产的难题就能尽快得到解决。

图 5.27　脱毒草莓种苗繁育生产体系流程

实验实训 11　马铃薯茎尖脱毒技术

【任务单】

任务名称:马铃薯茎尖脱毒技术
学时:2 学时
教学任务: 1.掌握马铃薯茎尖脱毒流程 2.掌握马铃薯茎尖脱毒技术
教学目标: 1.了解植物茎尖脱毒技术原理 2.掌握马铃薯茎尖脱毒标准程序 3.掌握马铃薯茎尖脱毒技术
任务载体:园区植物组织培养实验室
任务地点:实训场
教学方法及组织形式:以现场教学法、教授法、直观演示法为主;现场教学
教学流程: 1.讲授植物茎尖脱毒原理 2.由指导教师讲解马铃薯茎尖脱毒的流程 3.讲授茎尖脱毒过程重点及难点 4.指导老师现场进行马铃薯茎尖玻璃操作,学生通过屏幕可以观察全部操作 5.每位学生单独进行茎尖脱毒技术操作 6.完成实训任务报告

1）实验实训目的

通过认知实训，了解植物茎尖脱毒的基本原理，掌握马铃薯茎尖脱毒的实验过程及方法。

2）仪器与用具

（1）材料。马铃薯块茎。

（2）药品。MS 培养基母液、植物生长调节剂、75%乙醇、0.1%升汞、蔗糖、琼脂、蒸馏水等。

（3）仪器。光照培养箱、超净工作台、镊子、酒精灯、封口膜、三角瓶、培养皿、解剖刀、解剖镜等。

3）方法步骤

①室内催芽：选择表面光滑的优良品种马铃薯块茎，播种于湿润的无菌沙土中，适温催芽。

②高温处理：待芽长至 2 cm 时，将发芽块茎放入 38 ℃的光照培养箱中，光照 12 h/d，处理 2 周左右。

③外植体预处理：将马铃薯块茎切成小块（带芽），自来水冲洗→放入超净工作台→75%乙醇处理 5～15 s→无菌水冲洗 3 次→0.1%升汞浸泡 8 min→无菌水冲洗 3 次→将处理过的块茎放在灭过菌的培养皿中备用。

④茎尖剥离与接种：在超净工作台上，把装有已消毒的培养皿放在解剖镜下，逐层剥去幼叶，直至出现圆滑生长点，用灭过菌的解剖刀切取长 0.1～0.5 mm 带 1～2 个叶原基的茎尖，直立向上接种到固体培养基上，培养条件：23～27 ℃、光照 1 000～3 000 lx、16 h/d。5～7 d茎尖转绿，40～50 d 成苗。

4）作业

①撰写实验实训报告。

②每人独自完成马铃薯茎尖剥离操作。

【评价单】

<table>
<tr><td colspan="4">任务名称：马铃薯茎尖脱毒实验</td></tr>
<tr><td colspan="2">姓名：</td><td colspan="2">班级：</td></tr>
<tr><td>序号</td><td>评价内容</td><td>分值</td><td>得分</td></tr>
<tr><td>1</td><td>能选择合适的芽块进行茎尖脱毒</td><td>20</td><td></td></tr>
<tr><td>2</td><td>掌握茎尖剥离前的常规消毒</td><td>20</td><td></td></tr>
<tr><td>3</td><td>掌握马铃薯茎尖剥离的操作</td><td>60</td><td></td></tr>
<tr><td>总计</td><td></td><td>100</td><td></td></tr>
<tr><td>教师签名</td><td>主讲教师：</td><td colspan="2">实训指导教师：</td></tr>
</table>

思考题

1.植物茎尖脱毒培养的技术原理是什么及其影响因素有哪些？
2.热处理脱毒的原理是什么？
3.如何利用指示植物法进行脱毒苗的鉴定？
4.写出我国的脱毒苗繁育生产体系。
5.我国脱毒马铃薯生产现状如何？
6.脱毒苗如何进行保存和繁殖？

组培苗工厂化生产的经营与管理

任务 6.1 商业化经营思想与措施

6.1.1 商业化经营思想

商业化经营思想是从事经营活动、解决经营问题的指导思想,它是随着生产力发展而发展的。在商业化经营思想指导下形成经营管理理论,经营管理理论用于指导生产经营实践,不断促进生产力发展。

随着国民经济的迅速发展,农村的种植结构作了大幅度的调整,植物组织培养也由小型试验发展改变为工厂化生产,种苗供求由计划经济转为市场经济。植物组织培养企业化经营管理的思想,首先是市场经营思想即市场观念,也是技术对市场及其经营活动的基本看法和指导思想。

企业经营的目的是赢利,效益就是企业的生命。植物组织培养工厂化必须面向市场,以市场需求为导向。脱离市场需求和行情,盲目生产造成损失和浪费,或科研技术薄弱形不成批量生产,都不能提高经济效益。良好的经济效益,来源于适度的生产规模、合理的预算、良好的产品质量、科学的经营管理。提高企业生产经营管理的经济效益,要了解市场,贴近市场,满足用户需求,根据用户的需求来安排生产;强化生产中的经济核算,降低产品生产成本;加强技术创新,提高产品质量;并且在种苗售后做好服务工作,只有这样,才能长久地占领市场、巩固市场和开拓市场。

6.1.2 降低成本提高效益的措施

1)掌握熟练的技术技能,制定有效的工艺流程,提高生产效率

组培工厂化生产要求技术路线要成熟,操作工转接苗操作要熟练,每天转接苗 1 000~1 200 株,污染率不能超过 1%;培养苗按繁殖周期生产,炼苗成活率达到 80%以上。按照工艺流程操作,按计划生产,就能降低成本,提高生产率。

2)减少设备投资,延长使用寿命

试管苗生产需要一定的设备投资,少则数万元,多则数十万元。除了应购置一些基本

设备外，可不购的就不购，能代用的就代用，如精密 pH 试纸代替昂贵的酸度计。一个年产3 万~5 万株木本植物苗、10 万~20 万株草本植物苗的试管苗工厂，一部超净工作台即可。经常及时检修、保养、避免损坏，延长寿命，是降低成本提高经济效益的一个重要方面。

3）降低器皿消耗，使用廉价的代用品

试管苗繁殖中需使用大量培养器皿，少则数千，多则上万，投资大，加上这些器皿易损耗，费用较大。培养瓶除有一部分三角瓶做试验用之外，生产中的培养瓶可用果酱瓶来代替。组培药品中的蔗糖可用食糖来代替，生产的产品效果是同样的。

4）节约水电开支

水电费在试管苗总生产成本中占较大比重，节约水电开支也是降低成本的一个主要问题。

（1）利用当地的自然资源

试管苗增殖生长均需要一定得温度和光照，应尽量利用自然光照和自然温度。

（2）减少水的消耗

制备培养基要求用无离子水，经一些单位的试验证明：只要所用水含盐量不高，pH 值能调至 5.8 左右，就可以用自来水、井水、泉水等来代替无离子水或蒸馏水，以节省部分费用。

5）降低污染率，提高成品

试管繁殖过程中，有几个环节容易引起污染。转接苗时注意技术操作规范，接种工具消毒彻底，均能提高转接苗的成功率。试管苗在培养过程中，培养环境要定期消毒，减少空间菌量的存在。夏季温度高，培养室内要及时通风换气，减少螨虫、携带真菌污染的培养器皿，避免母瓶的污染。

6）提高繁殖系数和移栽成活率

在保证原有良种特性的基础上，尽量提高繁殖系数，试管苗繁殖率越大，成本越低。在试管苗繁殖过程中，利用植物品种的特性，诱导最有效的中间繁殖体，如微型扦插、愈伤组织、胚状体等都能加速繁殖速度和繁殖数量。但需要注意的是中间繁殖体不能产生品种变异现象。提高生根率和炼苗成活率也是提高经济效益的重要因素，试管苗繁殖快，要达到生根率 95%以上，炼苗成活率要达 85%以上，在炼苗环节上可进行技术更新、简化手续、降低成本，均能提高试管苗的成活率。

7）发展多种经营，开展横向联合

结合当地的种植结构，安排好每种植物的定制茬口，发展多种植物的试管苗繁殖。如发展花卉、果树、经济林木、中药材等，将多种作物结合起来，以主代副，搞成一个总额灵活的试验苗工厂，也是降低成本提高经济效益的途径。

积极开展出口创汇，拓宽市场，将国内产品逐步打入国外市场。向日本市场出口“切花菊花”，向东欧市场出口“切花玫瑰”，向东南亚出口“水仙球”等，均有较高的经济效益。

组织培养中有“快速繁殖”“去病毒或病毒鉴定”“有益突变体的选择”“种质保存”等多项技术，要加强技术间的紧密合作，使之在多方面发挥效益。加强与科研单位、大专院校、生产单位的合作，采取分头生产和经营，互相配合，既可发挥优势，又可减少一些投资。

8）商品化生产的经营管理

根据市场需求，产销对路，以销定产。市场有需求，便加快产品生产，加快销售，效益就提高。产品对路,销售畅通,效益就显著。

保证产品质量,坚持信誉第一,质量第一。一定要对用户负责,为生产着想,坚持真正为社会服务。繁殖出的试管苗品种应是优良、稀缺品种,品种纯度要高,保证无病虫,定植后成活率高,才能取得信誉。

做好试管苗生产性能示范工作,展示品种特性和种植形式,使用户眼见为实、及早接受。坚持使用优良、稀有、名贵品种,多点试验和多点栽培示范,对推广和销售均有着重要的意义。

培训技术人员,储备技术。组织培养一般技术并不复杂和深奥,容易学会。但要试验一种新的植物,就需要做大量系统的研究,只有具备有一定的理论基础和实际操作技术,才能解决一个个难关。因此,在进行生产的同时,还要搞些试验研究,以储备技术,适应市场的需求和变化。

6.1.3 市场营销

1)营销策略

营销策略是指植物组织培养生产企业在经营方针指导下,为实现企业的经营目标而采取的各种对策,如市场营销策略、产品开发策略等。而经营方针是企业经营思想与经营环境结合的产物,它规定企业一定时期的经营方向,是企业用于指导生产经营活动的指南针,也是解决各种经营管理问题的依据,如在市场竞争中提出以什么取胜;在生产结构中以什么为优等都属于经营方针的范畴。

经营方针是由经营计划来具体体现的。经营计划的制订,取决于具体的条件,如资金、技术、市场预测、植物组培种类与品种的选择等。此外,还要根据选择的植物组培种类与品种,确定种植区域,包括种植区的气候、图纸、交通运输以及市场、设备物资的供应,劳动力的报酬等。

植物组织培养生产企业在经营方针下,最有效地利用企业经营计划所确定的地理条件、自然资源、植物种类生产要素,合理地组织生产。

2)市场预测

(1)市场需求的预测

植物组织培养生产企业进行预测时,首先要做好区域种植结构、自然气候、种植的植物种类及市场发展趋势的预测。例如,花卉种苗在昆明、上海、山东等地的鲜切花生产基地就有相当大的需求市场,而马铃薯在华北地区、东北地区、华东地区北部种植面积大,种苗市场需求量大。

(2)市场占有率的预测

市场占有率是指一家企业的某种产品的销售量或销售额与市场上同类产品的全部销售量或销售额之间的比率。影响市场占有率的因素主要有组培植物的品种、种苗质量、种苗价格、种苗的生产量、销售渠道、包装、保鲜程度、运输方式和广告宣传等。市场上同一种植物种苗往往有若干家企业生产,用户可任意选择。这样,某个企业生产的种苗能否被用户接受,就取决于与其他企业生产的同类种苗相比,在质量、价格、供应时间、包装等方面处于什么地位,若处于优势,则销售量大,市场占有率高,反之就低。

3）产品的营销

产品的营销是指运用各种方式和方法，向消费者提供产地产品信息，激发购买欲望，促进其购买的活动过程。

（1）产品的营销首先要正确分析市场环境，确定适当的营销形式

种苗市场如果比较集中，应以人员推销为主，它既能发挥人员推销的作用，又能节省广告宣传的费用；种苗市场如果比较分散，则宜用广告宣传，这样可以快速全方位地把信息传递给消费者。

（2）应根据企业实力确定营销形式

企业规模小，产量少，资金不足，应以人员推销为主；反之，则以广告为主，人员推销为辅。

（3）根据种苗产品的特性来确定营销形式

当地产品种苗供应集中，运输距离短，销售实效强，多选用人员推销的策略，并及时做好售后服务、栽培技术推广工作；对种苗用量少，稀有品种，则通过广告宣传、媒体介绍来吸引客户。

（4）根据产品的市场价值确定产营销形式

在试销期，商品刚上市，需要报道性的宣传，多用广告和营业推销；产品成长期，竞争激烈，多用公共关系手段，以突出产品和企业的特点；产品成熟饱和期，质量、价格等趋于稳定，宣传重点应针对用户，保护和争取用户。此外，产品的营销还可参加或举办各种展览会、栽培技术推广讲座和咨询活动，以引导产品开发。

（5）订单式生产是最好的市场营销

组培室能做到订单式生产是未来发展的方向。在做好品种、技术储备的前提条件下，做到订单式生产，减少资源的浪费，增加现金流，这是植物组织工厂发展的最好状态。

任务6.2　生产规模与生产计划的制订及工厂化生产的工艺流程

生产规模的大小也就是生产量的大小，要根据市场的需求、组织培养试管苗的增殖率和生产种苗所需的时间来确定。

6.2.1　试管苗增殖率的估算

试管苗的增殖率是指植物快速繁殖中间繁殖体的繁殖率。估算试管苗的繁殖量要以苗、芽或未生根嫩茎为单位，一般以苗或瓶为计算单位。年生产量（Y）决定于每瓶苗数（m）、每周期增殖倍数（X）和年增殖周期数（n），其公式见式（6.1）。

$$Y = m \cdot X^n \tag{6.1}$$

如果每年增殖8次（$n=8$），每次增殖4倍（$x=4$），每瓶8株苗（$m=8$），全年可繁殖的苗是：$Y=8\times4^8=52$（万株）。此计算为生产理论数字，在实际生产过程中还有其他因素如污染、培养条件发生故障等，会造成一些损失，实际生产的数量应比估算的数值低。

6.2.2 生产计划的制订

根据市场的需求和种植生产时间，制订全年植物组织培养生产的全过程。制订生产计划，虽不是一件很复杂的事情，但需要全面考虑、计划周密、工作谨慎，把正常因素和非正常因素都要考虑进去。往往制订出计划后，在实施过程中，也容易发生意外事件。因此，制订生产计划必须注意以下 5 点：

①首先确定生产的品种及母苗的数目。

②对各种植物的增殖率应做出切合实际的估算。

③要有植物组织培养全过程的技术储备(外植体诱导技术、中间繁殖体增殖技术、生根技术、炼苗技术)。

④要掌握或熟悉各种组培苗的定植时间和生长环节。

⑤要掌握组培苗可能产生的后期效应。

制订某种植物组培生产计划，应根据市场需求，各种植物都有一定的需求量，但是用苗的时间和用苗的量却不统一。每年的春、夏、秋、冬季节都有定植时间，用量各不相同，外植体来源季节也不同。

以某组培室为例，制订生产计划。生产计划的总表见表 6.1。

表 6.1　生产计划的总表

××××年××组培室春季生产计划
1.马铃薯品种、数量分布(表 6.2)
2.春季生产计划安排(表 6.3)
3.生产总量预估统计(表 6.4)
4.建议(表 6.5)
备注：详细内容分别见表 6.2—表 6.5

表 6.2　生产计划的品种分布表

<table>
<tr><th colspan="6">××××年春季马铃薯组培苗生产品种及数量计划表</th></tr>
<tr><th>序号</th><th>品种</th><th>占比/%</th><th>数量/万</th><th>生产方式</th><th>备注</th></tr>
<tr><td>1</td><td>FW</td><td>30</td><td>54</td><td>自产</td><td rowspan="2">早熟品种</td></tr>
<tr><td>2</td><td>黑美人</td><td>2</td><td>3.6</td><td>自产</td></tr>
<tr><td>3</td><td>川芋 117</td><td>30</td><td>54</td><td>自产</td><td rowspan="4">中晚熟品种</td></tr>
<tr><td>4</td><td>克新 1 号</td><td>20</td><td>36</td><td>自产</td></tr>
<tr><td>5</td><td>米拉</td><td>10</td><td>18</td><td>自产</td></tr>
<tr><td>6</td><td>青薯 9 号</td><td>5</td><td>9</td><td>自产</td></tr>
<tr><td rowspan="4">7</td><td>中 3</td><td rowspan="4">3</td><td rowspan="4">5.4</td><td rowspan="3">外协</td><td rowspan="2">早熟品种</td></tr>
<tr><td>中 2</td></tr>
<tr><td>川芋 56</td><td rowspan="2">中晚熟品种</td></tr>
<tr><td>B10</td><td>自产</td></tr>
<tr><td></td><td>合计</td><td>100</td><td>100</td><td></td><td></td></tr>
</table>

表 6.3 ××××年组培室春季生产计划安排

	12 月																														
	1	2	3	4	5	6	7	8	9	10	11	12	13	14	15	16	17	18	19	20	21	22	23	24	25	26	27	28	29	30	31
马铃薯												17.28 万苗												40.32 万苗							
山葵			6 400 瓶（增殖苗）																12 800 瓶（增殖苗）												
草莓																															
	1 月																														
	1	2	3	4	5	6	7	8	9	10	11	12	13	14	15	16	17	18	19	20	21	22	23	24	25	26	27	28	29	30	31
马铃薯	放假				25.2 万苗																	35.28 万苗									
山葵		8 280 瓶								16 560 瓶						14.4 万苗													12		
草莓																															
	2 月																														
	1	2	3	4	5	6	7	8	9	10	11	12	13	14	15	16	17	18	19	20	21	22	23	24	25	26	27	28			
马铃薯			30.24 万苗						春节放假一周											30.24 万苗											
山葵	4 万苗															9.6 万苗										8 280 瓶					
草莓																															
	3 月																														
	1	2	3	4	5	6	7	8	9	10	11	12	13	14	15	16	17	18	19	20	21	22	23	24	25	26	27	28	29	30	31
马铃薯																				20.16 万											
山葵	8 280 瓶			38.4 万苗（生根苗）																											
草莓																															

表 6.4　组培室××××年春季生产总量预估统计

品　种	总产量/万	污染率/%	母苗使用率/%	产量/万
马铃薯	198.72	2%	18%	159.0
山葵	79.2	5%	0	75.24
备注				

表 6.5　意见及建议

序号	项　目	问　题	解决办法
1	超净工作台	数量是否足够,是否能正常工作,是否健康	
2	接种工人	数量是否足够	
3	母苗	数量是否足够,是否健康	
4	灭菌锅	是否及时检修,是否能保证生产正常进行	
5	纯净水设备	是否及时检修	
6	其他	物资采购	

6.2.3　工厂化生产的工艺流程

工厂化生产种苗,首先要制订生产计划。制订生产计划要根据每种植物的组织培养工厂化生产的工艺流程,工艺流程要根据植物组织培养的技术路线来拟定。以菊花为例,其工厂化生产工艺流程如图 6.1 所示。

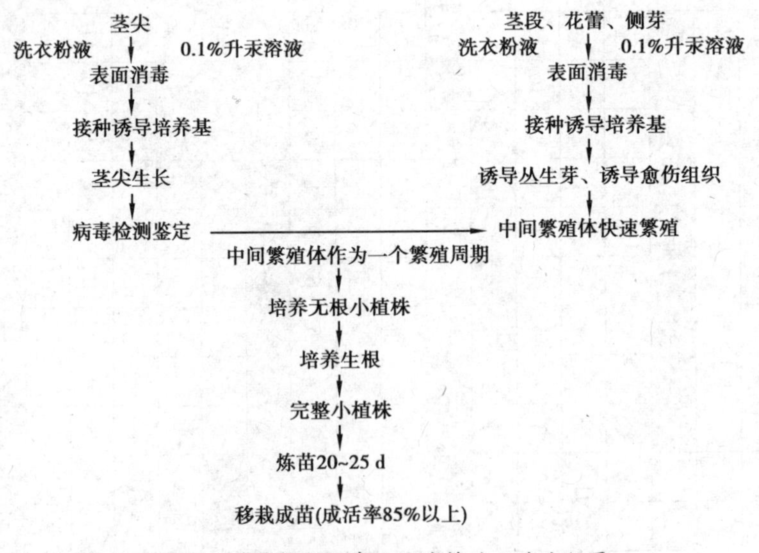

图 6.1　菊花茎尖脱毒及快速繁殖工艺流程图

任务 6.3 组培苗工厂化生产设施和设备

6.3.1 组培苗工厂化生产设施和设备

在植物组织培养过程中，根据所培养的植物种类、生产规模，选择合适的器材、设施是十分必要的，只有这样才能确保整个操作过程的顺利进行。在器材、设施的选择上，不要贪大，主要看其是否实用。在研究型的组织培养操作中，往往对器材、设施的要求较高；而在生产型的组织培养中，对器材、设施的要求却较为粗放，因此管理者必须根据实际情况来进行培养器材、设施的遴选。

在植物组织培养的过程中，从外植体的采收到试管苗的定植都必须要在特定的环境中进行，如培养基的配制要在专用的器材、设施中进行，外植体的接种要在专用的器材、设施中进行。应根据植物组织培养不同阶段的需要，选择不同的器材、设施。主要从降低投入、提高工效、节约劳力等诸方面加以考虑。

组培苗工厂化生产建筑设施及成本见表 6.6；组培苗快速繁殖车间设施和仪器以及成本见表 6.7。

表 6.6 组培苗工厂化生产建筑设施一览表

序 号	名 称	数量/m^2	单价/(元 · m^{-2})	金额/万元
1	预处理室	40	600	2.4
2	试剂室	40	600	2.4
3	培养基制备室	60	600	3.6
4	灭菌室	40	700	2.8
5	无菌接种室	40	800	3.2
6	培养室	80	800	6.4
7	观察记载室	20	600	1.2
8	温室	667	400	26.68
9	塑料大棚	667	100	6.67
10	防虫网	1 200	10	1.2
11	锅炉房	30	500	1.5
12	工作间	100	500	5.0
13	仓库	200	300	6.0

表 6.7　组培苗快速繁殖车间设施和仪器一览表

序　号	名　称	数　量	规　格	单价/元	金额/万元
1	药品橱	2	组合型铝合金橱	1 000	0.2
2	操作台	4	—	1 500	0.6
3	大冰箱	2	380 L	5 000	1.0
4	通风橱	1	—	5 000	0.5
5	恒温培养箱	2	30~100 L	800	1.6
6	液体培养摇床	2	旋转或垂直	6 000	1.2
7	培养架	50	5~7 层	1 400	7.0
8	天平	4	1/100、1/100、1/1 000、1/10 000	5 000	2.0
9	空调	4	2 P、1.5 P	5 000	2.0
10	灭菌锅	4	—	1 000	0.4
11	蒸馏水器	1	5 L	800	0.08
12	培养基放置架	2	—	500	0.1
13	超净工作台	4	双人双面	9 000	3.6
14	紫外灯	4	—	300	0.12

6.3.2　组培苗工厂化生产技术

1) 品种选育和母株培养

广泛收集和引进目标植物建立种质资源圃，选择市场潜力大、特性典型、纯度高、生长健壮、无病虫害的植物作为母株进行生产。

2) 离体快繁组培基本苗

①初代培养材料的处理与培养：尽量采用小容器进行分散培养，以降低污染率。

②组培苗的变异：注意选择适宜的培养途径（如芽再生型等）。

③预留储备“母瓶”：置于 10~15 ℃低温下保存，减少变异及污染等的影响。

④生根培养：将成丛的试管苗分离成单苗，转接到生根培养基上，在培养容器内诱导生根。

3) 组培苗的移栽驯化

(1) 准备工作

①选择育苗容器：一般采用穴盘，带根苗需穴格较大，扦插苗则需穴格较小。

②基质选配:具备良好的物理特性——保水透气;具备良好的化学特性(稳定、无毒、pH值及电导率等适宜);物美价廉,便于就地取材。

③基质的种类:有机基质(泥炭、椰糠、花生壳、木屑等);无机基质(蛭石、珍珠岩、次生云母矿石、河沙、炉渣等)。

④场地、工具及基质灭菌、装盘:场地、工具灭菌(多采用化学药剂灭菌);基质灭菌(多采用蒸汽灭菌或化学药剂灭菌);基质装盘。

⑤营养液的配制:营养液的成分(大量、微量等);营养液常用药品的来源(实验研究需分析纯度,规模化生产用化学纯或工业化合物);营养液配方;植物营养液的配制。

(2)组培苗移栽

①自然适应:组培苗由试管内条件转入室温,暴露于空气中,环境落差大,需要逐步适应。

②起苗、洗苗、分级:将苗瓶置于水中,用小竹签深入瓶中轻轻将苗带出,尽量不要伤及根和嫩芽,置水中漂洗,将基部培养基全部洗净;将苗分为有根苗和无根苗两类。

③移栽:拿起苗,用食指在基部上插洞,将苗根部轻轻植入洞内,撒上营养土,将苗盘轻放入苗池中。无根苗需先蘸生根液再行移植,若用栽苗机应按规程进行操作。

(3)组培苗扦插

将经自然适应的小苗洗净,每叶节切一段,基部向下扦插在沙盘中。

(4)幼苗驯化管理

幼苗驯化管理主要是控制光照、温度、水分、通气及病虫等,因为影响组培苗驯化的因素主要有温度、空气相对湿度、光照、苗的生理状况等。

(5)"绿化"炼苗

①结合灌水施营养液:一般浓度为0.15%~0.3%。

②逐渐加大光照强度和时间。

(6)成苗管理

①及时供水。

②苗床温度。

③施肥。

4)苗木传递与运输

①应选择便于运输的育苗方法和苗龄。若为裸根苗,运输时应注意保湿;穴盘育苗较好,便于运输。

②包装时应注意充分利用空间;运输工具最好选择带有调温、调湿装置的;苗木的运输适温一般为9~18 ℃。

③运输前应确定具体启程日期,以便于及时进行种苗包装,运输时应注意快速、准时。

5)苗木质量检验

苗木质量检验是为了保证苗木的质量和种植者的利益,也是制订苗木价格的依据。苗木质量检验指标主要包括商品性状(苗龄、农艺性状)、健康状况(不带病虫)、遗传稳定性(主要进行DNA"指纹"鉴定)。

6)马铃薯脱毒苗的标准化栽培

(1)准备工作

①工具准备:根据生产计划准备剪苗和栽苗工具,包括剪刀、苗盘、盆子、小凳、木板、酒精瓶和棉花等,不足部分及时采购,检查并清理打孔工具,损坏部分及时修理。

②场地准备:炼苗场,清理并打扫炼苗场卫生,保持炼苗场的干净整洁,根据品种类别及每次出库数量划分试管苗堆放区域,并挂品种标识牌;网室大棚,种植前检查大棚防虫网有无孔洞,设施设备有无损坏,出现问题及时报修,基质铺设及大棚维修完毕后再对大棚内部进行棚体消毒;基质准备,种植基质为第一次使用基质,无须对基质消毒,若为使用过的基质,种植前用浓度为500~800倍液的氢氧化铜溶液对基质进行消毒处理,消毒后密闭网室大棚,15 d后用清水冲洗基质,自然晾干待用。

(2)炼苗

根据扦插计划任务中所需试管苗数量,与组培组协调,提前2~3 d将试管苗从培养室转运到炼苗场按区域分品种进行堆放并标识。堆放中,组培苗堆放层数原则上不能超过2层。

(3)剪苗

①组培苗剪苗:消毒,剪苗前用75%的酒精棉球擦拭手心手背、剪刀和苗盘,剪苗过程中更换品种必须对剪刀和苗盘进行重新消毒;起苗、剪苗,将培养瓶内的试管苗轻轻取出,用消毒的剪刀将试管苗从基部剪下,按顺序放入苗盘内。

②扦插苗剪苗:消毒,剪苗前用75%的酒精棉球擦拭专用剪苗刀,剪苗过程中更换品种必须对剪苗刀进行重新消毒;剪苗,由工人按照管理人员要求,用自制专用剪苗刀,剪取种植后长出新叶,高度高于10 cm的种苗茎尖,分品种放入塑料筐内。

(4)打孔

种植前由工人使用专用打孔器,按照管理人员要求,对所需的苗床厢面进行打孔处理,基质厚度保证6~8 cm,基质含水量在60%~70%。

(5)扦插

①组培苗的扦插:将苗盘内的试管苗放入0.1 mol/L的NAA溶液中浸泡10 min,然后按照1孔1苗的要求进行扦插,扦插深度2~3 cm。

②扦插苗的扦插:将塑料筐内的扦插苗放入清水中冲洗5 min,保证叶片及茎部湿润,然后按照1孔1苗的要求进行扦插,扦插深度2~3 cm。

(6)浇水

试管苗和扦插苗扦插后需立即浇定根水,吸透为止,夏季气温超过30 ℃时,浇水后需加盖遮阳网遮阴,冬季或春季温度低于5 ℃时,需加盖塑料薄膜保温。

(7)挂牌

每扦插完一个厢面由管理人员统一在苗床厢面上插入品种标示牌,标示牌上注明品种名称、扦插日期、种苗类型。

任务 6.4 成本核算与效益分析

6.4.1 组培苗成本组成

组培苗的成本核算包含多个项目,在核算时候一定要分类进行核算,每种作物组培苗核算的项目基本相同,成本构成由间接成本和连接成本构成。

①间接成本:管理人员工资+公司后台管理费用(占比 32%)。

②直接成本:人工费+材料+电费+地租+折旧(占比 68%)。

以下以某实验室的白芨组培苗的成本核算为例,具体见表 6.8。

表 6.8 白芨组培苗成本核算

名　称	项　目	单价/元	数　量	总价/(元·万苗$^{-1}$)	成本金额/元	说　明($1\ kW\cdot h=3.6\times10^6 J$)
一、实验室组培苗培养阶段	—	—	—	514.21	14 502.15	实验室组培阶段产量按16.52 万苗测算。
1.人工费	—	—	—	233.05	3 850.00	—
播种阶段	培养基制作	0.05	840.00	2.54	42.00	按果荚平均播种 30 瓶
播种阶段	播种人工费	70.00	4.00	16.95	280.00	28 颗果荚 4 个人工 1 天完成,70 元/人/天
增殖阶段	培养基制作	0.05	2 520.00	7.63	126.00	2.5 个人工,制作 3 600 瓶,人工费 70 元/人/天,每瓶按 1∶3 转接率计算
增殖阶段	接种人工费	0.30	2 520.00	45.76	756.00	—
生根阶段	培养基制作	0.05	7 560.00	22.88	378.00	2.5 个人工,制作 3 600 瓶,人工费 70 元/人/天,每瓶按 1∶3 转接率计算
生根阶段	接种人工费	0.30	7 560.00	137.29	2 268.00	—
2.原材料	—	—	—	88.47	1 461.60	—
播种阶段	培养基	0.07	840.00	3.56	58.80	—
播种阶段	果荚购买费	15.00	28.00	25.42	420.00	—
增殖阶段	培养基	0.09	2 520.00	13.73	226.80	—
生根阶段	培养基	0.10	7 560.00	45.76	756.00	—

续表

名　称	项　目	单价/元	数　量	总价/(元·万苗$^{-1}$)	成本金额/元	说　明 (1 kW·h=3.6×10^6J)
3.电费	—	—	—	179.14	2 959.20	—
播种阶段	光源	0.60	240.00	8.72	144.00	840 瓶需 10 层架子,每层电源 40 W,每天光照 10 h,生长期 60 天。则:40×10×10×60=240 000 W/1 000=240 kW·h
播种阶段	空调	0.60	164.00	5.96	98.40	空调 2 300 W,每天 10 h,生长期 60 天。则:2 300×10×60/84×10=164 286 W/1 000=164 kW·h
增殖阶段	光源	0.60	672.00	24.41	403.20	2 520 瓶需要 28 层,每层电源 40 W,每天光照 10 h,生长期 60 天。则:28×40×10×60=672 000/1 000 W=672 kW·h
增殖阶段	空调	0.60	460.00	16.71	276.00	空调 2 300 W,每天10 h,生长期 60 天。则:2 300×10×60/84×28=460 000 W/1 000=460 kW·h
生根阶段	光源	0.60	2 016.00	73.22	1 209.60	7 560 瓶需要 84 层,每层电源 40 W,每天光照 10 h,生长期 60 天。则:84×40×10×60 W=2 016 000/1 000=2 016 kW·h
生根阶段	空调	0.60	1 380.00	50.12	828.00	空调 2 300 W,每天10 h,生长期 60 天。则:2 300×10×60/84×84=1 380 000 W/1 000=1 380 kW·h
4.地租费	—	—	—	0.13	60.05	组培室占地 1 亩,一年地租费用 1 672 元,按每年总产量 460 万苗计算
5.折旧费	—	—	—	13.42	6 171.30	组培室折旧全年 171 840 元,按每年总产量 460 万苗计算
二、玻璃温室驯化阶段	—	—	—	3 074.83	33 533.09	—

续表

名 称	项 目	单价/元	数 量	总价/(元·万苗$^{-1}$)	成本金额/元	说 明 (1 kW·h=3.6×10^{6}J)
1.人工费	—	—	—	1 101.09	12 332.00	—
驯化阶段	基质消毒费	253.00	2.00	46.00	506.00	专业锅炉师傅操作人工费,每锅253元,消毒2锅
驯化阶段	基质装卸	500.00	2.00	90.91	1 000.00	包含装袋费用
驯化阶段	苗床铺设	200.00	7.00	127.27	1 400.00	包含遮阳网搭建费用、基质转运、铺设
驯化阶段	洗苗	0.02	110 000.00	180.00	2 200.00	包含移栽后浇水和盖遮阳网
驯化阶段	栽苗	11.00	266.00	266.00	2 926.00	计件移栽,按米计算,每米415苗
驯化阶段	后期管护	70.00	30.00	190.91	2 100.00	包含浇水、施肥、打药,驯化1年,管护9个月
驯化阶段	起苗	0.02	110 000.00	200.00	2 200.00	包含起苗计数
2.原材料	—	—	—	348.88	3 837.50	—
驯化阶段	基质	400.00	7.00	254.55	2 800.00	每个苗床5方
驯化阶段	铁丝	118.00	5.00	53.64	590.00	移栽7个苗床,使用5卷铁丝
驯化阶段	遮阳网	42.50	7.00	27.05	297.50	—
驯化阶段	肥药	—	—	13.64	150.00	—
3.电费	—	—	—	18.18	200.00	—
4.地租	—	—	—	34.83	383.17	玻璃温室占地2.5亩,一年地租费用2 090元,按每年总产量60万苗计算
5.折旧	—	—	—	617.60	6 793.60	玻璃温室折旧全年37 056元,按总产量60万苗计算
三、后台管理费	—	—	—	1 652.17	27 293.91	—
1.组培中心管理人员工资	—	—	—	413.04	6 823.48	3人管理费用19.008万元,按产量460万元计算

续表

名 称	项 目	单价/元	数 量	总价/(元·万苗$^{-1}$)	成本金额/元	说 明(1 kW·h=3.6×10^6J)
2.公司后台管理费	—	—	—	1 239.13	20 470.43	后台运行费用暂按400万元/年,三个利润中心年产值按组培200万元,马铃薯1 000万元,草莓200万元估算,全部为1 400万元,即组培分摊后台费用57万元,马铃薯分摊后台费用285万元,草莓分摊58万元
总成本(每万苗)	—	—	—	5 241.20	—	—
组培苗成本(每万苗)	—	—	—	2 166.37	—	—

6.4.2 效益分析

1)成本核算

从表中可以看出,劳动工资占成本的49.2%。要降低成本,首先要提高经营者的管理水平和技术操作工的技术熟练程度,才能提高生产效率;如果转苗污染率高或炼苗成活率低,就加大了成本;再就是设备条件和宣传广告成本占41.9%。

组培室和炼苗室的加温、降温及人工补光照明、灭菌等成本很高,为降低成本要利用当地的自然条件;制作培养的药品占8.23%,为降低成本,可用食糖代替蔗糖,琼脂要用物美价廉的琼脂粉或琼脂条。

2)产销对路

一方面根据市场的需求,以销定产。另一方面引进畅销的名、特、新、优植物品种,快速增殖种苗,抢占市场,引导市场的需求,形成批量生产,降低成本,提高经济效益。

3)规模生产、提高利润

在一定的条件下,植物组培生产规模越大,生产成本越低,利润越高。组培生产量小,基础设施的成本高,利润必然低。

总之,植物组培工厂化生产,一定结合市场的需求情况,形成一定的生产规模,降低成本,提高利润,才能提高经济效益。

实验实训 12　组培苗工厂化生产的经营与管理

【任务单】

任务名称:组培苗工厂化生产的经营与管理
学时:2 学时
教学任务: 1.掌握组培苗生产工艺流程 2.掌握组培苗成本核算办法 3.掌握组培苗提高效益降低成本措施
教学目标: 1.了解组培苗生产的工艺流程 2.掌握组培苗成本核算办法 3.掌握组培苗提高效益降低成本措施
任务载体:园区植物组织培养实验室
任务地点:实训场
教学方法及组织形式:以现场教学法、教授法、举例法为主
教学流程: 1.举例讲授组培苗生产工艺流程 2.举例讲授组培苗如何核算成本 3.掌握组培苗成本的基本组成 4.掌握组培苗提高效益、降低成本的措施 5.完成实训任务报告

1)目的

通过实训,了解组培苗工厂化生产的经营与管理。

2)材料

以兰花组培苗为例。

3)步骤

①指导老师讲授兰花组培苗工厂化生产技术流程、成本核算办法、提高经济效益及降低成本措施。

②指导老师讲授兰花组培苗成本核算办法。

③指导老师讲授兰花组培苗工厂化生产提高经济效益及降低成本措施。

④学生选择一种作物完成组培苗生产技术流程设计、成本核算办法、提供经济效益及降低成本的措施。

4)作业

撰写实验实训报告。

【评价单】

<table>
<tr><td colspan="4">任务名称：</td></tr>
<tr><td colspan="2">姓名：</td><td colspan="2">班级：</td></tr>
<tr><td>序号</td><td>评价内容</td><td>分值</td><td>得分</td></tr>
<tr><td>1</td><td>能形成合理的组培苗生产技术流程</td><td>30</td><td></td></tr>
<tr><td>2</td><td>能准确地核算组培苗成本</td><td>40</td><td></td></tr>
<tr><td>3</td><td>能掌握提高经济效益及降低成本的措施</td><td>30</td><td></td></tr>
<tr><td>总计</td><td></td><td>100</td><td></td></tr>
<tr><td>教师签名</td><td>主讲教师：</td><td colspan="2">实训指导教师：</td></tr>
</table>

思考题

1.在植物组培中降低成本、提高效益的措施有哪些？

2.组培苗的成本核算包括哪些项目？

3.怎样对组培工厂的效益进行分析？

规范配制试剂的原则及操作

任务 7.1　配制试剂前的准备工作

7.1.1　常用玻璃仪器的洗涤

实验过程中所使用的各种玻璃仪器需干净,否则将影响实验的准确性。所以,要掌握玻璃仪器的正确洗涤方法(图 7.1)。

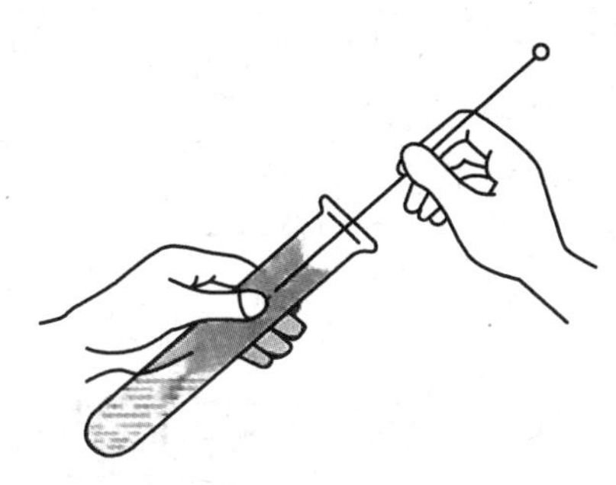

图 7.1　玻璃仪器洗涤

玻璃仪器上可能附着有可溶性物质或者不溶性物质等污物,实验室常采用以下方法进行洗涤。

①自来水刷洗:用自来水刷洗可以除去可溶性物质,又可以去除附着在玻璃仪器上的灰尘和其他不溶性物质。

②洗衣粉、洗涤剂等刷洗:用洗衣粉或者其他合成洗涤剂洗刷玻璃仪器,可以去除一般的油污,然后再用自来水冲洗。

③碱液洗涤:对于附着于玻璃器壁的酸性物质,可用碳酸钠等溶液洗涤。

④浓盐酸洗涤:对于附着的碱性物质或氧化剂如二氧化锰,可以用浓盐酸洗涤与之反应,然后用水冲洗。

洗净的标准:仪器内壁应不挂水珠,如图 7.2 所示。

图 7.2　洗净的玻璃仪器

7.1.2　常用玻璃仪器的干燥

实验过程中常使用洁净且干燥的玻璃仪器。洗净的玻璃仪器,可采用下列方法进行干燥。

①烘干:洗净的仪器可以放在电热烘箱内烘干,但在放进去前,应尽量将玻璃仪器内的水倒尽。烘干玻璃仪器时,应倒置玻璃仪器(倒置不稳的玻璃仪器应平放)。可以在电热烘箱的最下层放一个搪瓷盘,以阻止玻璃仪器上滑落的水滴滴到电炉丝上,以免损坏电炉丝。

②晾干:洗净的玻璃仪器可以倒置在干净的实验台或者实验柜中,倒置不稳的玻璃仪器如定容瓶等,则应平放或置于仪器架上晾干。

任务 7.2　固体药品配制试剂

用固体药品配制试剂溶液时,首先根据所配制试剂纯度的要求,选用不同等级试剂。并根据配制试剂的体积选用合适的容量瓶和烧杯。

7.2.1　容量瓶检漏

操作前,需要检查容量瓶的瓶塞处是否漏水,具体操作方法是:在容量瓶内装入半瓶水,塞紧瓶塞,用右手食指顶住瓶塞,其余手指拿住瓶颈标线以上部分,另一只手五指托住容量瓶瓶底,将其倒立(瓶口朝下)2 min,观察容量瓶是否漏水(图 7.3)。若不漏水,将瓶正立且将瓶塞旋转 180°后,再次倒立 2 min,检查是否漏水,若两次操作容量瓶瓶塞周围皆无水漏出,即表明容量瓶不漏水。经检查不漏水的容量瓶才能继续使用。

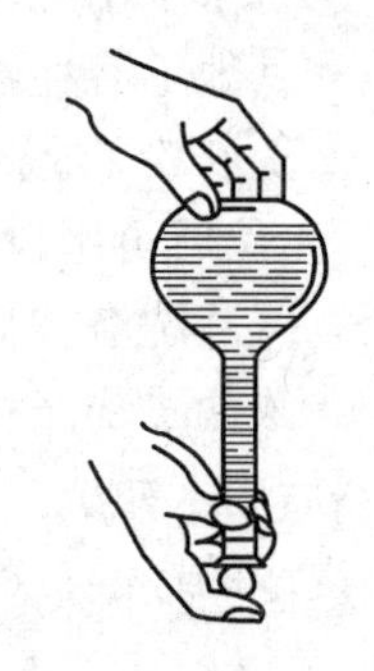

图 7.3　容量瓶检漏

7.2.2 计算

根据配制溶液的浓度及体积,计算出所需固体药品的质量。

由公式

$$c = \frac{n}{V} \tag{7.1}$$

和公式

$$n = \frac{m}{M} \tag{7.2}$$

可得

$$m = VcM \tag{7.3}$$

式中 c——物质的摩尔浓度;

n——溶质的物质的量;

V——溶液的体积;

m——物质的质量;

M——物质的摩尔质量。

例:配制 1 L 0.5 mol/L 的 NaOH,应该称取多少克的 NaOH?

$$m = VcM = 1\ \text{L} \times 0.5\ \text{mol/L} \times 40\ \text{g/mol} = 20\ \text{g}$$

7.2.3 称量

①根据计算结果,选择适宜的天平。图 7.4 所示为实验室常用电子天平。

图 7.4 常用电子天平

②检查天平是否水平,观察水平泡,如水平泡偏移,调节水平调整脚,使水平泡位于中心,使天平处于水平状态(图 7.5)。

③接通电源,打开电源开关和天平开关,待稳定标志显示后进行正式称量。

④打开天平侧面玻璃门,将称量纸对角对折后置于称量盘中央,关上侧门,轻按一下去皮键,使天平归零。

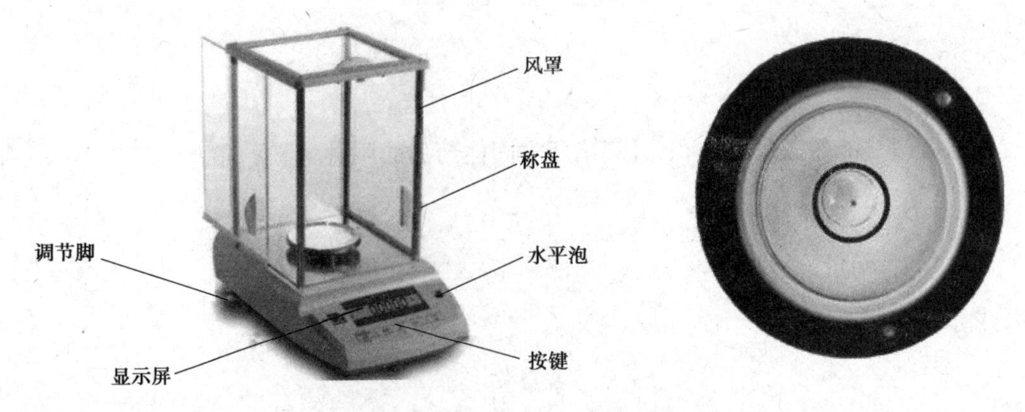

图 7.5　电子天平各部件和水平泡

⑤打开侧门,逐渐加入称量物质,直到所需质量,关上侧门,待稳定标志显示后即为物质的质量。

⑥打开侧门,将准确称量的物质置于小烧杯中,清洁天平内侧后关上侧门并关闭天平开关。

7.2.4　溶液的配制

①溶解:将准确称量的物质置于小烧杯中,在烧杯中用适量(20~30 mL)蒸馏水或者去离子水使之完全溶解,并用玻璃棒搅拌(注意:搅拌时注意不要碰到容器壁)。在溶解的过程中对于难溶的药品可以加热溶解,加热的温度以 60~70 ℃为宜。如果是配制两种及两种以上药品的混合溶液,则将称量好的药品按顺序依次加入,当一种药品完全溶解后再加入另外一种药品,直至该试剂的所有药品全部溶解。图 7.6 所示为溶解的操作流程。

②复温:待溶液冷却后移入容量瓶。不冷却会使得溶液的浓度偏高。

③转移:把溶解好的溶液移入所需体积的容量瓶(图 7.7)。由于容量瓶的颈较细,为了避免液体洒在外面,用玻璃棒引流,方法是将玻璃棒一端靠在容量瓶瓶颈内壁上,注意不要让玻璃棒其他部位触及容量瓶口,防止液体流到容量瓶外壁上,转移时少量液体的流出将使得溶液的浓度偏低。

④洗涤:为保证溶质尽可能全部转移到容量瓶中,应该用蒸馏水洗涤烧杯和玻璃棒 2~3 次,并将每次洗涤后的溶液都注入容量瓶中。

⑤初混:轻轻振荡容量瓶,使溶液充分混合。

⑥定容:加水到刻度 2~3 cm 时,改用胶头滴管加蒸馏水至液面与刻度线相切,这个操作称为定容。定容时要注意溶液凹液面的最低处和刻度线相切,眼睛视线与刻度线呈水平,不能俯视或仰视,否则都会造成误差(图7.8)。若加水超过刻度线,则需重新配制。

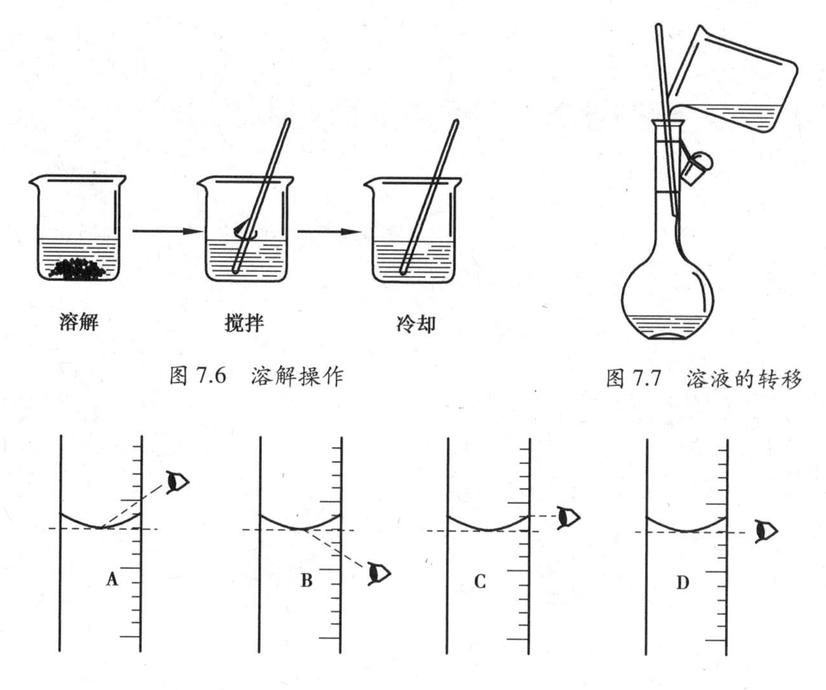

图 7.6　溶解操作

图 7.7　溶液的转移

图 7.8　定容时的视线

⑦摇匀:定容后的溶液浓度不均匀,要把容量瓶瓶塞塞紧,用食指顶住瓶塞,用另一只手的手指托住瓶底,把容量瓶倒转和摇动多次,使溶液混合均匀(图 7.9)。这个操作称为摇匀。静置后如果发现液面低于刻度线,这是因为容量瓶内极少量溶液在瓶颈处润湿所损耗,所以并不影响所配制溶液的浓度,故不要在瓶内添水,否则,将使所配制的溶液浓度降低。

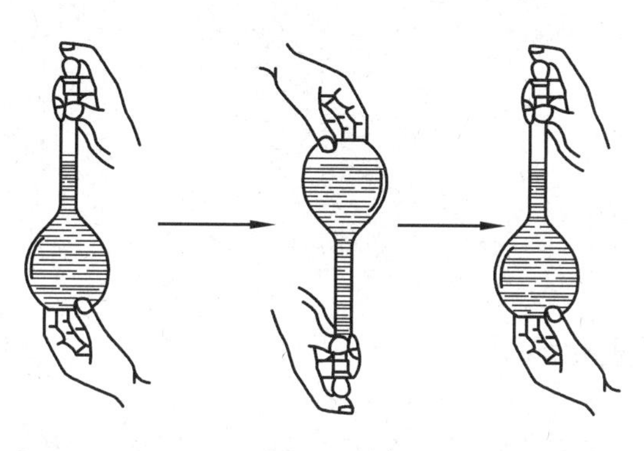

图 7.9　摇匀

⑧把配制好的溶液倒入试剂瓶中,盖上瓶塞,贴上标签,标签内容包括名称、浓度、扩大倍数、配制人、配制日期等信息。

⑨洗涤容器,归位器具,保持实验台面整洁。

任务 7.3 液体试剂配制溶液

用液体试剂配制溶液时，需要计算出所需浓溶液试剂的体积，还包括量取、稀释、转移、定容等基础操作，其操作流程如图 7.10 所示。

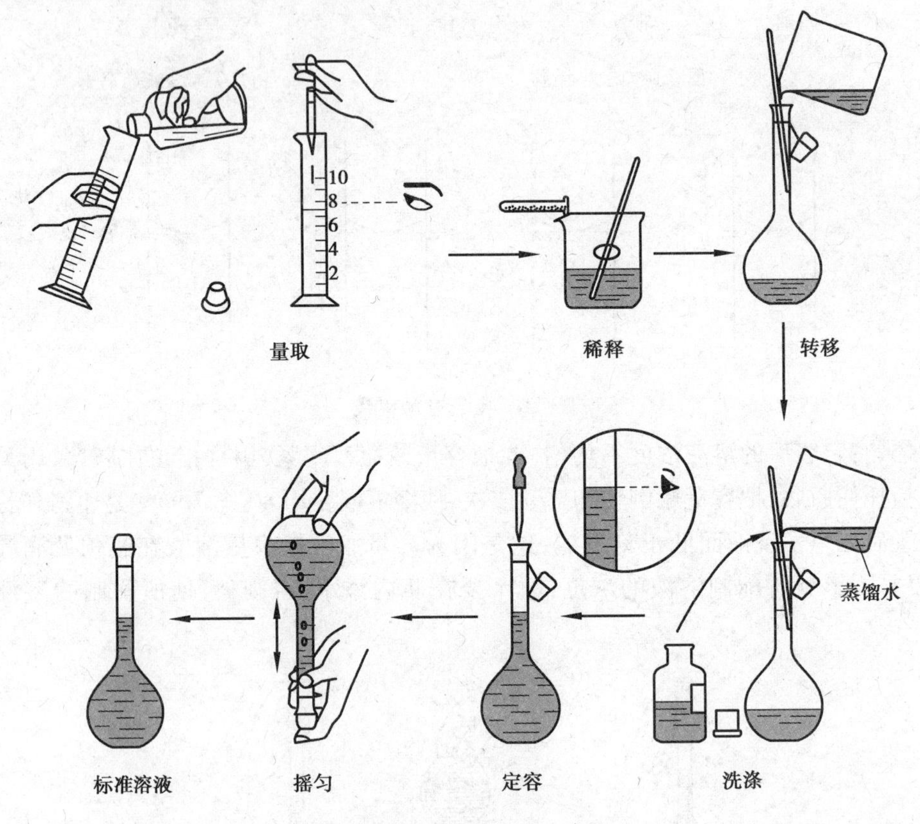

图 7.10 液体试剂配制溶液

7.3.1 计算浓溶液的体积

根据配制溶液的浓度及体积，计算出所需浓溶液的体积。根据稀释前后溶质的量不变，由公式

$$C_1V_1 = C_2V_2 \tag{7.4}$$

可得：

$$V_1 = \frac{C_2V_2}{C_1} \tag{7.5}$$

式中 C_1——稀释前溶液的浓度；

C_2——稀释后溶液的浓度；

V_1——稀释前溶液的体积；

V_2——稀释后溶液的体积。

注意:计算时应注意等式两边的浓度、体积单位均一致,若等式两边的浓度、体积单位不一致,需换算。

7.3.2 量取浓溶液的体积

根据所需量取的体积,选择最适合量程的量筒。当溶液体积离所需量取体积为2 mL左右时,需用胶头滴管缓慢添加浓溶液至刻度线,视线应与量筒中液体的凹液面垂直。

液体试剂的取用方法:从滴瓶中取用少量试剂时,注意不要把滴管伸入试管中,应距离试管口上方0.5 cm左右,以免试剂被污染。滴管不能横放或者倒放,以防试剂腐蚀橡皮头并玷污滴瓶内溶液。

从细口试剂瓶取用试剂,应将瓶塞仰放在台上,用左手的拇指、食指和中指拿住试管、量筒等,用右手拿起试剂瓶,注意使试剂瓶上的标签正对手心,慢慢倒出所需要量的试剂,将最后一滴刮在试管等容器中。取完试剂后,立即将瓶塞盖好,把试剂放回原处,并使瓶上的标签朝外。

在取用试剂时,要根据用量,不要多取,这样既能获得较好的实验效果又可以节约药品。取多的药品不能放回试剂瓶中,应放在指定的容器里。

7.3.3 稀释

将浓溶液缓慢加入烧杯中,然后向烧杯中加入配制试剂体积的60%~70%的蒸馏水或者去离子水,稀释混匀。

7.3.4 定容

将烧杯中的液体全部移入定容瓶中,用蒸馏水或去离子水冲洗烧杯3~4次,将洗液完全移入容量瓶内,加蒸馏水或去离子水定容至所需体积的刻度线,摇匀,即得所配制的溶液。

7.3.5 标记

将配制好的试剂倒入贮液瓶中,某些药品需避光,则需用棕色瓶保存。瓶上贴好标签,注明试剂的名称、试剂的浓度、调节pH值的试剂名称、配制日期、试剂有效期、配制者姓名等。

一些经常大量使用的试剂,可预先配制出比工作液浓度高10倍以上的母液,储存备用,用母液稀释成相应浓度的工作液。

7.3.6 保存

通常将配制好的试剂放于通风干燥的试剂架上保存，若试剂需要低温保存，则按照相应的要求放于冰箱中保存，定期检查有无沉淀生成，如出现沉淀，应重新配制。

7.3.7 整理

洗涤容器，归位器具，保持实验台面整洁。

任务 7.4 移液管和吸量管的使用

移液管是用来准确移取一定体积的溶液的量器。移液管是一种量出式仪器，只用来测量它所放出溶液的体积。它是一根中间有一膨大部分的细长玻璃管。其下端为尖嘴状，上端管颈处刻有一条标线，是所移取的准确体积的标志。常用的移液管有 5、10、25、50 mL 等规格。

通常又把具有刻度的直形玻璃管称为吸量管。常用的吸量管有 1、2、5、10 mL 等规格。移液管和吸量管所移取的体积通常可准确到 0.01 mL。

使用移液管或吸量管移取溶液的方法是：

①洗涤：使用前移液管和吸量管都要洗涤，直至内壁不挂水珠为止。先用洗液洗，再用自来水冲洗，最后用蒸馏水洗涤干净。

②观察：使用移液管，首先要观察移液管标记、准确度等级、刻度标线位置等。

③润洗：为保证移取溶液时溶液浓度保持不变，应使用滤纸将管口内外水珠吸去，再用被移溶液润洗 3 次，置换移液管或吸量管内壁的水分。润洗的方法是：用右手的拇指和中指捏住移液管的上端，将管的下口插入欲吸取的溶液中，插入不要太浅或太深，一般为 0~20 mm。左手拿洗耳球，接在管的上口把溶液慢慢吸入，先吸入该管容量的 1/3 左右，用右手的食指按住管口，取出，横持，并转动管子使溶液接触到刻度以上部位，以置换内壁的水分，然后将溶液从管的下口放出并弃去，如此反复 3 次。

④吸取溶液。吸取溶液时，用右手大拇指和中指拿在管子的刻度上方，插入溶液中，左手用吸耳球将溶液吸入管中(预先捏扁，排除空气)。吸管下端至少伸入液面 0~20 mm，不要伸入太多，以免管口外壁黏附溶液过多，也不要伸入太少，以免液面下降后吸空。用洗耳球慢慢吸取溶液，眼睛注意正在上升的液面位置，移液管应随容器中液面下降而降低。当液面上升至标线以上 5 mm，立即用右手食指按住管口。(一般不用大拇指操作，大拇指操作不灵活)

⑤调节液面：将移液管向上提升离开液面，用滤纸将沾在移液管外壁的液体擦掉，管的末端靠在盛溶液器皿的内壁上，管身保持垂直，略微放松食指(有时可微微转动吸管)使管内溶液慢慢从下口流出，直至溶液的凹液面与标线相切为止，立即用食指压紧管口。将尖

端的液滴靠壁去掉，移出移液管，插入承接溶液的器皿中。

⑥放出整管溶液。将移液管放入锥形瓶或容量瓶中，将锥形瓶或容量瓶略倾斜，管尖靠瓶内壁，移液管垂直。管尖放到瓶底是错误的。松开食指，液体自然沿瓶壁流下，液体全部留出后停留 15 s（移液管上标有“快”，应该不停留），取出移液管。将排液头在容器的内壁上向上滑动约 10 mm 以除去残留液体。留在管口的液体不要吹出，因为校正时未将这部分体积计算在内（移液管上标有“吹”，应该将留在管口的液体吹出）。使用吸量管放出一定量溶液时，通常是液面由某一刻度下降到另一刻度，两刻度之差就是放出的溶液的体积，注意目光与刻度线平齐。实验中应尽可能使用同一吸量管的同一区段的体积。

⑦移液管使用后，应洗净放在移液管架上；移液管和吸量管在操作中应与溶液一一对应，不应串用，以避免沾染。

移液管的使用如图 7.11 所示。

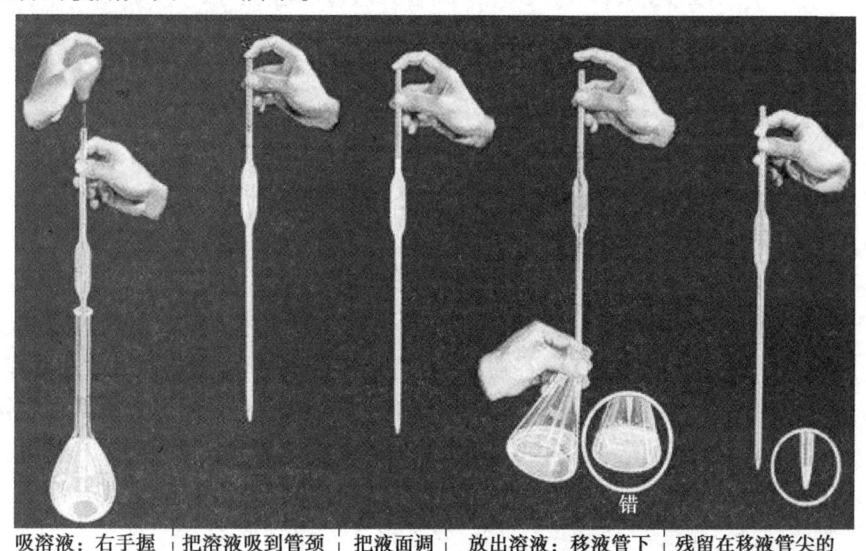

吸溶液：右手握住移液管，左手揿洗耳球多次	把溶液吸到管颈标线以下，不时放松食指，使管内液面慢慢下降	把液面调节到标线	放出溶液：移液管下端紧贴锥形瓶内壁，放开食指，溶液沿瓶壁自由流出	残留在移液管尖的最后一滴溶液，一般不要吹掉(如果管上有“吹”字，就要吹掉)

图 7.11　移液管的使用

思考题

1.如何将浓硫酸稀释成稀硫酸？

2.稀释浓盐酸时，为什么不能把水倒入浓盐酸中？

3.为什么配制溶液时，需将固体完全溶解后才可加另外一种固体？

植物组织培养实例

任务 8.1　农作物的组织培养技术

植物组织培养技术在农作物上主要应用于育种和良种繁育方面，其次应用于无性繁殖作物的脱毒、快速繁殖以及种质的保存方面。

8.1.1　小麦的组织培养技术

小麦(*Triticum aestivum*)是小麦系植物的统称，为被子植物门、单子叶植物纲、禾本目、禾本科、小麦属的植物。小麦是三大谷物之一，是一种在世界各地广泛种植的禾本科植物。小麦起源于中东新月沃土(Levant)地区，是世界上最早栽培的农作物之一。在中国种植面积仅次于水稻，是中国人民的主要粮食作物之一。小麦磨成面粉后可制作面包、馒头、饼干、面条等食物；发酵后可制成啤酒、酒精、伏特加，或生物质燃料。小麦富含淀粉、蛋白质、脂肪、矿物质、钙、铁、硫胺素、核黄素、烟酸、维生素 A 及维生素 C 等。图 8.1 所示为小麦的田间栽培和组织培养。

图 8.1　小麦的田间栽培和组织培养

1) 外植体选择

在小麦的组织培养中，几乎各种器官、组织均曾被用作外植体进行离体培养，如小麦的根、幼叶、种子、顶端分生组织、花药、原生质体、幼穗、成熟胚以及幼胚等。其中研究最多的是小麦幼胚作为外植体进行离体培养。

小麦幼胚愈伤组织诱导率很高，通过对愈伤组织的直接或间接筛选，可以发生定向变异，主要体现在农艺性状如株高等，抗性和品质方面，故小麦幼胚培养主要体现在新品种的选育上。

2）无菌外植体的获得

取开花后 14~20 d 的小麦幼穗，剥出种子，用 70%乙醇消毒 2 min，再用 0.1%$HgCl_2$ 浸泡消毒 20 min，无菌水冲洗 4~6 次，无菌条件下用镊子和解剖针将幼胚取出，幼胚大小为 1~1.5 mm，盾片向下接种。

3）培养基及温光条件

基本培养基为 MS；芽簇块诱导培养基为① MS+2,4-D 0.8 mg/L；芽簇块增殖培养基为 Ⅱ MS+2,4-D 0.2~0.4 mg/L；芽簇块成苗培养基为Ⅲ MS+KT 1.0 mg/L+IAA 0.1 mg/L。

上述培养基均加蔗糖 3%，琼脂 0.6%，pH 值 5.8。诱导和成苗均在光照下进行，光周期为 16 h 光/8 h 暗，光照度控制在 1 000~1 500 lx，培养温度（28±1）℃。

4）芽簇块诱导与增殖

将外植体幼胚接种到培养基①上培养，幼胚先产生淡黄色致密的类似愈伤组织的结构，随后在该结构的表面出现大量绿色微芽点，培养 14 d 后，芽点逐渐长成芽簇块。将诱导出的芽簇块分割成小块，转接到增殖培养基Ⅱ上，培养 30 d 后，培养基上芽簇块的微芽大多已成苗。

5）芽簇块成苗生根

将增殖培养基Ⅱ上的芽簇块分割成 5 mm 左右的小块，接种于成苗培养基Ⅲ上，培养 21 d后，可 100%成苗，生根效果好，每个成苗的微芽基部都有根，每芽簇块平均成苗数为4.4 个，每簇平均生根数 4.2 个，生根率 96.7%，且长成的苗可直接移栽。

8.1.2　水稻的组织培养技术

水稻（*Oryza sativa*）为被子植物门、单子叶植物纲、禾本目、禾本科、稻属的植物，也是稻属中作为粮食的最主要、最悠久的一种，又称为亚洲型栽培稻。水稻原产于亚洲热带，在中国广为栽种后，逐渐传播到世界各地。按照不同的方法，水稻可以分为籼稻和粳稻、早稻和中晚稻、糯稻和非糯稻。水稻所结子实即稻谷，稻谷（粒）去壳后称大米、香米、稻米水稻不仅是世界上最重要的粮食作物之一，也是我国主要的粮食作物。全世界有近一半的人口以稻米为食。大米的食用方法多种多样，有米饭、米粥、米饼、米糕、米酒等。水稻除可食用外，还可以酿酒、制糖作工业原料，稻壳、稻秆还可作为饲料。我国水稻主产区在东北地区、长江流域和珠江流域。图 8.2 为水稻的田间栽培和组织培养。

图 8.2　水稻的田间栽培和组织培养

1）外植体选择

水稻的组织培养中，外植体主要有花药和成熟胚。

水稻花药离体培养作为一种新的育种手段，在水稻育种中得到了广泛应用。我国是世界上首先将水稻花药培养品种应用于生产的国家，现已育成一批优质高抗的水稻优良品种，并取得了较好的经济效益和社会效益。花药培养诱导出的单倍体，表现出双亲性状的各种重组类型，通过自然加倍或人工加倍，可以在当代获得稳定的纯合二倍体，大大加快了育种速度。

2）无菌外植体的获得

穗子保留 2 个叶片，用 75%酒精清洁表面后，用无菌清水冲洗 3 次，然后在 8 ℃的低温下处理 7~10 d。挑选花粉母细胞处于单核中晚期的小穗，先用 1%NaClO 灭菌 15 min，再用 3%H_2O_2 灭菌 10 min，无菌水冲洗 3~4 次，取花药为外植体以供接种用。

3）培养基及温光条件

（1）诱导培养基

① N_6+6-BA 0.5 mg/L+NAA 2.0 mg/L+PAA（苯乙酸）10.0 mg/L+0.25% gelrite+5.4% 麦芽糖。

（2）分化培养基

⑪ MS+6-BA 1.0 mg/L+NAA 0.5 mg/L+0.25% gelrite+3% 蔗糖。

上述培养基①、⑪增加谷氨酰胺 500 mg/L、水解酪蛋白 500 mg/L、脯氨酸100 mg/L，pH 值调至 5.8。培养温度（25±1）℃，光照为 16 h/d，光照度 2 000 lx。

4）愈伤组织诱导及分化成苗

将灭过菌的花药接种到培养基①中，在（25±1）℃的温度条件下进行暗培养。愈伤组织诱导率和分化率变化范围分别为 10.5%~34.9%和 15.6%~46.6%。当愈伤组织长至 1~2 mm时，转至分化培养基上光照培养，光照度 2 000 lx，光照时间每天 16 h。诱导愈伤组织可以不更换培养基，先在愈伤组织表面形成绿点，然后从绿点分化出芽，进而长成植株。

一般花药接种后 30~40 d 内开始出现绿芽点，然后芽尖迅速生长，经 15~20 d 即可长成 8 cm 以上的小植株。再生植株绝大多数具有发达的根系，因而可直接移栽到土壤中。接种 45 d 后，尚未在诱导培养基上分化的愈伤组织转移到分化培养基⑪上，它们能在分化培养基⑪上分化成苗。花药接种后 40~60 d，在 40 mg/L 浓度的 PAA 诱导花药愈伤组织直接再生小植株，可进一步提高植株的再生率。

水稻花药培养的苗率低长期以来是个难题。籼稻花药培养的难度尤其突出。传统的培养方法一般包含两个培养阶段，即高生长素培养基上的去分化阶段和高细胞分裂素培养基上的再分化阶段。近年来，国内外科学家正致力于建立一种更为简便、快速、高效一步成苗的培养方法，即用同一种培养基实现愈伤组织诱导和分化而直接成苗获得再生植株。研究发现采用 PAA 和 6-BA、NAA 配合能有效地诱导水稻花药愈伤组织直接分化成苗，对于籼稻效果尤为明显，并且 PAA 的浓度效应实验还发现 PAA 具有很大的诱导直接成苗的潜力，为研究水稻花药培养促进高频率直接成苗的新途径奠定了基础。

8.1.3 玉米的组织培养技术

玉米(*Zea mays*)为被子植物门、单子叶植物纲、禾本目、禾本科、玉蜀黍属一年生草本植物。玉米是世界上分布最广泛的粮食作物之一,种植面积仅次于小麦和水稻而居第三位,是全世界总产量最高的粮食作物。玉米在中国的播种面积很大,分布也很广,是中国北方和西南山区及其他旱谷地区人民的主要粮食之一。中国年产玉米占世界第二位,美国第一,巴西第三、其次是墨西哥、阿根廷。玉米味道香甜,可做各式菜肴。此外,玉米可用于生产乙醇,对于解决当前世界的能源危机有着重要意义。图 8.3 为玉米的田间栽培和组织培养。

图 8.3 玉米的田间栽培和组织培养

1)外植体选择

茎尖、幼穗、花药、叶片、未成熟合子胚、成熟胚及其胚根、胚轴等材料均可作为玉米组织培养的外植体。

2)无菌外植体的获得

为获得无菌种子苗,把玉米种子先在 70%乙醇中清毒 8~10 min,然后在 0.1%$HgCl_2$ 溶液中消毒 10 min,无菌水冲洗 4~5 次,选健壮种子接种于 MS 培养基①上,置于 25 ℃温度下促其萌发,7~8 d 后形成无菌苗。待幼苗伸长至 3~5 cm 时,剥去其胚芽鞘及 2~3 片幼叶,取自上胚珠基部至顶端分生组织 2~3 mm 的茎尖为外植体以供接种。

3)培养基及温光条件

基本培养基为 MS;种子萌发培养基为① MS;胚性愈伤诱导培养基为② MS+6-BA 1.0 mg/L+2,4-D 0.2 mg/L+水解酪蛋白(CH)500;分化培养基为③ MS+6-BA 0.5~1.0 mg/L+IBA 0.4 mg/L+水解酪蛋白(CH)500;生根培养基为④ MS+IBA 0.8 mg/L。

上述培养基均加蔗糖 3%,琼脂 0.7%,pH 值 5.8~6.0。培养温度(25±1)℃,光照为16 h/d,光照度为 2 000 lx。

4)胚性愈伤组织诱导

取灭过菌的玉米茎尖 2~3 mm 垂直接种到诱导培养基②上,6~8 d 时,芽尖生长点周围出现不规则膨大,愈伤组织开始形成,随着愈伤组织不断产生,芽尖及其周围部分的体积逐渐增加,这时及时去掉茎尖生成的幼叶,否则会抑制愈伤组织的生长。培养 1 个月左右,产生的愈伤组织一般呈现鹅黄色,表面较光滑或具表皮毛,较坚硬,难以被镊子夹碎。因此,继代培养时需用解剖刀切割分块,去掉没有愈伤组织分化的上胚珠基部,然后将愈伤组织块接种继代培养基上即诱导培养基Ⅱ上，并使切口处向下，7~8 d后，肉眼可见愈伤组织开始增殖。

5）丛生芽的诱导

将胚性愈伤组织转移到分化培养基Ⅲ上，20 d后，愈伤组织块表面即可形成肉眼可见的密集丛生芽群。

6）生根与移栽

在解剖镜下仔细分离幼芽，转移到分化培养基Ⅲ上，再生长7~10 d，然后转移到生根培养基Ⅳ上，光照2~3周，于25 ℃温度条件下即可得到生根苗。将生根苗移栽于蛭石中，培养2周后，即可定植于大田。

8.1.4 甘薯的组织培养技术

甘薯（*Ipomoea batatas*）为被子植物门、双子叶植物纲、茄目、旋花科、番薯属，一年生草本植物。甘薯原产热带美洲，主要产区分布在北纬40°以南。栽培面积以亚洲最多，非洲次之，美洲居第3位。甘薯在16世纪末叶从南洋引入中国，在中国分布很广，以淮海平原、长江流域和东南沿海各省最多。甘薯块根中含有60%~80%的水分，10%~30%的淀粉，5%左右的糖分及少量蛋白质、油脂、纤维素、半纤维素、果胶、灰分等，且甘薯中蛋白质组成比较合理，必需氨基酸含量高。此外甘薯中含有丰富的维生素（胡萝卜素，维生素A、B、C、E），其淀粉也很容易被人体吸收。甘薯的块根可供食用、酿酒或做饲料。图8.4所示为甘薯的田间栽培和组织培养。

图8.4 甘薯的田间栽培和组织培养

1）外植体选择

甘薯的叶片、花药、块茎顶芽等均可作为外植体进行组织培养，但以甘薯茎尖为外植体进行组织培养居多。

2）无菌外植体的获得

用甘薯的薯块进行催芽，取其顶端部分3 cm左右，剪去用肉眼能看见的叶片，用清水洗净。将洗净后的顶端，置于2%次氯酸钠溶液中消毒8 min，70%乙醇浸泡10 s，再用0.1% $HgCl_2$ 溶液中消毒10 min，无菌水冲洗4~5次，在解剖镜下无菌操作切取带有1~2个叶原基、大小在0.2~0.5 mm的茎尖分生组织作为外植体。

3）培养基及温光条件

基本培养基为MS；茎尖培养基为① MS+6-BA 0.1 mg/L+IAA 0.2 mg/L，②1/2MS+GA_3 0.5 mg/L；生根培养基为③ 1/2MS+IBA 0.5～1.0 mg/L+GA_3 0.4 mg/L。

上述培养基均加蔗糖3%，琼脂0.7%，pH值5.8～6.0。培养温度（26±1）℃，光照时间为14 h/d，光照度为2 000 lx。

4）茎尖培养

将灭过菌的茎尖接种到培养基①中，待茎尖生长变绿并适当愈伤化，转移到培养基②中，使之生根进一步分化成苗。将分化的芽苗转移于培养基③中，3 d后，茎尖开始膨大，有大量愈伤组织形成，且生长迅速，6 d左右直径达到0.2～0.4 cm，随即出现新根，8 d后，达到生根高峰，接着芽开始生长。随着根系生长迅速，根数增多，一般3～5条，且健壮粗大，因而植株生长速度相对较快。接种约15 d后，部分植株的叶片可达5～7片，根3～4条。采用加入GA_3的茎尖培养基有刺激器官伸长的作用，使有些发育不良的茎芽继续生长，较容易生成完整植株。

5）炼苗移栽

待苗长至3～4 cm，具有4～5片叶时便可移栽，把试管苗在温室中炼苗1周后，取出小苗，洗净根部培养基，栽在蛭石、河沙、腐殖土混合的基质中，压紧根部，浇透水，注意盖膜保湿、保温，其间可用1/2MS营养液和0.2%KH_2PO_4叶面喷肥促苗生长。图8.5和图8.6所示分别为甘薯的炼苗和移栽。

图8.5 甘薯炼苗

图8.6 甘薯移栽

8.1.5 马铃薯的组织培养技术

马铃薯（*Solanum tuberosum*）为被子植物门、双子叶植物纲、管状花目、茄科、茄属一年生草本植物。马铃薯原产于南美洲安第斯山地的高山区，其主要生产国有中国、俄罗斯、印度、乌克兰、美国等，中国是世界马铃薯总产最多的国家。马铃薯是全球第三大重要的粮食作物，仅次于小麦和玉米。马铃薯是一种粮菜兼用型的蔬菜，与稻、麦、玉米、高粱一起被称为全球五大农作物。马铃薯含有丰富的维生素A和维生素C以及矿物质，优质淀粉含量约为16.5%，还含有大量木质素等，被誉为人类的“第二面包”。图8.7所示为马铃薯的田间栽培和组织培养。

图 8.7　马铃薯的田间栽培和组织培养

1) 外植体选择

马铃薯的块茎可作为茎尖培养的外植体。

2) 无菌外植体的获得

取优良单株马铃薯休眠块茎数个,洗净后进行催芽。用 200~400 GA_3 溶液浸泡 24~36 h,然后,进行热处理。热处理的具体方法如下:把催芽的块茎从恒温箱内取出,放入光照培养箱内进行热处理,前 3 d 培养温度为 35 ℃,之后调整为 35~37 ℃,光照为12 h/d,光照度为 2 000 lx,共处理 28 d。

取经过热处理后的发芽块茎的茎尖 1~2 cm,用清水洗净,用 75%乙醇中浸泡 15 s,取出后用无菌水冲洗 2 次,再浸入 2% NaClO 溶液中消毒 15 min,无菌水冲洗 4 次,最后用 0.1% $HgCl_2$ 溶液中消毒约 8 min,无菌水冲洗 4~5 次,无菌滤纸吸干水分,切取带有 1~2 个叶原基、大小在 0.2~0.5 mm 的茎尖分生组织作为外植体。

3) 培养条件及温光条件

基本培养基为 MS;芽诱导培养基为① MS+6-BA 1.0 mg/L+IAA 0.2 mg/L,② MS+GA_3 0.5 mg/L;芽增殖及生根培养基为③ MS(可适量添加 CCC 矮壮素)。

上述培养基均加蔗糖 3%,琼脂 0.7%,pH 值 5.8±0.1。培养温度(25±1)℃,光照为 12~14 h/d,光照度为 2 000 lx。

4) 芽的诱导与增殖

将灭过菌的茎尖接种到培养基①中,于 18~25 ℃,光照为 10~14 h/d,光照度为2 000 lx 以下培养,2 周后,茎尖明显增大、变绿,45 d 后,转接到培养基②中,以后,每隔 20 d 转接 1 次直到成苗。将诱导的试管苗转移于培养基③中进行继代增殖培养,25 d 左右可继代 1 次,增殖系数为 4~5,继代时也可生出根来形成完整植株。

5) 炼苗移栽

待苗长至 3~4 cm,具有 4~5 片叶时便可移栽。移栽前先把试管苗带瓶移到温室中炼苗 1 周,若光照太强,可加一层遮阳网。移栽时,仔细用镊子取出小苗,洗净根部培养基,栽在蛭石、河沙、腐殖土(1∶1∶1)混合的基质中,密度 5 cm×5 cm。注意压紧根部,浇透水。前 3 d 可盖膜保湿、保温。1 周后,可用 1/2MS 营养液和 0.2% KH_2PO_4 叶面喷肥促苗生长,每隔 5 d 喷 1 次,移栽成活率可达 90%以上。

8.1.6 大豆的组织培养技术

大豆(*Glycine max*)为被子植物门、双子叶植物纲、豆目、蝶形花科、大豆属一年生草本植物。大豆古称菽,是黄豆、青豆、黑豆和杂色豆的总称,原产中国。全国各地均有栽培,集中产区在东北平原、黄淮平原、长江三角洲和江汉平原,也广泛栽培于世界各地。大豆是中国重要的粮食作物之一,已有5 000年的栽培历史,对保障粮食生产安全有着重要意义。现种植的栽培大豆是由野生大豆驯化而来,约有1 000种大豆栽培品种。大豆是蝶形花科植物中最富有营养而又易于消化的食物,是蛋白质最丰富、最廉价的来源。在今天,大豆仍然是世界上许多地方人和动物的主要食物。图8.8为大豆的田间栽培。

图8.8 大豆的田间栽培

1)外植体选择

大豆的叶片、单个细胞、原生质体、种子苗子叶节等均可作为外植体进行组织培养。

2)无菌外植体的获得

以种子苗的子叶节作为外植体为例。取大豆种子,用70%酒精表面消毒1 min,再用0.1% $HgCl_2$ 溶液消毒7 min,无菌水冲洗4~5次,倒入60 mL无菌水中浸泡过夜。浸泡后的种子剥皮接种于培养基①上,培养1~2 d促使萌发。将已萌发的种子取出,切下长出下胚轴的子叶节区,留下胚珠4 mm,再从子叶中间纵切,保留子叶为外植体以供接种。

3)培养基及温光条件

基本培养基为 B_5;种子萌发培养基为① 1/2B_5;芽的诱导培养基为Ⅱ B_5+6-BA 9.0 mg/L+IBA 0.2 mg/L;液体培养基为Ⅲ B_5(摇床转速为150 r/min);固体培养基为Ⅳ B_5+6-BA 1.0 mg/L+IBA 0.2 mg/L;生根培养基为Ⅴ 1/2B_5+IBA2.0 mg/L。

上述培养基加蔗糖3%,琼脂0.7%,pH值5.8~6.0。培养温度(26±1) ℃,光照为16 h/d,光照度为3 500 lx。

4)芽的诱导与分化培养

将外植体子叶近轴面植入培养基Ⅱ上。15 d后转入培养基Ⅲ上,震荡培养150 r/min,温度(26±1)℃,培养3 d,然后转入培养基Ⅳ中暗培养,第一天玻璃化现象严重,第5 d开始逐渐减轻。10 d 后外植体的子叶节开始由水渍状的翠绿色转变成绿色，叶片上的茸毛可用肉眼看到。继代 3 次后玻璃化现象开始逐渐消失，从子叶节处诱导出大量丛生芽并且分化成苗。再转入生根培养基ⓥ中进行生根培养，培养 2 周后，基部分化出幼根，形成完整植株。

任务 8.2　蔬果类植物的组织培养技术

8.2.1　生姜的组织培养技术

生姜（*Zingiber officinale*）别名姜根、百辣云、勾装指、因地辛等，为被子植物门、单子叶植物纲、姜目、姜科、姜属多年生宿根草本植物。生姜原产中国及东南亚等热带地区，现广泛栽培于世界各热带、亚热带地区，以亚洲和非洲为主，欧美栽培较少。牙买加、尼日利亚、塞拉利昂、中国、印度和日本是主要生产国。中国自古栽培，现除东北、西北寒冷地区外，中部、南部诸省均有栽培，广东、浙江、四川、山东均为主产区。其中，四川省的郫都区、乐山、沐川、内江、威远、遂宁、三台、西昌等地均有大面积种植，四川省常年种植面积达 20 000 hm^2，在农民增收和人民生活中具有重要作用和地位。生姜的根茎（干姜）、栓皮（姜皮）、叶（姜叶）均可入药，具有健胃、祛寒和解毒等功能，是人们日常生活中所需的重要调味品之一，为我国名特蔬菜品种。图 8.9 生姜的田间栽培和组织培养。

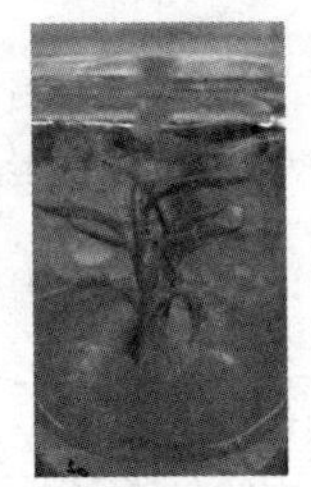

图 8.9　生姜的田间栽培和组织培养

1）外植体的选择

生姜的茎尖、幼芽常作为外植体。

2）无菌外植体的获得

先用 50% 多菌灵 800 倍液处理细沙铺于花盆底部，并留少量细沙作为覆盖，然后选择生长良好的姜块置于花盆中，盖上沙后，将花盆置于热处理（35～37 ℃）环境下进行催芽。待芽长至 3～5 cm 时，切取 1～2 cm 茎尖，用 0.1% $HgCl_2$ 溶液中消毒约 6 min，无菌水冲洗4～5 次，剥取茎尖。剥到仅有 1 个叶原基时，切取大小 0.3～1.0 mm 的茎尖分生组织作为外植体。

3）培养条件及温光条件

基本培养基为 MS；芽诱导培养基为① MS+KT 2.0 mg/L+NAA 1.0 mg/L；继代培养基为

Ⅲ MS+KT 2.0 mg/L+NAA 0.5 mg/L；生根培养基为Ⅲ MS+KT 1.0 mg/L+NAA 1.5 mg/L。

上述培养基均加蔗糖 3%，琼脂 0.5%，pH6.5。培养温度（26±2）℃，光照为 12h/d，光照度为 4 000 lx。

4）芽的诱导与增殖

将灭过菌的茎尖接种到培养基①中，40 d 后，逐渐形成丛生芽。将丛生芽分成单株后，再将其从基部 0.5～1.0 cm 处剪掉，并去掉所有根，仅剩下微型姜，转入培养基Ⅱ中进行增殖培养，约 40 d 后可继代 1 次，成苗率达 80%～90%。如果是生姜进行组培脱毒，由于先经过热处理使病毒钝化，后期又经过茎尖剥离脱毒的双重效应，其脱毒率高达 92%。

5）生根移栽

生姜试管苗易生根，在培养基Ⅲ中生根效果较理想，生根培养 16～18 d，每苗根数平均达 5.7 条，平均根长约 29 mm，并且根色白而粗。移栽时先移到温室炼苗 1～2 d。移栽后要浇透水，支小拱棚覆盖塑料薄膜保湿，移栽后第 4 周去掉覆盖物。根据情况每天或隔天浇水 1 次，保持土壤湿润但以不积水为宜。

8.2.2 大蒜的组织培养技术

大蒜（*Allium sativum*）又名蒜头、大蒜头、胡蒜、葫、独蒜、独头蒜，为被子植物门、单子叶植物纲、百合目、百合科、葱属半年生草本植物。大蒜原产西亚和中亚，秦汉时从西域传入中国。大蒜的品种很多，按照鳞茎外皮的色泽可分为紫皮蒜与白皮蒜两种。紫皮蒜的蒜瓣少而大，辛辣味浓，产量高，多分布在华北、西北与东北等地，耐寒力弱；白皮蒜有大瓣和小瓣两种，辛辣味较淡，比紫皮蒜耐寒。大蒜的幼苗（蒜苗、青蒜），蒜头（鳞茎）和蒜苔（花茎）都含有多种维生素、无机盐、糖类、微量元素和氨基酸并具有特殊辛香风味，有很好的保健作用，深受广大人民群众的欢迎。尤其是蒜头，除供鲜食外，在食品加工、医药工业、化妆品制作、饮料配制及无公害生产方面，均作为主要原料，具有重要作用。图 8.10 所示为大蒜及大蒜的田间栽培和组织培养。

图 8.10 大蒜及大蒜的田间栽培和组织培养

1）外植体的选择

取大蒜花序轴为外植体，所取花序轴的生长阶段应在花茎高度、假茎高度比为 1∶2 时最适宜。

2）无菌外植体的获得

晴天在田间采摘蒜苔，用消毒后的工具剪取蒜苔总苞段，先用 70%酒精表面灭菌 30 s，再用0.1% $HgCl_2$ 溶液中消毒约10 min，无菌水冲洗4~5次，剥去外层苞叶，在花序轴顶端横切，去除花茎部分，取花序轴将其顶部纵切为二作为外植体。剥到仅有1个叶原基时，切取大小0.3~1.0 mm的茎尖分生组织作为外植体。

3）培养条件及温光条件

基本培养基为 B_5、MS；诱导培养基为① B_5+6-BA 2.0 mg/L+NAA 0.1 mg/L；继代培养基为⑪ MS+6-BA 2.0 mg/L+NAA 0.1 mg/L+GA_3 0.05 mg/L。

上述培养基均加琼脂0.6%，①号培养基加蔗糖3%，pH6.5；⑪号培养基加蔗糖2%，pH值6.0。培养温度(25±2)℃，光照12 h/d，光照度为1 500 lx。

4）分化培养与继代增殖

将灭过菌的茎尖接种到培养基①中，25 d后形成无菌试管苗。一般苗高7.5~9.5 cm，诱导率为72%~76%，繁殖系数高达22~27。将花序轴培养获得的试管苗，纵切取幼苗基部约1 cm，再纵切分割若干小块，使每块含苗3个，接种于继代增殖培养基⑪中进行增殖培养。培养15~25 d后，苗高约7 cm，繁殖系数可达20以上。

8.2.3 番茄的组织培养技术

番茄(*Solanum lycopersicum*)别名西红柿、洋柿子，古名六月柿、喜报三元，为被子植物门、双子叶植物纲、茄目、茄科、茄属一年生或多年生草本植物。番茄原产南美洲，是全世界栽培最为普遍的果菜之一。美国、俄罗斯、意大利和中国为主要生产国。中国南北方广泛栽培。番茄营养丰富，风味独特，具有减肥瘦身、消除疲劳、增进食欲、提高对蛋白质的消化、减少胃胀食积等功效。图8.11所示为番茄的田间栽培和组织培养。

图8.11 番茄的田间栽培和组织培养

1）外植体选择

取番茄下胚轴为外植体。

2）无菌外植体的获得

取番茄种子用清水于温室条件下浸种24 h后，先用70%酒精灭菌20 s，再用0.1%

$HgCl_2$ 溶液消毒 10 min，无菌水冲洗 4~5 次。在无菌条件下萌动 48 h，接种于培养基①中，苗龄 12~15 d 时，将其下胚轴切成 6~8 mm 的切段（去掉子叶、茎尖和胚根）为外植体以供接种用。

3）培养基及温光条件

基本培养基为 MS；种子萌发生根培养基为① 1/2MS；愈伤组织及不定芽诱导培养基为② MS+6-BA 2.0~2.5 mg/L+IAA 0.1~0.5 mg/L。

上述培养基均加蔗糖 3%，琼脂 0.8%，pH 值 5.8。培养温度（25±1）℃，光照 14 h/d，光照度为 1 800 lx。

4）不定芽的诱导与增殖

将灭过菌的下胚轴接种于培养基②中，愈伤组织诱导率为 100%。外植体培养 18 d 后，不定芽开始分化，在愈伤组织不断生长的同时，培养物表面逐渐变为淡绿色并出现绿色芽点，芽点不断生长，逐渐长成不定芽。培养 36~40 d 后，不定芽分化率达 75%~80%，每个外植体平均 2~4 个芽。在相同新鲜培养基上不断继代增殖，可获得大量的丛生芽。

5）生根与炼苗移栽

丛生芽长至 1~2 cm 时，于无菌条件下分切，转入无激素的培养基①中，7 d 左右，部分不定根从切口处长出，还有部分则先形成少量愈伤组织，再生成不定根，形成再生植株。待苗长至 6~8 cm 时，可进行驯化炼苗 2~3 d，将小苗小心从试管内取出，洗净根部培养基，移栽于盛有蛭石、腐殖土（1∶2）营养钵中，注意保湿，5~7 d 后，再生植株即可正常生长发育、完成生育过程。

8.2.4　辣椒的组织培养技术

辣椒（*Capsicum annuum*）又名番椒、海椒、辣子、辣角、秦椒等，为被子植物门、双子叶植物纲、茄目、茄科、辣椒属一年生或有限多年生草本植物。辣椒原产墨西哥，明朝末年传入中国，现中国南北方均有栽培。辣椒的果实通常呈圆锥形或长圆形，未成熟时呈绿色，成熟后呈现鲜红色、绿色或紫色，以红色最为常见。辣椒的果实因果皮中含有辣椒素而有辣味，能够增进食欲，辣椒中维生素 C 的含量在蔬菜中居第 1 位。图 8.12 为辣椒的田间栽培和组织培养。

图 8.12　辣椒的田间栽培和组织培养

1)外植体的选择

取辣椒苗龄 12~16 d 子叶为外植体。

2)无菌外植体的获得

取辣椒种子用 70%酒精浸泡消毒约 1 min,再用 0.1% $HgCl_2$ 溶液消毒 8~12 min,无菌水冲洗 4~5 次后,再用无菌水浸泡 12 h,取出播种于培养基①中,置于黑暗下发芽,7 d 左右,子叶露出后转入光照培养,苗龄 10~12 d,取其子叶作为外植体以供接种用。

3)培养基及温光条件

基本培养基为 MS 或 B_5;种子萌发培养基为① 1/2MS;不定芽生长培养基为Ⅱ MS 加 B_5 有机成分+6-BA 5.0 mg/L+IAA 0.5~1.0 mg/L;不定芽生长培养基为Ⅲ MS+6-BA 3.0 mg/L+IAA 0.1~0.5 mg/L+GA_3 0.5 mg/L;生根培养基为Ⅳ 1/2MS+B_5 有机成分+IAA 1.0 mg/L。

上述培养基均加琼脂 0.8%,pH 值 5.8,①号培养基加蔗糖 1%,Ⅱ、Ⅲ、Ⅳ号培养基加蔗糖 3%。培养温度(25±1)℃,光照 14 h/d,光照度为 2 000 lx。

4)不定芽的诱导与增殖

剪取灭过菌的幼苗子叶接种分化培养基Ⅱ上,20~30 d 后,每个外植体分化不定芽平均 10.9~12.5 个,最高可达 20 个。将诱导出的不定芽切割转移到培养基中,能较好地使分化的不定芽得以正常生长,伸长频率平均可达 75%。在继代过程中可将培养基中 GA_3 浓度调为 0.5 mg/L,更有利于芽的增殖。这样,外植体一般经过两次继代,可出苗 8~10 株,最多的达到 20 株。不定芽诱导也可以用 MS+6-BA 5.0 mg/L+IAA 0.1~0.5 mg/L+$AgNO_3$ 4.0 mg/L。

5)生根与炼苗移栽

供诱导生根小苗以 1.5~2 cm 壮苗为宜,诱导生根效果最佳,出苗的成活率也相对较高。因此,应切取 2 cm 左右不定芽为单芽,接种于培养基Ⅳ中。10 d 后即可产生不定根,20 d 左右便可出瓶,不定根诱导频率达 95%以上。移栽前在温室炼苗 4~5 d,然后取出小苗洗净根部培养基,移栽到泥炭土、珍珠岩(3∶1)的营养土为好,成活率平均为 98%以上。

8.2.5 茄子的组织培养技术

茄子(*Solanum melongena*)别名矮瓜、白茄、吊菜子、落苏、茄子、紫茄、青茄,为被子植物门、双子叶植物纲、茄目、茄科、茄属一年生草本植物,热带为多年生草本植物。茄子原产印度,我国普遍栽培,是夏季主要蔬菜之一。茄子是为数不多的紫色蔬菜之一,也是餐桌上十分常见的家常蔬菜。在它的紫皮中含有丰富的维生素 E 和维生素 P,这是其他蔬菜所不能比的。茄子食用的部位是它的嫩果,按其形状不同可分为圆茄、灯泡茄和线茄 3 种。圆茄,果为圆球形,皮黑紫色,有光泽,果柄深紫色,果肉浅绿白色,肉质致密而细嫩;灯泡茄,果形似灯泡,皮黑紫色,有光泽,果柄深紫色,果肉浅绿白色,含子较多,肉质略松;线茄,果为细长条形或略弯曲,皮较薄,深紫色或黑紫色,果肉浅绿白色,含子少,肉质细嫩松软,品质好。图 8.13 为茄子的田间栽培和组织培养。

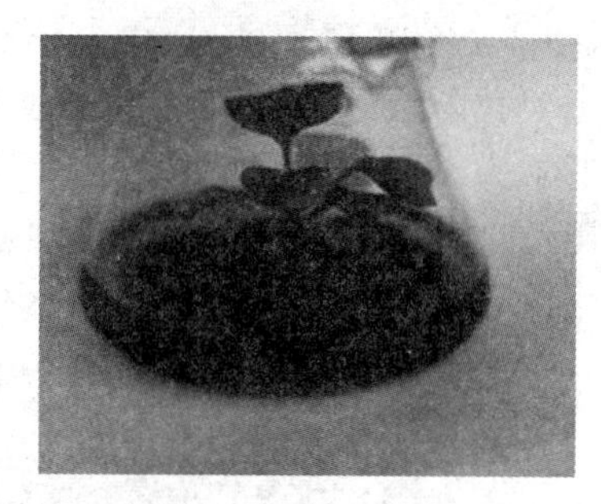

图 8.13　茄子的田间栽培和组织培养

1）外植体的选择

取茄子无菌种子苗的茎尖和带腋芽茎段为外植体。

2）无菌外植体的获得

取种子浸泡 1 d，用自来水冲洗干净后，先用 75%酒精浸泡 30 s，再用 0.1% $HgCl_2$ 溶液消毒 5 min，无菌水冲洗 4～5 次后，无菌滤纸吸干表面水分，接种于培养基①中，培养 50 d 左右，种子萌发成具有 3～4 片真叶，高约 8 cm 的无菌苗。取其茎尖和带腋芽的茎段为外植体以供接种用。

3）培养基及培养条件

基本培养基为 MS；种子萌发培养基为① 1/2MS；芽的诱导及增殖培养基为Ⅱ MS+KT 5.0 mg/L；生根培养基为Ⅲ 1/2MS+NAA 0.2 mg/L。

上述培养基均加蔗糖 3%，琼脂 0.7%，pH 值 5.8。培养温度 23～26 ℃，光照 12 h/d，光照度为 1 000 lx。

4）芽的诱导与增殖

将灭过菌的外植体接种于培养基Ⅱ中，芽苗生长健壮，一般在接种 6 d 后，芽就开始萌动，30 d 后就可长成具有 5～6 片叶的无根苗，继续培养于培养基Ⅱ中，30 d 增殖 1 次，增殖系数在 4 倍以上。

5）生根与炼苗移栽

将获得的无根苗切成具有 2～3 片叶、长 3～4 cm 的切段，转入生根培养基Ⅲ中，7 d 后切口处出现米粒大愈伤组织，10 d 左右从愈伤组织上长出根状突破，20 d 后长成 2～3 cm 不定根，平均每苗生根 5～6 条，生根率为 100%。

移栽前，先将试管苗连瓶从培养室移至温室，在玻璃房自然光下闭瓶炼苗 3 d，再打开瓶盖适应 3 d，然后小心从试管瓶内取出小苗，洗净根上附着的培养基，移栽于珍珠岩、蛭石、园土（1∶1∶2）的混合基质中，盖上塑料薄膜，勤浇水，保持空气相对湿度 85%～90%，3 d后浇一次 MS 大量元素稀释营养液，7 d 后揭开薄膜，10～15 d 即可长出新叶，移栽成活率达 90%以上。

8.2.6　芋的组织培养技术

芋（*Colocasia esculenta*）又名芋艿、芋头，为被子植物门、单子叶植物纲、天南星目、天南星科、芋属多年生草本植物，作一年生植物栽培。芋原产印度，后由东南亚、华南地区及日本等地引进。我国以珠江流域及台湾地区种植最多，长江流域次之，其他省市也有种植。芋的块茎通常为卵形，常生多数小球茎，均富含淀粉及蛋白质，供菜用或粮用，是一种重要的菜粮兼用作物，也是淀粉和酒精的原料。芋耐运输贮藏，能解决蔬菜周年均衡供应，并可作为外贸出口商品。图 8.14 所示为芋的田间栽培和组织培养。

图 8.14　芋的田间栽培和组织培养

1）外植体的选择

取芋茎尖及微芽为外植体。

2）无菌外植体的获得

将芋茎尖或微芽切下，经肥皂水洗净后用自来水冲洗，置于 70%酒精表面灭菌 10～15 s，剥下芽的 3～4 层鳞片，再用 0.1% $HgCl_2$ 溶液中消毒 10～12 min，无菌水冲洗 4～5 次，取约 0.5 cm 的茎尖或微芽作为外植体。

3）培养条件及温光条件

基本培养基为 MS；芽诱导培养基为① MS+KT 3.0 mg/L+NAA 1.0 mg/L，② MS+KT 1.0 mg/L+NAA 0.5 mg/L；生根培养基为③ MS+KT 1.0 mg/L+NAA 0.5 mg/L。

上述培养基均加琼脂 0.6%，①②号培养基加蔗糖 3%，pH6.0。③号培养基加蔗糖 1%，pH 值 6.0。培养温度(25±1)℃，光照 8～10 h/d，光照度为 1 500～2 000 lx。

4）芽的诱导与增殖

将灭过菌的茎尖或微芽接种到培养基①中，4～6 d 后，体积膨大 1 倍，并开始转绿，13 d 左右伸出 2 片叶子，其基部有少量愈伤组织长出，体积逐渐膨大。20 d 后，外植体最外层的鳞片基部膨裂，其鳞片基部厚度是原来的 3～4 倍，并从基部内侧膨大部分长出许多绿色小突点。再培养 40 d 左右，小突点长高约 1 cm，其基部膨大，周围又长满了绿色小突点。将其于继代培养基①，10 d 左右，小芽长高约 1.5 cm，其基部周围小突点长成许多丛芽，高 1 cm左右。将丛芽切割继代，每隔 25～30 d 继代 1 次，芽长至 6～7 cm，且有大量的根生出，增殖系数为 20 以上。

将再生植株继代，部分植株基部膨大，形成小芋头，小芋头平均单个重 0.6 g，根系发达。此过程需要 40～60 d。

微芽接种到培养基②中，7 d 左右开始转绿，20 d 左右伸长，出现 2～3 片鳞片；30 d 左右，外植体周围陆续长出 3～5 个淡黄色小突起。每隔 30 d 继代 1 次，增殖系数 5～6 倍，培养基Ⅱ中小植株诱导微型芋的比率高于培养基Ⅰ。

5)生根移栽

把 1.5 cm 左右高的再生植株接种到培养基Ⅲ中，15 d 左右植株平均高度长到 5~7 cm，长出许多白色新根，长的可达 10 cm 左右。新根为白色，老根紫褐色，且不断有新根长出。移栽时，先打开瓶盖炼苗 8~10 d，冬天放于温室沙、土比为 1∶3 的苗床中，浇水盖膜，10 d 左右可成活，成活率为 84%，小芋头的成活率为 100%。4~5 月，可将试管苗直接移栽到大田并浇水保湿，白天盖膜，夜间揭膜，7 d 左右移栽成活率达 95%。

8.2.7　草莓的组织培养技术

草莓(*Fragaria ananassa*)又名凤梨草莓、红莓、洋莓、地莓等，为被子植物门、双子叶植物纲、蔷薇目、蔷薇科、草莓属多年生草本植物。草莓原产南美洲，主要分布于亚洲、欧洲和美洲。目前中国草莓种植面积达 66 700 hm^2，年产草莓 900 000 t，种植面积和产量均居世界第一位。草莓品种繁多，外观呈浆果状圆体或心形，鲜美红嫩，果肉多汁，酸甜可口，香味浓郁，营养丰富，是水果中难得的色、香、味俱佳者，属于高档水果，深受国内外消费者的喜爱，因此有“水果皇后”的美誉。图 8.15 所示为草莓及草莓的田间栽培和组织培养。

图 8.15　草莓及草莓的田间栽培和组织培养

1)外植体的选择

取草莓茎尖为外植体。

2)无菌外植体的获得

于 10 月初从田间取材(当年繁殖的匍匐茎顶端)，先用 1%洗衣粉清洗，然后用自来水冲洗干净，并置于 70%酒精表面灭菌 10~15 s，无菌水冲洗 3 次，再在 0.1% $HgCl_2$ 溶液中消毒 10~12 min，无菌水冲洗 4~5 次，取匍匐茎尖约 0.5 cm，带有 2~4 个叶原基为外植体以供接种用。

3)培养条件及温光条件

基本培养基为 MS；茎尖分化培养基为Ⅰ MS+6-BA 0.5~1.0 mg/L；增殖培养基为Ⅱ MS+6-BA 0.2 mg/L；生根培养基为Ⅲ 1/2MS+IAA 0.1 mg/L。

上述培养基均加琼脂 0.6%，加蔗糖 3%，pH 值 6.0。培养温度(25±1)℃，光照 14 h/d，光照度为 2 000~3 000 lx。

4)芽的诱导与增殖

将灭过菌的茎尖接种到培养基Ⅰ中，先暗培养 7 d 后转为光照培养，15 d 后愈伤组织逐渐形成,然后从愈伤组织上分化出丛芽。有的直接从茎尖分化出小芽。愈伤组织和小芽起初呈淡黄色,见光后小芽很快变为绿色,并继续分化多芽的小丛芽。将芽丛分割接种到培养基Ⅱ中,每隔 45 d 继代 1 次,增殖系数达 8.8 以上。

5)生根移栽

把生长健壮的无根苗接种到培养基Ⅲ中,15 d 左右,生根率达 100%,且试管苗生长良好,根系发达,25 d 后即可炼苗移栽。移栽前,先在室外散光下炼苗 3~4 d,然后取出试管苗,移栽温室内掺有少量有机质疏松沙土中,并用塑料薄膜覆盖保湿,移栽后 15~25 d,逐渐揭膜。试管苗驯化 60 d 后可移栽于大田。

8.2.8 南瓜的组织培养技术

南瓜(*Cucurbita moschata*)别名倭瓜、番瓜、饭瓜、番南瓜、北瓜,被子植物门、双子叶植物纲、葫芦目、葫芦科、南瓜属一年生蔓生草本植物。南瓜起源于美洲大陆,包括两个起源中心地带,一个是墨西哥和中南美洲,其种类包括美洲南瓜、中国南瓜、墨西哥南瓜、黑籽南瓜等;另一个是南美洲,为印度南瓜的起源地。南瓜明代传入我国,现南北各地广泛种植。南瓜味甘,性寒可消炎止痛,强肝助肾、降低血压、产妇催乳。多吃南瓜可有效地防治糖尿病和高血压,对治大便秘结有很好作用;南瓜籽中含有瓜氨酸,南瓜籽能有效地驱除蛔虫、绦虫、姜片虫和血吸虫,为驱虫的爽口良药,南瓜籽还可治膀胱炎和前列腺炎。南瓜还可治烫伤、久咳、慢性支气管炎等,疗效迅速。图 8.16 所示为南瓜的田间栽培。

图 8.16　南瓜的田间栽培

1)外植体的选择

取南瓜腋芽茎段作为外植体。

2)无菌外植体的获得

将南瓜种子用自来水冲洗干净后,先用 70%酒精表面灭菌 3 min,再用饱和漂白粉溶液浸泡 2 h,无菌水冲洗 4~5 次,取种胚接种培养基①中培养 30 d,可获得无菌苗。将无菌苗切成 1 cm 左右带腋芽茎段为外植体以供接种用。

3)培养条件及温光条件

基本培养基为 MS;种子萌发培养基为① MS;分化、增殖培养基为Ⅱ MS+6-BA 1.0 mg/L+IAA 0.1~0.5 mg/L;壮苗培养基为Ⅲ MS+6-BA 0.5 mg/L+PP_{333} 0.1~0.3 mg/L;生根培养基为Ⅳ 1/2MS。

上述培养基均加蔗糖 3%,琼脂 0.5%,pH 值 5.8。培养温度(24±2)℃,光照 12 h/d,光照度为 2 000 lx。

4)芽的诱导与增殖

将无菌的茎段接种到培养基①中,25~30 d 后,逐渐形成丛生芽,芽的增殖系数稳定在 8~10,每继代 1 次需要 30 d 左右,并且试管苗生长健壮。根据需要可反复在培养基Ⅱ、Ⅲ进行增殖培养。30 d 左右,成活率达 100%,且试管苗表现为矮化健壮,叶片厚、叶色深,株高 2~3 cm,8~10 个叶片。

5)生根移栽

将培养的壮苗切成单株,转入生根培养基Ⅳ中,生根快,3 d 就有肉眼可见的不定根突起,10~15 d 即可移栽驯化,生根率达 90%,且根质量好,根数 2~3 条,根长 3 cm 以上。将生根苗开瓶炼苗 2~3 d 后,移栽于盛有细沙、腐殖土、河沙(1∶1∶1)分层基质的营养钵中(上层细沙/中层腐殖土/下层河沙),浇透 1/2MS 营养液,保湿培养 7 d 左右,试管苗即可恢复生长,随后逐渐降低湿度,驯化培养 20~30 d,试管苗成活率高达 90%以上,即可定植于大田,定植后无生长停滞期。

任务 8.3 果树类植物的组织培养技术

8.3.1 苹果的组织培养技术

苹果(*Malus pumila*)为被子植物门、双子叶植物纲、蔷薇目、蔷薇科、苹果属落叶乔木,通常树木可高至 15 m,但栽培树木一般只高 3~5 m。原产于土耳其东部,全世界温带地区均有种植。中国、美国、法国是领先的苹果生产国,而在单产上领先的则是法国、意大利、美国和土耳其。中国辽宁、河北、山西、山东、陕西、甘肃、四川、云南、西藏常见栽培。树干呈灰褐色,树皮有一定程度的脱落。果实一般呈红色,但需视品种而定。苹果树的果实富含矿物质和维生素,为人们最常食用的水果之一。图 8.17 所示为苹果的田间栽培和组织培养。

图 8.17 苹果的田间栽培和组织培养

1)外植体选择

取苹果五年生树当年生枝的腋芽茎尖作为外植体。

2)无菌外植体的获得

一般于4月下旬,取五年生树腋芽已萌发并露出4~5片小叶的一年生枝条,用清水洗净后,按芽剪段,在超净工作台上用0.1%$HgCl_2$溶液中消毒8~10 min,无菌水冲洗4~5次,无菌滤纸吸干表面水分,取其腋芽茎尖生长点1~2 mm为外植体以供接种用。

3)培养基及温光条件

基本培养基为改良C_{17}培养机(大量元素与C_{17}培养基相同,其他成分同MS培养基);芽的诱导培养基为Ⅰ改良C_{17}+6-BA 0.5 mg/L+IBA 0.2 mg/L+水解酪蛋白(CH)300+3%蔗糖;芽增殖培养基为Ⅱ改良C_{17}+6-BA 1.0 mg/L+NAA 0.05 mg/L+3.5%蔗糖;生根培养基为Ⅲ 1/2改良C_{17}+IBA 0.5 mg/L+IAA 1.0 mg/L+PP_{333} 1.0 mg/L+2.5%蔗糖。

上述培养基均加琼脂0.7%,pH值5.8。培养温度(25±3)℃,光照14 h/d,光照度为2 000 lx。接种后先光照7 d,再暗培养7 d,以后一直光培养。

4)芽的诱导与增殖

将灭过菌的外植体接种于培养基Ⅰ中,茎尖接种30 d左右,幼叶明显长大,培养40~45 d嫩梢开始生长,65 d左右时生长快的嫩梢可达2 cm,且多为单梢。经2~3次切分,在相同新鲜培养基Ⅰ中增殖培养后,嫩梢多以芽丛分化生长。再将丛状芽切分转移至培养基Ⅱ中扩大增殖,每隔30~40 d继代1次,增殖系数可达6~7。

5)生根与炼苗移栽

切取继代芽苗上高1.5 cm以上的嫩梢,扦插于培养基Ⅲ上诱导生根,并在接种后进行5~7 d的暗培养再光培养,可使芽苗生根率达87%以上。生根培养25 d后,将试管移至温室进行强光锻炼(1 800~3 500 lx)15~20 d,再打开瓶塞适应2 d后移栽。

移栽时小心将小苗取出,用15 mg/L $KMnO_4$溶液洗净根部培养基,移入装有蛭石、园土(1∶2)的营养钵内(蛭石用0.1%多菌灵搅拌消毒),用塑料薄膜保温、保湿,并适时喷0.1%多菌灵药液,防止幼苗根茎发生病害。30 d后去膜,60 d后成苗率可达85%。

8.3.2 李子的组织培养技术

李子(*Prunus salicina*)别名嘉庆子、布霖、玉皇李、山李子,为被子植物门、双子叶植物纲、蔷薇目、蔷薇科、梅属落叶乔木。李子产于辽宁、吉林、陕西、甘肃、四川、云南、贵州、湖南、湖北、江苏、浙江、江西、福建、广东、广西和台湾地区,生于山坡灌丛中、山谷疏林中或水边、沟底、路旁等处,海拔400~2 600 m,世界各地均有栽培,为重要温带果树之一。其果实7~8月间成熟,饱满圆润,玲珑剔透,形态美艳,口味甘甜,是人们最喜欢的水果之一。李子中含有多种营养成分,有养颜美容、润滑肌肤的作用,李子中抗氧化剂含量高得惊人,堪称是抗衰老、防疾病的“超级水果”。李子味酸,能促进胃酸和胃消化酶的分泌,并能促进胃肠蠕动,因而有改善食欲,促进消化的作用,尤其对胃酸缺乏、食后饱胀、大便秘结者有效。新鲜李肉中的丝氨酸、甘氨酸、脯氨酸、谷酰胺等氨基酸,有利尿消肿的作用,对肝硬化有辅助治疗效果。图 8.18 所示为李子的田间栽培。

图 8.18 李子的田间栽培

1)外植体的选择

取李子树顶芽及腋芽作为外植体。

2)无菌外植体的获得

取一年生枝的顶芽或腋芽,先用 70%酒精浸泡 30 s,然后用 0.1% $HgCl_2$ 溶液消毒 3~4 min,无菌水冲洗 4~5 次,最后用 0.1%过氧乙酸浸泡 1~3 min,无菌水冲洗 4~5 次,剥取 0.5 mm 的顶芽及腋芽为外植体以供接种用。

3)培养基及温光条件

基本培养基为 MS;芽诱导培养基为① MS+6-BA 2.0 mg/L+NAA 0.1~0.3 mg/L;壮苗培养基为⑪ MS+6-BA 0.5 mg/L+GA_3 0.5 mg/L+IAA 0.2 mg/L,生根培养基为⑪ MS+IBA 2.0 mg/L+KT 0.4 mg/L+NAA 1.0 mg/L。

上述培养基均加琼脂 0.7%,pH 值 5.8,①⑪号培养基加蔗糖 2%,⑪号培养基加蔗糖 1.5%。培养温度(25±2)℃,光照 16 h/d,光照度为 1 500 lx。

4)芽的诱导与增殖

将灭过菌的 0.5 mm 顶芽及腋芽外植体接种于培养基①中,30~40 d 后逐渐分化出丛芽,转入相同培养基①中,45~55 d 后又分化形成新的丛生芽,经 3~4 次继代培养后转入壮苗培养基⑪中进行壮苗培养;15~20 d 后,芽伸长并增粗,叶片浓绿,这时转入生根培养基⑪中,15 d 左右可发根,此时及时移出驯化移栽。

5)炼苗移栽

当试管苗长高 3~5 cm,并有数条根时,即可进行炼苗。将培养瓶移至炼苗室,避免阳光直射,1 周后松开瓶盖透气 1~2 d ,使瓶内外的湿度比较接近。取出试管苗,洗净根部的培养基,移栽到灭菌后的基质中,浇足定根水后,及时盖上塑料薄膜保湿,并用 75%的遮阳网遮阴 1 周,逐渐增加光照强度并通风。幼苗长出新根,结束了异养阶段,此时揭去薄膜。待小苗高达 10~15 cm,根系发达时,进行大田定植。

8.3.3 杏的组织培养技术

杏(*Prunus armeniaca*)为被子植物门、双子叶植物纲、蔷薇目、蔷薇科、杏属落叶乔木。杏树原产于中国新疆,是中国最古老的栽培果树之一。杏树在中国各地多有分布,尤以华北、西北和华东地区种植较多，少数地区为野生，在新疆伊犁一带野生成纯林或与新疆野苹果林混生，海拔可达3 000 m，世界各地也均有栽培。植株无毛；叶互生，阔卵形或圆卵形叶子，边缘有钝锯齿；近叶柄顶端有二腺体；淡红色花单生或2~3个同生，白色或微红色。圆、长圆或扁圆形核果，果皮多为白色、黄色至黄红色，向阳部常具红晕和斑点；暗黄色果肉，味甜多汁；种仁多苦味或甜味，花期3—4月，果期6—7月。杏果有良好的医疗效用，在中草药中居重要地位，主治风寒肺病，生津止渴，润肺化痰，清热解毒。杏仁还有美容功效，能促进皮肤微循环，使皮肤红润光泽。图8.19所示为杏树的田间栽培。

图8.19　杏树的田间栽培

1）外植体的选择

取杏树龄为3年、当年生枝条在室内催芽新梢的茎尖和带芽茎段作为外植体。

2）无菌外植体的获得

取催芽的新梢，用流水冲洗12 h，先用0.1%新洁尔灭菌20 min，再用1%过氧乙酸消毒6 min，无菌水冲洗5次后，无菌滤纸吸干，切取0.3 cm茎尖和带芽茎段为外植体以供接种用。

3）培养基及温光条件

基本培养基为改良MS或MS；芽诱导培养基为①改良MS（1/2NH_4NO_3）+10 g/L PVP（聚乙烯吡咯烷酮）+6-BA 1.0 mg/L+IBA 0.1 mg/L+GA_3 1.0 mg/L+山梨醇3%或蔗糖3%；生根培养基为⑪ 1/2MS+IBA 0.2 mg/L+蔗糖1.5%。

上述培养基均加琼脂0.5%，pH值5.8。培养温度（25±1）℃，光照15 h/d，光照度为3 000 lx。

4）芽的诱导与增殖

将灭过菌的茎尖和带芽茎段接种于培养基①中，培养35 d后，大于0.5 cm新梢率为37.5%，增殖倍数为4~5。可将新梢切成茎尖和带芽茎段接种到相同新鲜的培养基①中进行继代增殖，每隔35 d可继代1次，一般可继代8次左右，从2~8次，随着继代次数的增加，增殖倍数和大于0.5 cm的新梢数量也逐渐提高。

5）生根与炼苗移栽

将继代8次大于0.5 cm的新梢接种于生根培养基⑪中，有利于发根和促进根生长，生根效果最好，生根率最高。先暗培养4 d，而后转入光照下培养，生根率70%~80%，每株平均根数2.5~3.1条。2 d后取出试管苗，洗净根部培养基，移栽于沙、蛭石、园土为1∶1∶1的混合基质中，勤浇水，盖膜保湿7 d左右，温度为28 ℃，保持昼夜温差为6~8 ℃，有利于促进成活。

8.3.4 桃的组织培养技术

桃(*Amygdalus persica*)为被子植物门、双子叶植物纲、蔷薇目、蔷薇科、桃属落叶小乔木。原产中国,各省区广泛栽培,世界各地均有栽植。树皮暗灰色,随年龄增长出现裂缝;叶为窄椭圆形至披针形,先端成长而细的尖端,边缘有细齿,暗绿色有光泽,叶基具有蜜腺;花单生,从淡至深粉红或红色,有时为白色,有短柄,早春开花;近球形核果,表面有毛茸,肉质可食,为橙黄色泛红色,有带深麻点和沟纹的核,内含白色种子。桃花可以观赏,果实多汁,可以生食或制桃脯、罐头等,核仁也可以食用。

桃树干上分泌的胶质,俗称桃胶,可用作黏结剂等,可食用,也供药用,有破血、活血、益气之效;桃子素有"寿桃"和"仙桃"的美称,因其肉质鲜美,又被称为"天下第一果",适宜低血钾和缺铁性贫血患者食用。图 8.20 所示为桃树的田间栽培。

图 8.20 桃树的田间栽培

1)外植体的选择

选带腋芽的茎段作为外植体。

2)无菌外植体的获得

将三年生树冠外缘向阳果枝的嫩梢腋芽取下,在无菌条件下,用 75%酒精 5 mL 和 0.2%$HgCl_2$ 95 mL 混合液灭菌 7~10 min,无菌水冲洗 4~6 次,然后切成 1 cm 带腋芽的茎段为外植体以供接种用。

3)培养基及温光条件

基本培养基为 MS;芽诱导与增殖培养基为① MS+6-BA 0.8~2.0 mg/L+IBA 0.4~0.8 mg/L+GA_3 3.0~5.0 mg/L;生根培养基为⑪ MS+IBA 0.4~0.7 mg/L+NAA 0.1~0.3 mg/L。

上述培养基均加蔗糖 3%,琼脂 0.8%,pH 值 5.8。培养温度(25±1)℃,光照 12 h/d,光照度为 1 500 lx。

4)芽的诱导与增殖

将灭过菌外植体接种于芽诱导与增殖培养基①中,培养 5~7 d 外植体腋芽开始萌动,培养 10~15 d 腋芽抽出叶展,培养 23~25 d 进行继代培养。在相同新鲜培养基①中继代时间不能超过 25 d,否则,芽增殖能力逐渐减弱,同时叶片变黄变脆易脱落,甚至枯心死亡。每隔 23~25 d 继代 1 次,芽增殖高达 7.5 倍左右。如此反复继代,可在短时间内获得大量组培苗。

5)生根与炼苗移栽

当无根苗长到1 cm以上时即可切下,接种于培养基⑪中,培养15 d左右有许多粗壮的根长出,培养18 d,每株苗平均生根4.2条。当苗高3 cm以上时,将试管苗培养瓶移到室外打开瓶塞,炼苗3 d后,小心将小苗从培养瓶中取出洗净根部培养基,再沾上用1 mg/L IBA调制成的黄泥浆,然后,定植于铺有2~3 cm厚细沙、蛭石、腐殖土(1∶1∶2)的混合基质插床中,盖上塑料薄膜和遮阳网以保湿。4 d后逐渐增大揭膜程度,10 d后除去薄膜和遮阳网,并浇1次MS稀释营养液,移栽成活率80%以上。

8.3.5 梨的组织培养技术

梨(*Pyrus* spp.)为被子植物门、双子叶植物纲、蔷薇目、蔷薇科、梨属多年生落叶乔木。中国梨栽培面积和产量仅次于苹果,其中安徽、河北、山东、辽宁四省是中国梨的集中产区,栽培面积占1/2左右,产量超过60%。中国栽培的梨树品种,主要分为秋子梨、白梨、砂梨、洋梨4个物种。叶子卵形,花多白色,一般梨的颜色为外皮呈现出金黄色或暖黄色,里面果肉则为通亮白色,鲜嫩多汁,口味甘甜,核味微酸,凉性感,是很好的水果。梨除可供生食外,还可酿酒、制梨膏、梨脯,也可药用,如梨果治热咳,切片贴之治火伤;梨汁可润肺凉心,解疮毒、酒毒;梨花能去面部黑粉刺;梨叶煎服,治小儿寒疝;梨树皮能除结气咳逆等症。图8.21所示为梨树的田间栽培。

图8.21 梨树的田间栽培

1)外植体的选择

取梨一年生带芽幼枝、顶端作为外植体。

2)无菌外植体的获得

取一年生梨幼嫩枝条顶端,先用肥皂水、自来水清洗干净,然后用70%酒精灭菌3~4 min,再用0.1%$HgCl_2$溶液中消毒8~10 min,无菌水冲洗4~5次,取其顶端0.8~1.0 cm为外植体以供接种用。

3)培养基及温光条件

基本培养基为MS;芽分化培养基为① MS+6-BA 3.0 mg/L+NAA 0.3 mg/L+GA_3 5.0 mg/L;芽增殖培养基为⑪ MS+6-BA 5.0 mg/L+NAA 0.4 mg/L+GA_3 2.0 mg/L;生根培养基为⑩ 1/2MS。

上述培养基均加蔗糖3%,①中加琼脂0.9%~1.0%,pH值5.8。培养温度(25±2)℃,光照16 h/d,光照度为2 000 lx。

4)芽的诱导与增殖

将灭过菌的外植体接种于培养基①中,培养7 d左右,顶芽萌动,生长点也开始伸长,培养30 d左右,芽的分化生长很快、苗势良好,培养35~40 d,嫩茎生长和增殖,可转接到增殖培养基②中进行增殖培养,每隔30 d左右继代增殖1次。

5)生根与炼苗移栽

待无根苗生长到2~3 cm时,先用IBA 100 mg/L溶液浸泡25 h,再转移到不含激素的生根培养基③中,20 d左右开始生根,30 d左右根可长到1.5 cm左右即可移栽。移栽时,先移入温室闭瓶炼苗7 d,然后小心取出小苗洗净根部培养基,移栽于盛有园土的花盆中,盖薄膜保持一定湿度,于15~20 ℃下培养,30 d后去掉薄膜,每隔7 d喷洒MS稀释营养液1次,培养60 d后即可移栽,成活率达90%以上。

8.3.6 猕猴桃的组织培养技术

猕猴桃(*Actinidia chinensis*)也称狐狸桃、藤梨、羊桃、木子、毛木果、奇异果、麻藤果等,为被子植物门、双子叶植物纲、侧膜胎座目、猕猴桃科、猕猴桃属。猕猴桃为雌雄异株的大型落叶木质藤本植物。中国是猕猴桃的原生中心,世界猕猴桃原产地在湖北宜昌市夷陵区雾渡河镇。新西兰、智利、意大利、法国、日本和中国都是猕猴桃生产大国。猕猴桃是一种品质鲜嫩、营养丰富、风味鲜美的水果。猕猴桃的质地柔软,口感酸甜,味道被描述为草莓、香蕉、菠萝三者的混合。猕猴桃除含有猕猴桃碱、蛋白水解酶、单宁果胶和糖类等有机物,以及钙、钾、硒、锌、锗等微量元素和人体所需17种氨基酸外,还含有丰富的维生素C、葡萄酸、果糖、柠檬酸、苹果酸、脂肪。图8.22所示为猕猴桃的田间栽培和组织培养。

图8.22 猕猴桃的田间栽培和组织培养

1)外植体的选择

取带芽茎段作为外植体。

2)无菌外植体获得

剪取猕猴桃当年生新梢,用肥皂水冲洗干净,无菌水冲洗2次,切成2 cm左右的带芽茎段。用70%酒精消毒10 s,然后用柠檬酸液体进行浸泡处理,立即加入0.1% $HgCl_2$ 溶液中消毒10~15 min,以此作为外植体以供接种用。

3)培养基及温光条件

基本培养基为MS;芽的诱导培养基为① MS+6-BA 1.0~2.0 mg/L+IBA 0.1 mg/L+Vc 2~5 mg/L;芽增殖培养基为Ⅱ MS+6-BA 2.0 mg/L+NAA 0.5 mg/L;壮苗培养基为Ⅲ MS+6-BA 1.0~2.0 mg/L+IBA 0.1 mg/L;生根培养基为Ⅳ 1/2MS+NAA 2.0 mg/L。

上述培养基均加蔗糖3%,琼脂0.6%~0.8%,pH值5.8。培养温度(25±2)℃,光照12 h/d,光照度为1 500~2 000 lx。

4)芽的诱导与增殖

将灭过菌的外植体接种到芽的诱导培养基①上,培养7~10 d腋芽开始萌动,再生梢长至1~2 cm时,切下再生梢接种到培养基Ⅱ上,培养30~40 d后,再生梢可长出4~7节且基部长出丛生芽。将丛生芽切成单芽或再生梢切成1.5 cm左右的带芽茎段,接种于壮苗培养基Ⅲ中,促使小苗稳健生长,小苗逐渐长高并变得粗壮。

5)生根与炼苗移栽

将苗高约4 cm、生长健壮的无根苗切成单苗,接种于生根培养基Ⅳ中,培养8~10 d开始生根后,转入基质中,30 d左右,根系发育完好即可移栽。

8.3.7 山莓的组织培养技术

山莓(*Rubus corchorifolius*)又名树莓、山抛子、牛奶泡、撒秧泡,三月泡、四月泡、龙船泡,大麦泡、泡儿刺,刺葫芦、馒头菠、高脚波等,为被子植物门、双子叶植物纲、蔷薇目、蔷薇科、悬钩子属多年生直立灌木。中国除东北、安徽、四川、贵州、甘肃、青海、新疆、西藏外,其余各省均有分布,其中湖北西北部山区大量存在。朝鲜、日本、缅甸、越南也有分布,多生于向阳山坡、山谷、荒地、溪边和疏密灌丛中潮湿处。高1~3 m;枝具皮刺,幼时为柔毛;单叶,卵形至卵状披针形。也可供鲜食或加工蜜饯等。山莓的果味甜美,含糖、苹果酸、柠檬酸及维生素C等,可供生食、制果酱及酿酒;山莓的根和叶可入药,具有涩精益肾助阳明目、醒酒止渴、化痰解毒的功效。图8.23所示为山莓的田间栽培和组织培养。

图8.23　山莓的田间栽培和组织培养

1）外植体选择

取其茎尖和带芽茎段作为外植体。

2）无菌外植体的获得

取山莓小灌木新生枝条，用自来水冲洗干净，先用70%酒精灭菌0.5 min，再用0.1% $HgCl_2$ 消毒8～10 min，无菌水冲洗4～5次，无菌滤纸吸干水分后，剪截成1 cm的带芽茎段和茎尖为外植体以供接种用。

3）培养基及温光条件

基本培养基为MS；愈伤组织诱导培养基为① MS+6-BA 0.2 mg/L+NAA 0.5 mg/L；芽诱导培养基为② MS+6-BA 0.5 mg/L+NAA 0.1 mg/L；芽增殖培养基为③ MS+6-BA 1.0 mg/L+NAA 0.1 mg/L；生根培养基为④ MS+NAA 0.5～1.0 mg/L。

上述培养基均加蔗糖3%，琼脂0.7%，pH值5.8。培养温度23～26 ℃，光照18 h/d，光照度为2 500～3 000 lx。

4）芽的诱导与增殖

将灭过菌的外植体接种到培养基①上，培养20 d后，基部长出浅黄色愈伤组织；再培养20 d左右，形成直径0.5～1.5 cm大小不等、质地较为紧密的愈伤组织。然后将愈伤组织分切转接到培养基②上，培养20 d后，芽伸长至4 cm，基部萌发丛生芽3～7个。将从生芽剪截成带1～2个芽的茎段或芽块接种培养基③上，30 d后可长成具有6～8个叶片，高约4 cm的健壮无根苗，同时，基部分化出4个左右的小苗，可如此反复转接，不断增殖，获得大量无根苗。

5）生根与炼苗移栽

将无根丛芽苗切成单株，转接到生根培养基④上，在25～27 ℃条件下培养约5 d，就可在幼茎基部形成根原基，而在20 ℃条件下则需8～10 d形成根原基。根原基形成后就可出瓶移栽。

移栽前先打开培养瓶盖炼苗1～2 d。移栽时，小心取出培养瓶中试管苗，洗净根部培养基，可直接移栽到稻壳灰与黄沙土（1∶1）拌匀的基质中。浇透水，盖上薄膜，使薄膜内的相对湿度保持在90%左右，成活率可达85%以上。30 d左右，可移栽至大田。

8.3.8 香蕉的组织培养技术

香蕉（*Musa nana*）为被子植物门、单子叶植物纲、芭蕉目、芭蕉科、芭蕉属，植株为大型草本植物。香蕉原产亚洲东南部，主要分布在东、西、南半球南北纬度30°以内的热带、亚热带地区，世界上栽培香蕉的国家有130个，以中美洲产量最高，其次是亚洲，中国是世界上栽培香蕉的古老国家之一，有2 000多年的栽培历史，主产区为广东、广西、海南、福建、云南和台湾。香蕉为大型草木，从根状茎发出，由叶鞘下部形成高330～660 cm的假秆；叶长圆形至椭圆形，10～20枚簇生茎顶。穗状花序大，由假秆顶端抽出，花多数，淡黄色；果序弯垂，结果10～20串，50～150个。植株结果后枯死，由根状茎长出的吸根继续繁殖，每一根株可活多年。香蕉是世界四大类水果之一，也是我国华南四大名果之一，富含碳水化合物，大蕉更多，是非洲、中美洲地区的主要粮食；香蕉也具有通便、降血压、治糖尿病等医疗保健作用；也可加工成糖水罐头、香蕉片、香蕉酱、提取香精、酿酒；球茎、吸芽、花蕾可作饲料，花蕾还可食用，茎叶可制绳。图 8.24 所示为香蕉的田间栽培和组织培养。

图 8.24　香蕉的田间栽培和组织培养

1) 外植体选择

取香蕉吸芽作为外植体。吸芽是由香蕉基部球茎上长出的一种侧芽，俗称吸芽。按其生长于母株的位置和抽出先后顺序分为头路牙、二路芽、三路芽和四路芽等。还有一种俗称“隔山飞”的吸芽。隔山飞是在母株采收果穗后，距其残茎一定距离处长出的吸芽。此类吸芽增殖力最强，接种后抽芽快，分化能力强，是用于组织培养的最佳材料，选用“隔山飞”的吸芽为外植体材料最好。

2) 无菌外植体的获得

从田间取吸芽，先用自来水冲洗干净，再用 1%洗衣粉洗 2 次。切去吸芽先剥去外层苞叶的部分基部组织，保留具有顶芽和侧芽原基的小干茎（5~10 cm），经紫外线灯灭菌 30~40 min 后，用 0.1%$HgCl_2$ 消毒 15~20 min，其间常翻动，以便充分灭菌，无菌水冲洗 5~6 次，将吸芽切成若干小块，每块约 1 cm × 2 cm，每块应具有 1~2 个芽原基为外植体。

3) 培养基及温光条件

基本培养基为 MS；吸芽培养基为① MS+6-BA 5.0 mg/L+KT 0.5 mg/L+2%蔗糖；茎尖培养基为Ⅱ改良 MS 培养基（MS 无机盐+盐酸硫胺素 0.5 mg/L）+6-BA 2.0~5.0 mg/L+3%蔗糖；Ⅲ改良 MS+6-BA 2.0 mg/L+蔗糖 3%（液体培养基）；生根培养基为Ⅳ MS+KT 0.5 mg/L+NAA 0.8 mg/L+蔗糖 3%+活性炭 0.3%。

上述培养基中①ⅡⅣ号培养均加琼脂 0.7%，各种培养基 pH 值 5.8。培养温度 25~28 ℃，光照 10~12 h/d，光照度为 2 000~3 000 lx。

4) 芽的诱导与增殖

将灭过菌的外植体接种到培养基①上，先暗培养，待芽萌动后，每天光照 10 h，光照度为 2 000~3 000 lx，经 40~60 d 培养，可形成丛生芽，每个丛芽有 2.5~3 个小芽。从培养的丛生芽中选取一些高 5 cm，生长较粗壮的、基部膨大的无根苗，用镊子将小叶片剥除，直到生长点充分暴露，然后切取大小 0.5~1.5 mm、带有 1~2 个叶原基的茎尖，经无菌水洗净后接种于液体培养基Ⅲ中进行振荡培养。待茎尖长至 3~5 mm 大小时便可转移至培养基Ⅱ中进行固体培养。开始生长缓慢，基部逐渐长大形成基盘，并分化出白色球状小突起，经培养 60 d 左右，逐渐形成丛生芽，芽数通常有 2~3 个。此时将丛生芽切成单芽再转至相同新鲜培养基Ⓘ上培养。当苗高2 cm时，具有丛芽的基盘切成若干块，每块带1苗，按上述方法再继代繁殖至一定数的小苗后即可生根培养。

5）生根与炼苗移栽

将继代增殖苗从基盘处切离成单苗后，接种于生根培养基Ⓡ上，15 d后逐渐形成生根苗。待小植株长到7~8 cm，具5片绿叶时便可移栽。移栽前，先将培养瓶置阳光下闭瓶炼苗2~3 d，再打开瓶盖晒苗适应3 d，取出小苗移栽于能保湿、保温、防虫的大棚内，每隔2 d喷雾1次，定期喷施杀虫农药。移苗10 d后可喷施0.5%KNO_3肥液2次，每隔7 d喷1次。20 d后移栽成活率可达75%。

8.3.9 枇杷的组织培养技术

枇杷（*Eriobotrya japonica*）别名芦橘、金丸、芦枝，为被子植物门、双子叶植物纲、蔷薇目、蔷薇科、枇杷属常绿小乔木。枇杷原产亚热带，要求较高的温度，中国的四川、云南、贵州、广西、广东、福建、台湾等省均有栽培。树高3~5 m，叶子大而长，厚而有茸毛，呈长椭圆形，状如琵琶，因此而得名。枇杷与大部分果树不同，在秋天或初冬开花，果子在春天至初夏成熟，比其他水果都早，因此被称是"果木中独备四时之气者"。枇杷的花为白色或淡黄色，有5片花瓣，以5~10朵成一束，可以作为蜜源作物。成熟的枇杷果实味道甜美，营养颇丰，并具有润肺、止咳、止渴的功效；也可把枇杷肉制成糖水罐头，或以枇杷酿酒。图8.25为枇杷的田间栽培。

图8.25 枇杷的田间栽培

1）外植体选择

取枇杷顶芽作为外植体。

2）无菌外植体的获得

在2—3月顶芽萌动季节，采取长1.5 cm左右的顶芽，用刀片刮去表皮毛及外层芽鳞后，再用流水冲洗2 h，切成长1 cm左右，先用75%酒精灭菌1.5 min，再用0.1%$HgCl_2$消毒8~10 min，无菌水冲洗5次，剥取0.3~0.5 cm茎尖为外植体以供接种用。

3）培养基及温光条件

基本培养基为MS；芽诱导培养基为Ⓘ MS+6-BA 1.0 mg/L+NAA 0.5 mg/L+$GA_3$0.5 mg/L；芽增殖培养基为Ⓘ MS+6-BA 2.0 mg/L+NAA 0.5 mg/L；生根培养基为Ⓘ1/2MS+NAA 0.5 mg/L。

上述培养基均加蔗糖3%，琼脂0.8%，pH值5.8。培养温度（25±1）℃，光照12 h/d，光照度为1 500~2 000 lx。

4) 芽的诱导与增殖

将灭过菌的0.3~0.5 cm茎尖外植体接种到培养基①上暗培养，在1~2 d内，若发现有部分外植体会发生褐变，并使芽体周围的培养基染成浅褐色，必须及时把这部分芽转到新鲜培养基①上，否则，将会引起外植体死亡。在3~5 d发现有部分外植体基部产生成团的浅褐色疏松愈伤组织也必须在7 d内剥去。培养15~20 d芽开始萌动，在长出3个小叶片时，转为光照培养，再培养15~20 d后有0.5~1.0 cm小叶5~9枚生出。这时可将芽转入增殖培养基⑪中，经25 d光培养，腋芽开始生长并形成芽丛，每株平均产生3个芽丛，最多可产生6个芽丛。再培养20 d左右，芽丛长到1.5 cm时，可切下转入相同新鲜增殖培养基⑪上进行扩繁。在扩繁过程中，芽体基部生长过大的愈伤组织必须及时除去。

5) 生根与炼苗移栽

当增殖芽丛长到1.5~2.0 cm高时切成单芽接种于培养基⑪上，10 d开始生根，20 d后每株生根7条以上，生根率达100%。移栽前，将生根苗瓶打开炼苗1~3 d。然后，小心取出小苗，洗净根部培养基，栽入稻糠灰与沙土(1∶1)的基质中，保持湿度80%以上，成活率达90%以上。

8.3.10 葡萄的组织培养技术

葡萄(*Vitis vinifera*)别名草龙珠、赐紫樱桃、菩提子、蒲桃、山葫芦，为被子植物门、双子叶植物纲、鼠李目、葡萄科、葡萄属落叶藤本植物。原产亚洲西部，现世界各地均有栽培，世界上约95%的葡萄集中分布在北半球，中国各地均有栽培，主产区有新疆的吐鲁番、和田，山东的烟台，河北的张家口、宣化、昌黎，辽宁的大连、熊岳、沈阳及河南的芦庙乡、民权、仪封等地。小枝圆柱形，有纵棱纹，无毛或被稀疏柔毛，叶卵圆形，圆锥花序密集或疏散，多花，与叶对生，基部分枝发达，果实球形或椭圆形，种子倒卵椭圆形，花期4—5月，果期8—9月。其营养价值很高，可制成葡萄汁、葡萄干和葡萄酒。粒大、皮厚、汁少、水多，皮肉易分离，味道酸甜可口，耐贮运的欧亚种葡萄又称为提子。人类在很早以前就开始栽培这种果树，是世界上最古老、分布最广的水果之一，几乎占全世界水果产量的四分之一。葡萄不仅味美可口，而且营养价值很高，常食葡萄对神经衰弱、疲劳过度大有裨益，同时具有补气血、益肝肾、生津液、强筋骨、止咳除烦、补益气血、通利小便的功效；葡萄酒是以葡萄为原料的最重要加工品；另外，新开发的葡萄籽油，在国外被用作婴儿和老年人高级营养油、高空作业者和飞行人员的高级保健油，并颇受世人关注。图8.26所示为葡萄的田间栽培和组织培养。

1) 外植体选择

取葡萄枝条顶梢作为外植体。

2) 无菌外植体的获得

取枝条顶梢1.0~2.0 cm的梢尖，去掉幼叶，先用流水冲洗30 min，用75%酒精灭菌5 s，用无菌水洗3次，再用0.1% $HgCl_2$ 消毒5 min左右，无菌水冲洗5次。把芽放在解剖镜下，用镊子、刀片、解剖针等工具把芽外面的幼叶和叶原基逐层除去，使生长点暴露。用刀切下

图 8.26 葡萄的田间栽培和组织培养

含有 1~2 个叶原基,0.2~0.3 mm 的生长点为外植体以供接种用。

3)培养基及温光条件

基本培养基为 MS;茎尖分化培养基为① 1/2MS+6-BA 0.1~0.5 mg/L+NAA 0.05 mg/L+GA_3 0.2 mg/L;继代增殖培养基为② MS+6-BA 0.1~0.5 mg/L+NAA 0.5 mg/L;生根培养基为③ 1/2MS+IAA 0.4 mg/L+IBA 0.1 mg/L。

上述培养基均加蔗糖 2%,琼脂 0.8%,pH 值 5.8。培养温度(25±2)℃,光照 16 h/d,光照度为 1 000~1 500 lx。

4)生长与分化

将灭过菌的 0.2~0.3 mm 茎尖外植体接种到培养基①上进行培养。在 30 d 左右,茎尖开始分化出芽和侧芽,60 d 左右形成芽丛,即可进行大量增殖。将增殖后的小芽丛转入到增殖培养基②上,每隔 30 d 继代 1 次,每个芽丛增殖倍数约为 10。

5)生根与炼苗移栽

当增殖芽丛长到 2.0~3.0 cm 的无根幼苗后,切成单苗接种于培养基③上,7~15 d 开始生根,30 d 左右即可形成发达的根系,生根率达 90%,同时可长出 5~7 片新叶。待试管苗长出完整的根系和新叶后,把瓶子移入温室中,即可打开培养瓶,历时 7 d 左右。把苗从试管中取出,洗净根部培养基,栽入经过干热灭菌处理的蛭石内,盘上用塑料薄膜罩严,置于散射日光下,温度在 20 ℃左右,保持自然湿度,炼苗 15 d。从第 5 d 开始把塑料薄膜边缘揭开 3~5 cm 宽的一条通风隙。以后每隔 2 d,把通风隙加宽 1 倍,到第 15 d 完全揭开塑料薄膜,炼苗完成,此时幼苗开始长出新叶及新根,便可移入土中栽培,成活率达 95%以上。

任务 8.4 药用植物的组织培养技术

8.4.1 芦荟的组织培养技术

芦荟(*Aloe vera*)别名卢会、讷会、象胆、奴会、劳伟,为被子植物门、单子叶植物纲、天门冬目、百合科、芦荟属多年生常绿草本植物。芦荟原产于地中海、非洲热带干旱地区，分布几乎遍及世界各地。在印度和马来西亚一带、非洲大陆和热带地区都有野生芦荟分布。中国的福建、台湾、广东、广西、四川、云南等地均有栽培。叶簇生、大而肥厚，呈座状或生于茎顶，叶常披针形或叶短宽，边缘有尖齿状刺；花序为伞形、总状、穗状、圆锥形等，色呈红、黄或具赤色斑点，花瓣六片、雌蕊六枚，花被基部多连合成筒状。芦荟是集药用、食用、美容及观赏于一身的为花叶兼备的观赏性植物；芦荟有神奇的功效，对各种烫伤、烧伤晒伤及皮肤病有不同程度的疗效，具有消炎、抗菌、抗肿瘤等药理作用，对增强人体免疫功能，抑制癌细胞扩散也有显著疗效。图 8.27 所示为芦荟的栽培和组织培养。

图 8.27　芦荟的栽培和组织培养

1) 外植体选择

取其具有芽点的茎段作为外植体。

2) 无菌外植体的获得

选取 1~2 年生幼芽，用自来水冲洗干净，剪去 3/5 叶片，用饱和中性洗衣粉溶液搅动漂洗 15 min，自来水冲洗 20 min，无菌水冲洗 2 次，先用 75%酒精消毒 0.5~1 min，再用 0.1% $HgCl_2$ 溶液消毒 8~10 min，无菌水冲洗 5 次，放在无菌滤纸上吸干水分，将叶片一层层剥掉，露出芽点，轻切茎段两端（不要切到芽点处）为外植体以供接种用。

3) 培养基及温光条件

基本培养基为 MS；芽诱导培养基为① MS+6-BA 3.0 mg/L+NAA 0.2 mg/L；不定芽增殖培养基为Ⅱ MS+6-BA 2.0 mg/L+NAA 0.1 mg/L 或Ⅲ MS+6-BA 3.0 mg/L+NAA 0.2 mg/L；生根培养基为Ⅳ 1/2MS+NAA 0.8 mg/L。

上述培养基均加蔗糖 3%，琼脂 0.7%，pH 值 5.8。培养温度 23~27 ℃，光照 10~12 h/d，光照度为 1 500~2 000 lx。

4) 不定芽诱导与增殖

将灭过菌的外植体接种到培养基①上，7 d 后，外植体开始转绿，20 d 后芽点开始萌动生长，不定芽开始分化，35 d 左右茎段芽点诱导 0.2~1.0 cm 形成丛芽数个芽，再生率达 75%~95%，平均每个外植体再生不定芽 2.7~4 个。将诱导出的丛芽切下，交替使用Ⅱ和Ⅲ培养基进行增殖效果较好。在培养基Ⅱ中，培养 35 d 增殖 3~4 倍；在培养基Ⅲ中，培养 35 d 可增殖 5~6 倍。

5) 生根与移栽

将培养基Ⅱ和Ⅲ中 1.0~3.0 cm 的丛生芽单个切下，接种到生根培养基Ⅳ中，培养 7 d 左右，肉眼可见根原基突起，15~20 d 平均生根 3~8 条。将长 0.5~1.0 cm 的生根试管苗移至晾苗间晾苗 5~7 d 后，从培养瓶内取出小苗，洗去根部培养基，移植于河沙和园土混合的基质中，浇透水，空气湿度不超过 80%。移栽后的生根试管苗浇水不宜太勤，土干立即浇，成活率可达 95%以上。

8.4.2 川芎的组织培养技术

川芎(*Ligusticum chuanxiong*)别名抚芎、小叶川芎，为被子植物门、双子叶植物纲、伞形目、伞形科、藁本属多年生草本植物，株高 20~60 cm。川芎主产四川，在云南、贵州、广西、湖北、江西、浙江、江苏、陕西、甘肃、内蒙古、河北等省区均有栽培，四川省川西平原的都江堰市、崇州、新都等地是川芎的主产区，栽培历史悠久，药材质量最佳，驰名中外。其中川产川芎占全国总产量的 90% 以上，都江堰市占全国的 65% 以上，并且个大、饱满、坚实、断面色黄白、油性足、香气浓郁，质量最佳。

川芎根茎发达，形成不规则的结节状拳形团块，具浓烈香气；茎直立，圆柱形，具纵条纹，上部多分枝，下部茎节膨大呈盘状(苓子)；茎下部叶具柄，基部扩大成鞘，叶片轮廓卵状三角形，3~4 回三出式羽状全裂，羽片 4~5 对，卵状披针形，末回裂片线状披针形至长卵形，具小尖头，茎上部叶渐简化；复伞形花序顶生或侧生；幼果两侧扁压。

川芎以干燥的根茎入药，是常用的中药材之一。有活血行气、祛风止痛、疏肝解郁的功能，主治头痛、胸肋痛、痛经、风湿痛、跌打损伤等症。图 8.28 所示为川芎的栽培。

图 8.28 川芎的栽培

1)外植体选择

取其茎生叶叶柄作为外植体。

2)无菌外植体的获得

取茎生叶叶柄，用自来水洗净，并用无菌水冲洗 2 次，先用 70%酒精消毒 20~30 s，然后再用 0.1%$HgCl_2$ 溶液消毒 8~10 min，无菌水冲洗 4~6 次，无菌滤纸吸干水后，将叶柄切成 5 mm左右的切段为外植体以供接种用。

3)培养基及温光条件

基本培养基为 MS；愈伤组织诱导与增殖培养基为① MS+2,4-D 1.0~1.0 mg/L+KT 1.0 mg/L；芽的分化培养基为② MS+6-BA 2.0 mg/L；生根培养基为③ 1/2MS+NAA 0.5 mg/L+IBA 0.5 mg/L。

上述培养基均加蔗糖 2%，琼脂 0.7%，pH 值 5.8。接种后将外植体置于 20~26 ℃条件下暗培养(5—9 月);外植体接种后置于 18~22 ℃条件下暗培养(10 月至次年 4 月)。分化培养及生根阶段转为光培养,光照 8~10 h/d,光照度为 1 500~2 000 lx。

4)愈伤组织诱导与增殖

将灭过菌的外植体接种于培养基①上,培养 10~15 d 叶柄切口处逐渐膨大;培养 30 d 左右时,从切段的一端或两端长出质地疏松的愈伤组织,初为白色,继续生长逐渐变为黄色;培养 60 d 后,愈伤组织诱导率达 80%以上。将愈伤组织从外植体切下,转接到相同新鲜的培养基①上进行继代培养,每隔 50~60 d 继代 1 次,连续继代 3~4 次,愈伤组织仍保持很高的增殖能力和植株再生能力。

5)芽的分化与生根

将继代 3~4 次的愈伤组织转接于芽分化培养基Ⅱ上,部分愈伤组织表面形成簇生的小圆粒状结构,然后从这种结构上继续增生,分化出许多绿色的不定芽,并发育成丛生小苗。可将这些愈伤组织切成小块转到相同新鲜培养基Ⅱ上,仍能继续增殖和分化,由愈伤组织的粒状结构再生植株。将分化培养基上形成的无根苗切下转入生根培养基Ⅲ上,7 d 左右可生出较多的白色幼根,形成完整的小植株。

8.4.3 川贝母的组织培养技术

川贝母(*Fritillaria cirrhosa*)为被子植物门、单子叶植物纲、百合目、百合科、贝母属多年生草本植物。川贝母分布较广,主产于我国四川、陕西、湖北、甘肃、青海和西藏。株高 15~50 cm;鳞茎由 2 枚鳞片组成;叶通常对生,少数在中部兼有散生或 3~4 枚轮生的,条形至条状披针形,先端稍卷曲或不卷曲;花通常单朵,极少 2~3 朵,紫色至黄绿色,通常有小方格,少数仅具斑点或条纹,每花有 3 枚叶状苞片,苞片狭长;蒴果,棱上有狭翅。川贝母以鳞茎入药。有清热润肺、化痰止咳的功效。用于治疗肺热燥咳、干咳少痰、阴虚劳嗽、咯痰带血等症。图 8.29 所示为川贝母的栽培和组织培养。

图 8.29 川贝母的栽培和组织培养

1)外植体选择

取其幼叶、花梗、花被及子房均可作为外植体。

2)无菌外植体的获得

于早春取尚未开花的花梗及花蕾,用饱和漂白粉溶液浸泡 15~20 min,自来水冲洗后,无菌水冲洗2次，先用70%酒精消毒20~30 s，然后用0.1% $HgCl_2$ 溶液消毒2 min，用无菌水冲洗4次，沥干水备用；如用鳞茎作外植体，可先剥去鳞片上的栓皮，用水洗净后，在0.1% $HgCl_2$ 溶液中消毒20 min，无菌水冲洗4~5次，无菌纸吸干水分，切成方约5 mm、厚2 mm的小块为外植体以供接种用。

3）培养基及温光条件

基本培养基为MS；愈伤组织诱导培养基为① MS+KT 1.0 mg/L+NAA 1.0~1.5 mg/L或② MS+2,4-D 0.5~1.0 mg/L+KT 1.0 mg/L；分化培养基为③ MS+6-BA 4.0~8.0 mg/L+IAA 1.0~1.5 mg/L。

上述培养基均加琼脂0.7%，pH值5.8，培养基①②加蔗糖4%，培养基③加蔗糖3%。培养温度18~20 ℃，光照10 h/d，光照度为1 500~2 000 lx。

4）分化培养与植株再生

将灭过菌的外植体接种于培养基①和②上，置于温度18~20 ℃，光照度为1 500~2 000 lx，光照12 h/d的条件下，愈伤组织生长良好。愈伤组织在培养基①②中可以长期继代培养，并不丧失生长和分化能力。将愈伤组织转移到分化培养基③上培养，愈伤组织可分化出白色的小鳞茎，且有根发生。所分化的小鳞茎在形态上与栽培得到的小鳞茎无差别，4个月内小鳞茎达到栽培条件下由种子繁殖所得到的2~3年生鳞茎大小。将这些小鳞茎置于2~15 ℃低温黑暗下放置15~20 d后，再转入常温光照下，可以很快由鳞茎中央长出健壮小植株，以后按常规移栽，生长良好。

8.4.4 野葛的组织培养技术

野葛（*Pueraria lobata*）又名毒根、胡蔓草、断肠草、黄藤、火把花等，为被子植物门、单子叶植物纲、蝶形花科、葛属落叶攀援状灌木。主要分布在海拔1 850 m的山谷杂木林缘，中国的四川、贵州、湖南、湖北、台湾地区均有分布。枝纤细，薄被短柔毛或变无毛；叶大，偏斜，托叶基着，披针形，早落，小托叶小，刚毛状，顶生小叶倒卵形，先端尾状渐尖，基部三角形，全缘，上面绿色，无毛，下面灰色，被疏毛；总花梗长，纤细，簇生于总状花序每节上；荚果直，无毛，果瓣近骨质。野葛具肥厚的大块根，可入药，具有清热排毒、解痉镇痛，升阳解肌，透疹止泻，润肠通便的功效。图8.30所示为野葛。

图8.30 野葛

1）外植体选择

取其无菌子苗的叶块作为外植体。

2）无菌外植体的获得

取萌发10 d的种苗，用自来水洗净后，经70%酒精消毒30 s，0.1% $HgCl_2$ 溶液消毒10 min，并用无菌水冲洗5~6次后，将小苗子叶切成0.5 cm × 0.5 cm的小块为外植体以供接种用。

3）培养基及温光条件

基本培养基为MS；愈伤组织诱导与继代增殖培养基为① MS+2,4-D 1.0 mg/L+KT 0.5~1.0 mg/L；芽的诱导培养基为② MS+6-BA 3.0 mg/L+NAA 1.0 mg/L；生根培养基为③ MS+NAA 0.1 mg/L。

上述培养基均加蔗糖3%，琼脂0.8%，pH值5.8。培养温度25 ℃，光照14 h/d，光照度为2 000 lx。

4）愈伤组织诱导与增殖

将灭过菌的子叶块接种到培养基①上，20 d后产生浅绿色或浅黄色致密的愈伤组织。若不进行继代，愈伤组织会产生1~12条不定根并逐渐褐化死亡。约10 d继代1次，经4~5次继代后，子叶产生的浅绿色愈伤组织增殖，不褐变，也不产生不定根。

5）芽的诱导

将增殖后的浅绿色愈伤组织切块，转接到芽的诱导培养基②上，20 d后，浅绿色致密愈伤组织分散成透明状，呈圆球形或瘤状突起，从浅绿色或灰白色愈伤组织上，不断分化产生幼芽，每个愈伤组织块产生15~20株，形成簇生幼苗。

6）生根与移栽

将上述无根幼苗切成单芽，接种到生根培养基③上，10 d后生根并长成小植株。待小苗长至5~6 cm时，打开瓶盖，小心取出试管苗洗净根部培养基，移至盛有蛭石：椰糠：菜园土(1：1：2)混合基质的营养钵中，并用薄膜覆盖保湿3~5 d，小苗成活率可达90%以上。

8.4.5 绞股蓝的组织培养技术

绞股蓝(*Gynostemma pentaphyllum*)又名七叶胆、五叶参、七叶参、小苦药等，为被子植物门、双子叶植物纲、葫芦目、葫芦科、绞股蓝属草质攀援植物。绞股蓝主要生长在海拔300~3 200 m的山谷密林中、山坡疏林、灌丛中或路旁草丛中，主要分布于中国、印度、尼泊尔、孟加拉国、斯里兰卡、缅甸、老挝、越南、马来西亚、印度尼西亚、新几内亚、朝鲜和日本，在中国主要分布在陕西平利、甘肃康县、湖南、湖北，云南、广西等地。茎细弱，具分枝，具纵棱及槽，无毛或疏被短柔毛；叶膜质或纸质，鸟足状，被短柔毛或无毛；小叶片卵状长圆形或披针形；花雌雄异株，雄花圆锥花序，花序轴纤细，多分枝，有时基部具小叶，被短柔毛；花梗丝状，基部具钻状小苞片；雌花圆锥花序远较雄花短小；果实肉质不裂，球形，成熟后黑色，光滑无毛，内含倒垂种子2粒。种子卵状心形，灰褐色或深褐色，顶端钝，基部心形，压扁，两面具乳突状凸起。绞股蓝制成茶对人体有很好的益处，绞股蓝茶取材于绞股蓝叶腋部位的嫩芽和龙须，汤色清澈，长期饮用，无任何毒副作用，还可降血脂，调血压防治血栓，防治心血管疾患，调节血糖，促睡眠，缓衰老，防抗癌，提高免疫力，调节人体生理机能。生长在南方的绞股蓝药用含量比较高，民间称其为神奇的“不老长寿药草”，1986 年，国家科委在“星火计划”中，把绞股蓝列为待开发的“名贵中药材”的首位。图 8.31 所示为绞股蓝。

图 8.31　绞股蓝

1）外植体选择

取带腋芽茎段作为外植体。

2）无菌外植体的获得

取带腋芽嫩枝条，用自来水冲洗干净，先用 70%酒精表面消毒 20～30 s，再用 0.1% $HgCl_2$ 溶液消毒 8～10 min，无菌水冲洗 4～5 次后，将嫩枝条剪成带 1 个腋芽长 0.5～1.0 cm 的茎段为外植体以供接种用。

3）培养基及温光条件

基本培养基为 MS；丛生芽诱导培养基为① MS+6-BA 1.0～1.5 mg/L+NAA 0.1 mg/L+CH（水解乳蛋白）200 mg/L；生根培养基为⑪ MS。

培养基①加蔗糖 4%，培养基⑪加蔗糖 1.5%，琼脂 0.7%，pH 值 5.8。培养温度（25±2）℃，光照 10 h/d，光照度为 1 500 lx。

4）分化培养与植株再生

将灭过菌的外植体接种于培养基①中，培养 20 d 后外植体产生丛生芽，每个外植体产生芽苗数多为 10～20 个。待芽苗伸长至 2 cm 左右，将芽苗切成单芽，转入生根培养基⑪中，10 d 左右芽苗开始生根，继续培养 15 d 后形成生长正常的试管苗，然后进行炼苗移栽。

8.4.6　何首乌的组织培养技术

何首乌（*Fallopia multiflora*）又名多花蓼、紫乌藤、夜交藤等，为被子植物门、双子叶植物纲、蓼目、蓼科、何首乌属多年生缠绕藤本植物。主要生长在海拔 200～3 000 m 的生山谷灌丛、山坡林下、沟边石隙，分布在陕西南部、甘肃南部、华东、华中、华南、四川、云南及贵州，日本也有分布。块根肥厚，长椭圆形，黑褐色；茎缠绕，多分枝，具纵棱，无毛，微粗糙，下部木质化；叶卵形或长卵形，顶端渐尖，基部心形或近心形，两面粗糙，边缘全缘，托叶鞘膜质，偏斜，无毛；花序圆锥状，顶生或腋生，分枝开展，具细纵棱，沿棱密被小突起；苞片三角状卵形，具小突起，顶端尖，每苞内具 2～4 花；花梗细弱，下部具关节，果时延长；花被片椭圆形，大小不相等，外面3片较大背部具翅，果实增大，花被果实外形近圆形；瘦果卵形，具3棱，黑褐色，有光泽，包于宿存花被内。何首乌的块根可入药，是常见的名贵中药材，具有安神、养血、活络、解毒、消痈的功效；何首乌还可以补益精血、乌须发、强筋骨、补肝肾。图8.32所示为何首乌。

图8.32　何首乌

1) 外植体选择

取植株上幼嫩茎尖作为外植体。

2) 无菌外植体的获得

在3—4月，取生长健壮的何首乌植株茎尖，用自来冲洗30 min，剪去展开的叶片，剪取0.8 cm大小的芽尖，无菌水冲洗2次，先用70%酒精消毒30 s，再转入0.1% $HgCl_2$ 消毒10 min左右，无菌水冲洗5~6次，用无菌滤纸吸干表面水分后为外植体以供接种用。

3) 培养基及温光条件

基本培养基为MS；愈伤组织诱导培养基为① 1/2MS++2,4-D 0.1~0.3 mg/L；芽分化培养基为② MS+6-BA 1.0 mg/L；生根培养基为③ 1/2MS+NAA 0.1~0.3 mg/L。

上述培养基均加琼脂0.7%，pH值5.8~6.0，培养基①和②加蔗糖3%，培养基③加蔗糖1.5%。培养温度(25±1)℃，光照12 h/d，光照度为1 500~2 000 lx。

4) 芽的诱导与增殖

将灭过菌的外植体接种到培养基①和②上，接种培养基①的外植体培养6 d后基部切口处形成愈伤组织为浅褐色，并逐渐向培养基表面发展；接种在培养基②上的外植体基部均膨大，愈伤组织初为绿色结构致密，将愈伤组织切割再转入到新鲜培养基②中，芽分化诱导效果好，丛芽多，并逐渐形成无根苗。待无根苗长至2~5 cm时，可在培养基②中进行增殖培养，15~20 d，芽苗基部叶腋处有侧芽发生，基部切口处形成愈伤组织并进一步分化出不定芽，逐渐形成丛芽，切开丛芽继代培养25~30 d可继代1次。

5) 生根与移栽

剪取2 cm长的分化芽苗接种于培养基③上，20 d后产生不定根，当苗根长至3~5 cm时，打开瓶盖，室温下炼苗5~7 d，然后取出小苗，置于盛河沙的盆中，温度控制在25~30 ℃，空气相对湿度控制在60%~70%，15 d后成活率80%左右。

8.4.7　铁皮石斛的组织培养技术

铁皮石斛(*Dendrobium officinale*)又名黑节草、云南铁皮、铁皮斗,为被子植物门、单子叶植物纲、微子目、兰科、石斛属多年生附生草本植物。铁皮石斛主要生长在海拔达 1 600 m 的山地半阴湿的岩石上,主要分布于安徽西南部(大别山)、浙江东部(鄞州区、天台、仙居)、福建西部(宁化)、广西西北部(天峨)、四川、云南东南部(石屏、文山、麻栗坡、西畴)等地。茎直立,圆柱形;叶二列,纸质,长圆状披针形,先端钝并且多少钩转,基部下延为抱茎的鞘,边缘和中肋常带淡紫色,叶鞘常具紫斑,老时其上缘与茎松离而张开;总状花序常从落了叶的老茎上部发出,具 2~3 朵花,萼片和花瓣黄绿色,近相似,长圆状披针形,花期 3—6 月。铁皮石斛具有较高的观赏价值,其茎又可入药,属补益药中的补阴药,具有生津养胃、滋阴清热、润肺益肾、明目强腰的功效。图 8.33 所示为铁皮石斛栽培和组织培养。

图 8.33　铁皮石斛的栽培和组织培养

1)外植体选择

取其胚为外植体。

2)无菌外植体的获得

先取胚龄 120 d 的幼果,去除宿存花被,以 75%酒精表面灭菌 20 s,然后置于 10%次氯酸钠溶液中消毒 15 min,无菌水冲洗 4~5 次,取其胚为外植体以供接种用。

3)培养基及温光条件

基本培养基为改良 N_6(N_6 培养基中 KNO_3 的含量改为 3 000 mg/L,$(NH_4)_2SO_4$ 改为 200 mg/L,其他成分同 N_6);胚培养的培养基为①改良 N_6+NAA 0.2 mg/L+10%椰乳;壮苗生根培养基为Ⅱ改良 N_6+NAA 0.2 mg/L+10%香蕉汁+1%活性炭。

上述培养基均加蔗糖 2%,琼脂 0.7%,pH 值 5.8。培养温度 25~28 ℃,光照 12 h/d,光照度为 1 500~2 000 lx。

4)铁皮石斛胚培养

将灭过菌的胚均匀撒播于培养基①上,一般 7~10 d 萌发率 85%~95%,胚萌发后转瓶快繁。培养 30 d 芽开始生长,不久形成小植株,大多数小植株无根,即可进行生根培养。

5)生根与炼苗移栽

将无根苗转入生根培养基Ⅱ中,根系发育好,苗粗壮。移栽前,先将石斛试管苗在室内开瓶炼苗 8~10 d,以增强幼苗对环境的适应能力。并促使根系粗壮发达,然后取出小苗洗净根部培养基植于碎砖块、珍珠岩、碎木炭(4∶1∶1)并加适量园土的混合基质中,浇透水,放入防雨荫棚内。定根前要控制水分,7 d 内不浇水,只要保持叶面及基质湿润即可,以后随着植株生长逐渐增加淋水和曝光程度。

8.4.8 金线莲的组织培养技术

金线莲(*Anoectochilus roxburghii*),被子植物门,单子叶植物纲,微子目,兰科,开唇兰属,生于海拔 50~1 600 m 的常绿阔叶林下或沟谷阴湿处。产于中国、日本、泰国、老挝、越南、印度、不丹至尼泊尔、孟加拉国。植株高 8~18 cm。根状茎匍匐,伸长,肉质,具节,节上生根。茎直立,肉质,圆柱形,具 2~4 枚叶。清热凉血,解毒消肿,润肺止咳。用于咯血,咳嗽痰喘,小便涩痛,消渴,乳糜尿,小儿急惊风,对口疮,心脏病,毒蛇咬伤。图 8.34 所示为金线莲的栽培和组织培养。

图 8.34 金线莲的栽培和组织培养

1) 外植体选择

取其腋芽、顶芽为外植体。

2) 无菌外植体的获得

将金线莲植株洗净后去掉根、叶,再用小刀把叶鞘削掉。整个过程不要伤及腋芽及顶芽。用棉花蘸肥皂水擦洗植株后用纱布包起,移至超净工作台上。以 75%酒精表面灭菌 15 s,用无菌水清洗 3 次,然后置于 10%次氯酸钠溶液中消毒 15 min,无菌水冲洗 4~5 次,适当修剪,带 1~2 个腋芽的茎段为外植体以供接种用。

3) 培养条件及温光条件

基本培养基为 MS;芽诱导培养基为:① 1/2MS+6-BA 5.0 mg/L+NAA 1.0 mg/L;继代培养基为:② MS+6-BA 3.0 mg/L+NAA 0.3 mg/L+KT 2.0 mg/L;生根培养基为:③ 1/2MS+NAA 4.0 mg/L。

上述培养基均加蔗糖 3%,琼脂 0.5%,pH 值 6。培养温度(23±2)℃,光照 12 h/d,光照度为 800~1 200 lx。

4) 芽的诱导与增殖

将灭过菌的带腋芽的茎段接种到培养基①中,15 d 后开始萌动,腋芽以丛生生长为主,顶芽以伸长生长为主。30 d 后,将诱导出的芽根成带 1~2 个腋芽的茎段,接到培养基②中进行增殖培养。

5）生根移栽

将得到的粗壮无根苗接种于Ⅲ号培养基上，10 d 后开始生根，根不从切口处而从靠近培养基的每个节上长出1~2条，呈肉质状。根比较短且不分支，其上有细密、乳白色的根毛，培养50 d左右，植株长至10 cm时可进行室外移栽。栽培基质采用腐殖土：椰糠：细沙=1：1：1。移植前基质进行日晒消毒。空气相对湿度保持为70%~85%。

8.4.9 黄精的组织培养技术

黄精（*Polygonatum sibiricum*）又名鸡头黄精、黄鸡菜、笔管菜、爪子参、老虎姜、鸡爪参。被子植物门，单子叶植物纲，百合目，百合科，黄精属。我国野生黄精属植物种质资源丰富，产于黑龙江、吉林、辽宁、河北、山西、陕西、内蒙古、宁夏、甘肃（东部）、河南、山东、安徽（东部）、浙江（西北部）。朝鲜、蒙古和俄罗斯西伯利亚东部地区也有。根茎横走，圆柱状，结节膨大，具有发达的贮存养分的根状茎，易于林下和盆栽观赏。为药用植物，具有补脾，润肺生津的作用。集药用、食用、观赏、美容于一身，市场需求量日益增加，具有良好的经济效益。图8.35所示为黄精及黄精的组织培养。

图8.35 黄精及黄精的组织培养

1）外植体的选择

黄精的带芽根茎可作为外植体。

2）无菌外植体的获得

将黄精根茎从土中挖出，洗去泥土。用刀切取带芽根茎于洗洁精水溶液中浸泡5 min，然后用自来水冲洗干净；用75%酒精擦洗表面，再用自来水冲洗干净；在超净工作台上，用75%酒精消毒0.5 min，用无菌水冲洗，再用0.1%$HgCl_2$溶液中消毒约8 min，无菌水冲洗4~5次，用刀工去伤口坏死部分准备接种外植体。

3）培养条件及温光条件

基本培养基为MS；芽诱导培养基为Ⅰ MS+6-BA 3.0 mg/L+NAA 0.2 mg/L；继代培养基为Ⅱ MS+6-BA 2.0 mg/L+NAA 0.2 mg/L+GA_3 0.5 mg/L；生根培养基为Ⅲ 1/2MS+IBA 0.7 mg/L。

上述培养基均加蔗糖3%，琼脂0.5%，pH值5.8。培养温度（20±2）℃，光照12 h/d，光照度为 2 000 lx。

4)芽的诱导与增殖

将灭过菌的芽接种到培养基①中,45 d 后,逐渐形成不定芽,增殖倍数为 10 倍。将分化有不定芽的块茎切成直径 0.5 cm 大小接种于培养基②中进行增殖培养,约 45 d 后可继代 1 次,增殖倍数可达 10 倍。

5)生根移栽

将得到的粗壮无根苗(同带芽根茎)单个切下,接种于③号培养基上,45 d 后根均形成,成苗率达 80%~90%,并且根色白而粗。将已生根的黄精带芽根茎敞口炼苗 3 d,选取根数在 4 以上,平均根长 1 cm 以上的黄精根茎,用自来水冲去琼脂,栽种到基质(珍珠岩与蛭石 2∶1 混合)中,每隔 7 d 施用一次营养液,30 d 后统计成活率达到 85%以上。

8.4.10 丹参的组织培养技术

丹参(*Salvia miltiorrhiza*),被子植物门、双子叶植物纲、唇形科、鼠尾草属。全国大部分地区都有分布。多年生草本,高 30~80 cm。根细长,圆柱形,外皮朱红色。茎四棱形,上部分枝。叶对生;单数羽状复叶,小叶 3~5 片。顶端小叶片较侧生叶片大,小叶片卵圆形。轮伞花序项生兼腋生,花唇形,蓝紫色,上唇直立,下唇较上唇短。小坚果长圆形,熟时暗棕色或黑色。花期 5—10 月,果期 6—11 月。春、秋二季采挖,除去泥沙,干燥。具有活血祛瘀,通经止痛,清心除烦,凉血消痈之功效。用于胸痹心痛,脘腹胁痛,癥瘕积聚,热痹疼痛,心烦不眠,月经不调,痛经经闭,疮疡肿痛门。图 8.36 所示为丹参的栽培和组织培养。

图 8.36 丹参的栽培和组织培养

1)外植体选择

取其叶、带芽茎段为外植体。

2)无菌外植体的获得

将丹参健壮叶片或带芽茎段用自来水冲洗 2 h,在超净工作台上用 75%酒精浸泡 5 s,无菌水洗 1 次,0.1%$HgCl_2$ 常规灭菌 6 min,无菌水冲洗 5 次。将灭菌好的叶片切成 0.5 cm×0.5 cm 的小块,茎段切成 0.5 cm 的小段,待接种。

3)培养条件及温光条件

基本培养基为 MS;芽诱导培养基为① MS+6-BA 3.0 mg/L+NAA 0.5 mg/L;继代培养基

为⑩ MS+6-BA 1.0 mg/L+NAA 0.1 mg/L;生根培养基为⑪ MS+NAA 0.5 mg/L。

上述培养基均加蔗糖 3%,琼脂 0.5%,pH 值 5.8。培养温度(23±2)℃,光照 12 h/d,光照度为 2 000~3 000 lx。

4)芽的诱导与增殖

将灭过菌的叶片或带腋芽的茎段接种到培养基①中,20 d 后整个切段开始生成愈伤组织,30 d 左右形成丛生芽,有些是直接受到激素诱导形成丛生芽。待芽体长到一定高度后,将其切断转接到培养基⑩中进行增殖培养。

5)生根移栽

将得到的无根苗接种于⑪号培养基上,15 d 后开始生根。丹参试管苗生根比较容易,约 40 d,便可见苗底部生长出细长白色的根,5~8 根。

8.4.11 白及的组织培养技术

白及(*Bletilla striata*)又名连及草、甘根、白给、箬兰、朱兰、紫兰、紫蕙、百笠。为被子植物门、单子叶植物纲、微子目、兰科、兰亚科、树兰族、白及属。主要分布在中国、日本以及缅甸北部。多年生草本球根植物(块根),植株高 18~60 cm。主要花期在春季,但依各地气候之不同,晚冬至夏初都可能开花。白及有广泛的药用价值及园林价值。主要用于收敛止血,消肿生肌。花有紫红、白、蓝、黄和粉等色,可盆栽室内观赏,亦可点缀于较为荫蔽的花台、花境或庭院一角。图 8.37 所示为白及的栽培及组织培养。

图 8.37 白及的栽培及组织培养

1)外植体选择

取其侧芽为外植体。

2)无菌外植体的获得

将白及带侧芽茎段用洗衣粉溶液浸泡 20 min,然后用自来水冲洗干净,在超净工作台上用 75%酒精浸泡 10 s,无菌水洗 1 次,0.1%$HgCl_2$ 常规灭菌 8 min,无菌水冲洗 5 次。将灭菌好的侧芽从茎上切下待接种。

3)培养条件及温光条件

基本培养基为 MS;芽诱导培养基为① MS+6-BA 1.5 mg/L+NAA 0.1 mg/L;继代培养基

为Ⅱ MS+6-BA 2.0 mg/L+NAA 0.2 mg/L；生根培养基为Ⅲ 1/2MS+NAA 1.0 mg/L。

上述培养基均加蔗糖 3%，琼脂 0.5%，pH 5.8。培养温度(23±2)℃，光照 12 h/d，光照度为 2 000~3 000 lx。

4) 芽的诱导与增殖

将灭过菌的侧芽的接种到培养基Ⅰ中，30 d 后诱导出丛生芽，诱导率可为 90%以上。当诱导丛生芽长到 1~2 cm 时，将其切分成单芽，接种到培养基Ⅱ中进行增殖培养，15 d 后在节间处出现一个个小突起，30 d 后长成丛生芽，增殖系数可达 5 倍。

5) 生根移栽

将无根白及苗转接到Ⅲ号培养基上，40 d 后全部生根。当白及组培苗在生根培养基上长有 3 条以上根时，将瓶苗置于室内炼苗 5 d，再打开瓶盖继续炼苗 2 d，然后将小苗从增养瓶中取出，洗去黏附在根部的培养基，假植到沙床中 3 个月，再移栽到大田，成活率达约 88%。

8.4.12 山葵的组织培养技术

山葵(*Wasabia japonica*)，别称山葥菜、瓦莎苹、泽山葵、溪山葵。为十字花科、大蒜芥族、葱芥亚族、山嵛菜属。分布于中国、日本。多年生草本植物，是一种生长于海拔 1 300~2 500 m高寒山区林荫下的珍稀辛香植物蔬菜。山葵是当今世界上所发现的一种特殊的食用保健植物，在国际市场上是极为珍贵的调味食品，价格昂贵、市场需求很大。由于山葵生长条件特殊、适宜生长种植的地方有限，现在国际市场上的山葵产品极为稀缺。山葵不但口感好，有丰富的营养成分，还含有免疫调节作用和抗菌、抗癌、抗氧化等多种药理作用。图 8.38 所示为山葵的栽培和组织培养。

图 8.38　山葵的栽培和组织培养

1) 外植体选择

取其胚轴、真叶柄为外植体。

2) 无菌外植体的获得

将山葵胚轴、真叶柄小心取下，用自来水冲洗 1 h，在超净工作台上用 75%酒精浸泡 3 s，无菌水洗 1 次，0.1%$HgCl_2$ 常规灭菌 5 min，无菌水冲洗 5 次，再用无菌滤纸吸干材料表面的水分，待接种。

3）培养条件及温光条件

基本培养基为 MS；芽诱导培养基为① MS+6-BA 1.0 mg/L+2，4-D 2.0 mg/L；继代培养基为② MS+6-BA 1.0 mg/L+NAA 2.0 mg/L；生根培养基为③ 1/2MS+NAA 1.0 mg/L。

上述培养基均加蔗糖 3%，琼脂 0.5%，pH 值 6。培养温度（20±1）℃，光照 12 h/d，光照度为 1 800~2 000 lx。

4）芽的诱导与增殖

将灭过菌的胚轴或真叶柄接种到培养基①中，4 d 后，材料出现膨大，随后膨大明显并胀裂表皮，接着从表皮的内层细胞长出浅黄色愈伤组织。25 d 后愈伤组织完全形成。将愈伤组织接种到培养基②中进行增殖培养，30 d 后从愈伤组织中长出小芽。

5）生根移栽

将无根山葵苗转接到③号培养基上，25 d 后开始生根。当组培苗在生根培养基上长有 3 条以上根时，将瓶苗置于室内炼苗 7 d，再打开瓶盖继续炼苗 2 d，然后将小苗从培养瓶中取出，洗去黏附在根部的培养基，假植到苗床中。栽培基质用复合肥和硼砂与土拌匀即可移栽。

任务 8.5 花卉类植物的组织培养技术

8.5.1 墨兰的组织培养技术

墨兰（中国兰）（*Cymbidium sinense*）又名报岁兰。地生植物，多年生常绿草本，被子植物门，单子叶植物纲，微子目，兰科，兰属。原产中国、越南和缅甸。国内分布：安徽南部、江西南部、福建、台湾、广东、海南、广西、四川（峨眉山）、贵州西南部和云南。国外分布：印度、缅甸、越南、泰国、日本琉球群岛也有分布。墨兰，具有极高的观赏价值。叶丛生于椭圆形的假鳞茎上，叶片剑形。深绿色，具光泽。花茎通常高出叶面，在野生状态下可达 80~100 cm，有花 7~17 朵，苞片小，基部有蜜腺，萼片披针形，淡褐色，有 5 条紫褐色的脉，花瓣短宽，唇瓣三裂不明显，先端下垂反卷。图 8.39 所示为墨兰。

图 8.39 墨兰

1)外植体选择

取种子萌发形成的原球茎作为外植体。

2)无菌外植体的获得

取墨兰的蒴果,用自来水冲洗干净,以75%酒精消毒30 s,再用0.1% $HgCl_2$ 溶液消毒10 min,无菌水冲洗5次,取出种子置于培养基①中,培养90 d后,种子萌发形成原球茎为外植体以供接种。

3)培养基及温光条件

基本培养基为MS;种子萌发培养基为① 1/2MS;芽分化培养基为⑪ 1/2MS+6-BA 5.0 mg/L+NAA 0.5 mg/L+椰子汁50 g/L;生根培养基为⑪ 1/2MS+6-BA 1.0 mg/L+NAA 1.0 mg/L+0.5%活性炭。

上述培养基均加蔗糖3%,琼脂0.7%,pH值5.0。培养温度(25±2)℃,光照10 h/d,光照度为1 800 lx。

4)芽的诱导

种子萌发形成原球茎后,待根状茎长至2~3 cm长时,从基部掰开并切成1 cm长,接种于芽分化培养基⑪上,培养20 d后,原球茎逐渐膨大,并从原球茎顶端或侧端分化出芽,出芽率达95%以上,芽生长健壮。培养30 d后,芽开始长出真叶两片,这时应及时转瓶培养,否则茎段切口处由于酚类代谢物存在而产生褐变。

5)生根与移栽

当芽长至2~3 cm时,移至生根培养基⑪上,20 d后,从根状茎基部分化出约3条白色根,形成完整的植株,再培养30 d后,试管苗高约10 cm时,便可移栽。移栽时,小心将试管苗从培养瓶中取出洗净根部培养基,移栽于消毒过的细沙、蛭石、菜园土(1∶1∶2)的混合基质中,用塑料薄膜覆盖保湿保温,相对湿度90%以上,移栽的试管苗成活率达95%以上。试管苗生长快,叶色鲜绿,40~60 d后即可进行盆栽。

8.5.2 大花蕙兰的组织培养技术

大花蕙兰(*Cymbidium hubridum*),又名喜姆比兰,花瓣很大,直径可达10 cm,故名。被子植物门、单子叶植物纲、兰科、兰属。大花蕙兰的生产地主要是日本、韩国、中国、澳大利亚及美国等。品种很多,达到上千种。它是由兰属中的大花附生种、小花垂生种以及一些地生兰经过一百多年的多代人工杂交育成的品种群。世界上首个大花蕙兰品种为(*Cymbidium Eburneo-lowianum*),是用原产于中国的独占春(*C. eburneum*)做母本,碧玉兰(*C. lowianum*)作父本,于1889年在英国首次培育而得。其后美花兰(*C. insigne*)、虎头兰(*C. hookerianum*)、红柱兰(*C. erythrostylum*)、西藏虎头兰(*C. tracyanum*)等十多种野生种参与了杂交育种。大花蕙兰叶长碧绿,花姿粗犷,豪放壮丽,是世界著名的“兰花新星”。它具有国兰的幽香典雅,又有洋兰的丰富多彩,在国际花卉市场十分畅销,深受花卉爱好者的倾爱。图8.40为大花惠兰及其组织培养。

图 8.40 大花惠兰及其组织培养

1）外植体选择

取其茎尖作为外植体。

2）无菌外植体的获得

选择生长健壮、无病虫害植株，在假鳞茎上取新萌发的侧芽为外植体。用洗衣粉洗净，并用自来水冲洗干净，先以75%酒精消毒5~10 s，再用0.1% $HgCl_2$ 溶液消毒10~15 min，无菌水反复冲洗5次，在无菌条件下剥出5 mm左右的茎尖为外植体以供接种用。

3）培养基及温光条件

基本培养基为MS；原球茎诱导培养基为① MS+KT 0.5 mg/L+IBA 0.5 mg/L+20%~30%苹果汁+30%椰子汁；继代增殖培养基为⑪ MS+6-BA 1.0 mg/L+NAA 0.5~1.0 mg/L+20%~30%苹果汁+30%香蕉汁；生根培养基为⑪ 1/2MS。

上述培养基均加蔗糖3%，加琼脂0.7%，pH值5.8。培养温度（25±2）℃，光照10~12 h/d，光照度为1 500 lx。

4）原球茎的诱导与增殖

将无菌外植体接种于培养基①上，放入培养室内进行无菌培养。15~20 d，外植体开始膨大，约60 d后，形成绿色原球茎。在原球茎分化出茎叶之前，将原球茎取出切成小块，转入培养基⑪中，进行增殖培养。约30 d后，由原球茎先后长出叶原基、幼叶。

5）幼苗分化与生根移栽

在增殖培养基⑪上，原球茎增殖的同时，部分原球茎开始分化，逐渐形成不具根的幼苗，将幼苗切割后移入生根培养基⑪上，90 d后可形成10~20 cm的完整植株，当试管苗生长至15 cm左右，根2~3条时即可移栽。移栽前，将试管苗带瓶移入温室闭瓶炼苗3~5 d，再打开瓶塞适应3 d，取出小苗，用水冲洗掉根部培养基，无菌纱布吸干水分，阴凉1 h定植于树皮或水苔育苗盘中，规格可选50孔或66孔穴盘。刚定植时最好遮光50%，温度20 ℃左右，保持一定湿度，并且注意通风。通常从组培苗出瓶到开花需3~4年时间。

8.5.3 文心兰组织培养技术

文心兰（*Oncidium hybridum*）又名跳舞兰、舞女兰、金蝶兰、瘤瓣兰等，被子植物门、单子叶植物纲、天门冬目、兰科、文心兰属。文心兰原产于美国、墨西哥、圭亚那和秘鲁。叶片1~3枚，可分为薄叶种，厚叶种和剑叶种。兰科中的文心兰属植物的总称，本属植物全世界原生种多达750种以上，而商业上用的千姿百态的品种多是杂交种，植株轻巧，花茎轻盈下垂,花朵奇异可爱,形似飞翔的金蝶,极富动感,是世界重要的盆花和切花种类之一。图8.41所示为文心兰及其组织培养。

图 8.41　文心兰及其组织培养

1)外植体选择

取其茎尖及花穗作为外植体。

2)无菌外植体的获得

从母株上切取叶片尚未展开的幼苗,除去外层叶片,取暴露侧芽;花穗的取材可取小花还未展开的具有 2~3 个花蕾的花穗。侧芽和花穗用自来水冲洗干净,先用 70%酒精消毒30 s,再用 0.1%$HgCl_2$ 消毒 10 min,无菌水冲洗 5 次,切取 0.5~0.1 mm 的茎尖和小花为外植体以供接种用。

3)培养基及温光条件

基本培养基为 MS;原球茎诱导培养基为① MS+NAA 0.2 mg/L+10%椰子汁;继代增殖培养基为② MS+6-BA 6.0 mg/L;生根培养基为③ MS+NAA 0.1~0.3 mg/L。

上述培养基均加蔗糖 3%,除①号培养基为液体培养基外,其余②③号为固体培养基加琼脂 0.7%,pH 值 5.8。培养温度(25±2)℃,光照 12 h/d,光照度为 1 500 lx。

4)原球茎的诱导与增殖

先将 0.5~0.1 mm 茎尖接种于液体培养基上,进行 20 d 静止黑暗培养,并且每天摇动2~3 次,然后置于光下培养,待外植体转绿后,移入固体培养基②中。培养 30 d 后,外植体开始膨大并形成原球茎。花穗培养用消毒后的小花接种于培养基②中,经过 30 d 左右的光下培养,小花基部膨大并逐渐形成多个原球茎,45 d 后原球茎可增殖 3 倍左右。

5)幼苗分化与生根移栽

在增殖培养基②上,原球茎增殖的同时,部分原球茎开始分化,逐渐形成不具根的幼苗,将幼苗切割后移入生根培养基③上,20 d 后小苗基部可分化出 1 cm 左右幼根即可移栽。

移栽前,将试管苗带瓶移入温室闭瓶炼苗 3~4 d,再打开瓶塞适应 3 d,取出小苗,用水冲洗掉根部培养基,无菌纱布吸干水分,阴凉 1 h 定植于水苔育苗盘中。刚定植时最好遮光 50%,温度 20 ℃左右,保持一定湿度,并且注意通风。

8.5.4　蝴蝶兰的组织培养技术

蝴蝶兰(*Phalaenopsis aphrodite*)被子植物门,单子叶植物纲,微子目,兰科,蝴蝶兰属。

原产于亚热带雨林地区，分布在泰国、菲律宾、马来西亚、印度尼西亚及中国台湾地区。蝴蝶兰是在1750年发现的，迄今已发现70多个原生种，大多数产于潮湿的亚洲地区。蝴蝶兰，多年生草本，为附生性兰花。蝴蝶兰白色粗大的气根露在叶片周围，除了具有吸收空气中养分的作用外，还有生长和光合作用。新春时节，蝴蝶兰植株从叶腋中抽出长长的花梗，并且开出形如蝴蝶飞舞般的花朵，深受花迷们的青睐，素有“洋兰王后”之称。图8.42所示为蝴蝶兰及其组织培养。

图8.42　蝴蝶兰及其组织培养

1）外植体选择

取根段或花梗段作为外植体。

2）无菌外植体的获得

取蝴蝶兰新发生的根尖段或花梗段约2 cm，用0.1%洗衣粉漂洗15 min后，自来水冲洗10 min，无菌水冲洗2次，先用75%酒精消毒30 s，再用10%次氯酸钠溶液消毒10 min，无菌水冲洗4~5次后，切成0.5~0.8 cm小段为外植体以供接种用。

3）培养基及温光条件

基本培养基为B_5或MS；愈伤组织诱导培养基为① B_5+KT 0.2 mg/L+NAA 1.5 mg/L+椰子汁150 g/L；原球茎增殖培养基为Ⅱ B_5+$GA_3$0.05 mg/L+水解酪蛋白；壮苗培养基为Ⅲ 1/2MS+20%香蕉泥；生根培养基为Ⅳ 1/2MS+IBA 0.3 mg/L。

上述培养基均加活性炭0.2%，琼脂粉0.6%，pH值5.5。①Ⅱ号培养基加蔗糖3%，ⅢⅣ号培养基加蔗糖2%。培养温度25~28 ℃，光照10 h/d，光照度为2 500 lx。

4）愈伤组织及芽的诱导

将灭过菌的外植体接种于培养基①上，暗培养4~5 d后，转为光照培养15 d，根尖切口处膨大并产生绿色瘤状愈伤组织，30 d后将愈伤组织切下接种到增殖培养基Ⅱ上，再培养30 d后从愈伤组织表面绿色颗粒逐渐形成芽点，进而分化出芽。待芽长到1 cm以上时，将其分切接种于培养基Ⅲ中，继续长大形成壮苗。

5）生根与炼苗移栽

将具有3~4片叶，高约3~4 cm芽苗切下转移到培养基Ⅳ中。因苗在生根培养基中生长缓慢，约90 d转移1次，生根率达100%。移栽时，小心取出小苗，洗净根部培养基，栽入消毒液浸泡过的水苔中。防阳光直射，保持湿度85%左右，温度25~30 ℃的环境，待新根伸长、新叶长出时,每隔 7 d 喷 1 次 0.5% KH_2PO_4 溶液进行叶面追肥,成苗率 95%以上。

8.5.5 花卉百合的组织培养技术

百合(*Lilium brownii*)又名强蜀、番韭、山丹、倒仙、重迈、中庭、摩罗、重箱等。被子植物门,单子叶植物纲,百合目,百合科,百合属,多年生草本球根植物。原产于中国,主要分布在亚洲东部、欧洲、北美洲等北半球温带地区,全球已发现有至少 120 个品种,其中 55 种产于中国。近年更有不少经过人工杂交而产生的新品种,如亚洲百合、香水百合、火百合等。食用、观赏、药用皆可。鳞茎含丰富淀粉,可食,亦作药用。多用鳞茎繁殖。图 8.43 所示为百合及百合的组织培养。

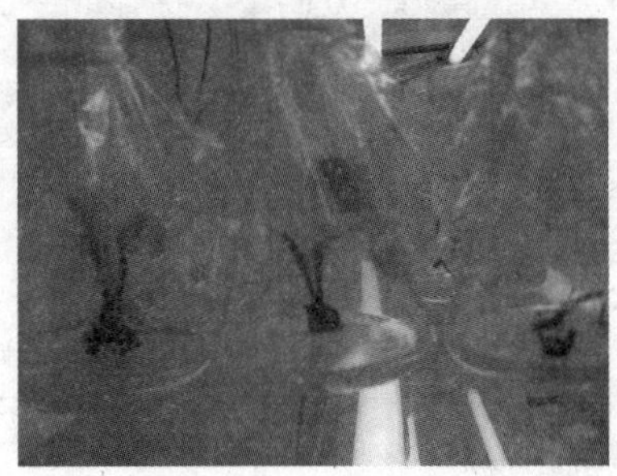

图 8.43　百合及其组织培养

1)外植体选择

取百合优良植株株芽茎尖、苞片作为外植体。

2)无菌外植体的获得

从优良植株剥取株芽,先用温纱布擦洗芽表面,再用 1%洗衣粉洗后,流水冲洗干净,无菌水洗 2 次,然后用 75%酒精消毒 30 s,再用 0.1% $HgCl_2$ 溶液消毒 7~8 min,无菌水冲洗4~5 次,无菌滤纸吸干表面水分,剥取苞片、芽尖为外植体以供接种用。

3)培养基及温光条件

基本培养基为 MS;丛生芽诱导培养基为① MS+6-BA 0.5 mg/L+NAA 1.0 mg/L;芽增殖培养基为② MS+6-BA 0.2 mg/L+NAA 1.0 mg/L;生根培养基为③ MS+NAA 0.1 mg/L。

上述培养基均加蔗糖 3%,琼脂 0.8%,pH 值 5.8,培养温度 20 ℃以上,光照 12 h/d,光照度为 1 200 lx。

4)丛生芽的诱导与增殖

将灭过菌的外植体接种到培养基①上,7~10 d 开始增厚变绿,15 d 后开始出现浅黄色愈伤组织,30 d 后,从愈伤组织上分化出淡黄绿色芽丛,继而长大伸长,分化率达 100%,平均每块外植体可分化出 5~14 个具有小鳞茎的幼苗。待芽伸长,绿色叶长出时,将芽切下转到培养基②上,15 d 后,从芽基部又分化出 4 个小芽,形成芽丛,增殖迅速。25~30 d 继代培养 1 次,芽经过连续地继代增殖,生长分化正常,芽苗也较旺盛粗壮。

5)生根与炼苗移栽

将长约 4 cm 的丛生芽切成单芽,接种到生根培养基③上,15 d 开始生根,25 d 后可长成粗壮的根,生根率达100%。待生根苗长至1 cm左右开始炼苗,炼苗3~5 d左右便可以移栽。移栽时,小心取出小苗,洗净根部培养基,将苗移入腐殖土中,浇透水,放入塑料大棚中,成活率达95%以上。

8.5.6 仙客来的组织培养技术

仙客来(*Cyclamen persicum*),"仙客来"一词来自学名Cyclamen的音译,别名萝卜海棠、兔耳花、兔子花、一品冠、篝火花、翻瓣莲,属多年生草本植物。被子植物门,双子叶植物纲,报春花目,报春花科,仙客来属。仙客来原产于希腊、叙利亚、黎巴嫩等地,现已广为栽培。仙客来是一种普遍种植的鲜花,适合种植于室内花盆,冬季则需温室种植。仙客来的某些栽培种有浓郁的香气,而有些香气淡或无香气。图8.44所示为仙客来。

图8.44 仙客来

1)外植体选择

取其幼嫩叶片作为外植体。

2)无菌外植体的获得

取盆栽仙客来的幼嫩叶,用0.1%洗衣粉洗后在自来水下冲净,无菌水冲洗2次,先用75%酒精表面消毒10 s,再用0.1%$HgCl_2$ 消毒8~10 min,无菌水冲洗5~6次,无菌滤纸吸干表面水分后,把叶片切成5 mm × 5 mm见方的小块为外植体以供接种。

3)培养基及温光条件

基本培养基为MS;分化培养基为① MS+6-BA 1.0~2.0 mg/L+NAA 1.0 mg/L;生根培养基为⑪ 1/2MS+NAA 0.2 mg/L。

上述培养基均加蔗糖3%,琼脂0.8%,pH值5.8,培养温度20 ℃,光照12 h/d,光照度为2 500 lx。

4)分化培养与植株再生

将灭菌的叶片切成5 mm见方的小块,接种分化培养基①上,7 d后,外植体开始膨大,并逐渐形成乳白色的愈伤组织,7 d后,可从少数愈伤组织上分化出芽或根来。将愈伤组织或带芽愈组织分切转移分化培养基①上,20~30 d分出芽苗来;再转入生根培养基⑪上,20 d后可生根,30 d后生根1~12条,根长2~8 mm,可移栽。

5)炼苗移栽

移栽时间以3—4月为宜。移栽前,可打开瓶盖在温室炼苗5~7 d,移栽时用500 mg/L

的 PP_{333}喷施试管苗叶片，以增强苗的抗逆性，移栽成活率达 90%以上。移栽 30 d 后，苗的基部开始膨大，形成类似茎的结构，并在其上产生更多的叶芽。90 d 后，幼苗可达 8~9 片叶。图 8.45 所示为仙客来植株的炼苗移栽。

图 8.45　仙客来的炼苗移栽

8.5.7　秋海棠的组织培养技术

秋海棠（*Begonia grandis*），被子植物门，双子叶植物纲，侧膜胎座目，秋海棠科，秋海棠属，为多年生常绿草本花木。原产于中国，产地为河北、河南、山东、陕西、四川、贵州、广西、湖南、湖北、安徽、江西、浙江、福建。昆明有栽培。日本、爪哇、马来西亚、印度也有。其块茎和果可以入药，可食用，但有小毒。花色为粉红、红、黄或白色。图 8.46 所示为秋海棠。

图 8.46　秋海棠

1）外植体选择

取嫩叶或芽作为外植体。

2）无菌外植体的获得

从开花的球茎海棠的植株上切取较幼嫩的叶片，先用 0.1%洗衣粉漂洗，用自来水冲洗干净，无菌水冲洗 2 次，再用 70%酒精消毒 3~5 s，用 0.1% $HgCl_2$ 消毒 8~12 min，无菌水冲洗 5 次，无菌滤纸吸干水分后为外植体以供接种用。

3）培养基及温光条件

基本培养基为 MS；不定芽诱导与增殖培养基为① MS+6-BA 1.0~3.0 mg/L 或② MS+6-BA 1.0 mg/L+NAA 0.2 mg/L；愈伤组织诱导与不定芽分化培养基为③ MS+6-BA 3.0 mg/L+NAA 1.0 mg/L或④ MS+6-BA 1.0 mg/L+NAA 3.0 mg/L；根培养基为⑤ MS+NAA 0.1 mg/L 或⑥ MS+NAA 1.0 mg/L。

上述培养基均加蔗糖3%,琼脂0.8%,pH值5.8。培养温度(23±2)℃,光照12 h/d,光照度为1 500 lx。

4)不定芽诱导与增殖

将灭过菌的叶片接种于培养基①和②上,15 d后,切成长度为1~1.5 cm的方块接种于相同新鲜培养基②上。培养基②上的外植体从第20 d起表面及周边直接分化出密集的单芽,分化率达100%,平均每个外植体2.1个芽,用芽培养的剥去外围小叶,灭菌后,接种在MS+KT 1.0 mg/L+NAA 0.1 mg/L培养基上,7 d后芽基部开始膨大,形成黄绿色愈伤组织,20 d后从愈伤组织上分化出小圆点,5个月后生出丛生芽,可分切接种于MS+KT 1.0 mg/L+NAA 0.5 mg/L或MS+6-BA 0.5 mg/L+NAA 0.5 mg/L培养基上继代增殖。

5)愈伤组织诱导和不定芽分化

当培养基①和②上的外植体转接到③④培养基上后,有浅绿色突起和致密的愈伤组织,从外植体表面及周边产生,继而分化出芽,分化率在80%~95%。

6)不定芽的增殖

将上述分化的丛生芽切分,再转接到培养基②上,又可使不定芽增殖。1个切块上能增殖数十个不定芽,增殖达到一定数量后即可转到生根培养基上培养。

7)生根与炼苗移栽

当增殖芽长到一定大小时,转接到培养基⑤和⑥上,15 d后,有多条辐射状不定根从芽基部生长出,生根率达到95%。移栽前,先将试管苗移至温室闭瓶炼苗3~5 d,再打开瓶盖适应2~3 d,然后将小苗从培养瓶中取出,洗净根部培养基,移栽于沙土:蛭石:腐殖土(1∶1∶2)的混合基质中,成活率达到90%左右。

8.5.8　康乃馨的组织培养技术

康乃馨(*Dianthus caryophyllus*),原名香石竹,又名狮头石竹、麝香石竹、大花石竹,多年生草本。被子植物门,双子叶植物纲,中央种子目,石竹科,石竹属。康乃馨原产地为南欧、地中海北岸、法国到希腊。主要分布于欧洲温带以及中国大陆的福建、湖北等地,康乃馨是肯尼亚的主要出口种类,也是美洲哥伦比亚最大的出口花卉品种,在亚洲的日本、韩国、马来西亚等国都有大量栽培。在欧洲,德国、匈牙利、意大利、波兰、西班牙、土耳其、英国和荷兰等国栽培的规模都很大,是世界上应用最普遍的花卉之一。图8.47所示为康乃馨。

图8.47　康乃馨

1)外植体选择

取康乃馨无菌苗叶片作为外植体。

2)无菌外植体获得

将顶芽或带腋芽的茎段先用0.1%洗衣粉漂洗,用自来水冲洗干净,无菌水冲洗2次,再用70%酒精消毒3~5 s,用0.1%$HgCl_2$消毒8~12 min,无菌水冲洗5次,无菌滤纸吸干水分后接种于培养基Ⅱ上,30 d后,每个外植体可产生6个芽,取新生顶芽下的3对叶片为外植体以供接种用。

3)培养基及温光条件

基本培养基为MS;愈伤组织及芽诱导培养基为Ⅰ MS+6-BA 1.0 mg/L+NAA 0.2 mg/L;芽增殖培养基为Ⅱ MS+6-BA 0.5~1.0 mg/L+NAA 0.1~0.3 mg/L;生根培养基为Ⅲ 1/2MS+NAA 0.2 mg/L。

Ⅰ和Ⅱ培养基加蔗糖3%,琼脂0.7%,Ⅲ号培养基加蔗糖2%,琼脂0.6%,各种培养基pH值均为5.8。培养温度(25±1)℃,光照12 h/d,光照度为1 000~1 600 lx。

4)不定芽的诱导与增殖

将无菌外植体接种于培养基Ⅰ上,5 d后外植体开始膨大伸长,基部也略膨大,出现有绿色愈伤组织。10 d后,从基部开始分化出淡绿色小芽点,并逐渐长成小芽丛,分化率达60%以上,且芽壮、生长快。芽分化的不定芽达1 cm时,转移到增殖培养基Ⅱ上,每隔30 d继代增殖1次,每个芽可增殖4~6个芽。

5)生根与炼苗移栽

将2~3 cm增殖芽切成单芽转接到生根培养基Ⅲ上,基部切口处先形成愈伤组织,10~12 d后,从愈伤组织周围开始长出多呈辐射状的幼根,30 d后,根生长至1.5~2.5 cm,平均生根8~10条,并在后期形成许多毛根,生根率达95%。

移栽前,先打开瓶盖在培养室散光下炼苗3 d后,取出小苗洗净根部培养基,移栽于用0.1%多菌灵灭过菌的蛭石:河沙:菜园土(1:1:2)的混合基质中,开始10 d用塑料薄膜保湿保温,以后逐渐除去薄膜,移栽成活率达90%以上。

8.5.9 玫瑰的组织培养技术

玫瑰(*Rosa rugosa*)被子植物门,双子叶植物纲,蔷薇目,蔷薇科,蔷薇属,常绿或半常绿直立灌木,用扦插繁殖系数低。玫瑰原产于中国,朝鲜称为海棠花。分布于中国北京市、江西省、四川省、云南省、青海省、陕西省、湖北省、新疆维吾尔自治区、湖南省、河北省、山东省、广东省、广西壮族自治区、辽宁省、江苏省、甘肃省、内蒙古自治区、河南省、山西省、宁夏回族自治区。主要分布于亚洲东部地区、保加利亚、印度、俄罗斯、美国、朝鲜等地。枝干多针刺,奇数羽状复叶,小叶5~9片,有边刺。花瓣倒卵形,重瓣至半重瓣,花有紫红色、白色等。玫瑰作为农作物时,其花朵主要用于食品及提炼香精玫瑰油,玫瑰油应用于化妆品、食品、精细化工等工业。图8.48所示为玫瑰及玫瑰的组织培养。

1)外植体选择

取其带腋芽的茎段作为外植体。

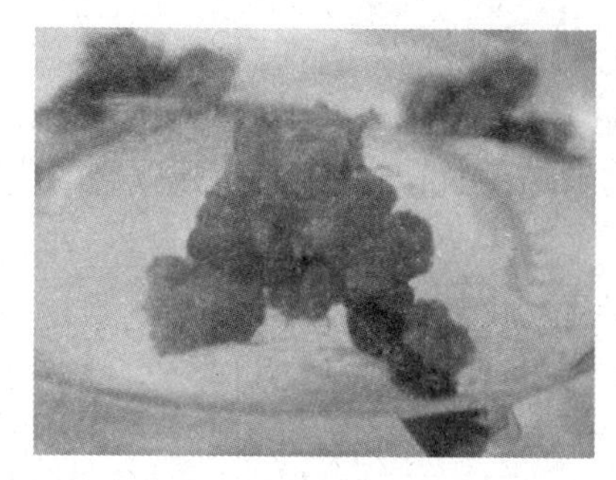

图 8.48 玫瑰及其组织培养

2)无菌外植体的获得

选优良健壮植株当年生枝条中段(带饱满而未萌发的侧芽),用自来水冲洗干净,用0.1%~0.15% $HgCl_2$ 溶液消毒 8~12 min,无菌水冲洗 4~5 次,剪成 1~2 cm 带腋芽的茎段为外植体以供接种用。

3)培养基及温光条件

基本培养基为 MS;芽诱导培养基为① MS+6-BA 0.5~1.0 mg/L+NAA 0.1 mg/L;芽增殖培养基为② MS+6-BA 1.0 mg/L+IAA 0.1 mg/L 或③ MS+6-BA 1.0 mg/L+NAA 0.1 mg/L;壮苗培养基为④ MS+6-BA 0.1~0.2 mg/L+NAA 0.1 mg/L;生根培养基为⑤1/2MS+IBA 0.5 mg/L。

上述培养基均加蔗糖 3%,琼脂 0.7%,pH 值均为 5.8。培养温度(25±1)℃,光照 12 h/d,光照度为 1 000~2 000 lx。

4)芽的诱导与增殖

将消毒好的带腋芽茎段接种于培养基①上,培养 15~20 d 后,腋芽长至 1 cm 左右。然后,将长出的腋芽接种于培养基②或③上,35~40 d 逐渐形成丛芽。在②或③号培养基上,每隔 35~40 d 继代 1 次,芽可增殖 3~5 倍。

5)壮苗生根与移栽

将增殖培养基上芽转接于壮苗培养基④上进行壮苗培养,35~40 d 后转移到生根培养基⑤上,20 d 后,苗基部生出数条白根即可出瓶移栽;也可剪成 2 cm 长的茎段接种于生根培养基⑤中进行生根培养,7~10 d 产生根原基,继而产生数条白色根,生根率 85%以上。每年 3~4 月移栽为好,将幼苗取出瓶后,先洗去根上黏附的培养基,再栽于蛭石或稻壳灰、园田土(1∶1)的基质中,栽后浇透水,并用 0.1%多菌灵喷雾保苗,注意保持相对湿度在 85%以上,每隔 7~10 d 喷 1 次 1/4MS 培养液,移栽成活率可达 85%~95%。

8.5.10 菊花的组织培养技术

菊花(*Dendranthema morifolium*)别名寿客、金英、黄华、秋菊、陶菊、日精、女华、延年、隐逸花,为被子植物门、双子叶植物纲、桔梗目、菊科、菊属多年生宿根草本植物。菊花原产于中国,中国栽培菊花已有 3 000 多年历史,17 世纪末叶荷兰商人将中国菊花引入欧洲,18 世纪传入法国,19 世纪中期引入北美,此后中国菊花遍及全球。株高 60~150 cm;茎直立,分枝或不分枝,被柔毛;叶互生,有短柄,叶片卵形至披针形,羽状浅裂或半裂,基部楔形,下面被白色短柔毛，边缘有粗大锯齿或深裂，基部楔形，有柄；头状花序单生或数个集生于茎枝顶端，大小不一，单个或数个集生于茎枝顶端；总苞片多层，外层绿色，条形，边缘膜质，外面被柔毛；舌状花白色、红色、紫色或黄色，当中为管状花，常全部特化成各式舌状花，花期9—11月。

菊花是中国十大名花第三，花中四君子（梅兰竹菊）之一，也是世界四大切花（菊花、月季、康乃馨、唐菖蒲）之一，中国产量居首。菊花生长旺盛，萌发力强，一株菊花经多次摘心可以分生出上千个花蕾，有些品种的枝条柔软且多，便于制作各种造型，组成菊塔、菊桥、菊篱、菊亭、菊门、菊球等形式精美的造型。又可培植成大立菊、悬崖菊、十样锦、盆景等，形式多变，蔚为奇观，为每年的菊展增添了无数的观赏艺术品；菊花也能入药治病，久服或饮菊花茶能令人长寿。图8.49所示为菊花及菊花的组织培养。

图8.49　菊花及其组织培养

1）外植体选择

取茎尖和带腋芽的茎段作为外植体。

2）无菌外植体的获得

选取切花菊的茎尖和带腋芽的茎段，用自来水冲洗10~15 min，无菌水冲洗2次，先用75%酒精消毒0.5~1 min，用0.1% $HgCl_2$ 消毒8~12 min，将其切成0.5~1.0 cm的小段为外植体以供接种用。

3）培养基及温光条件

基本培养基为MS；诱导培养基为① MS+6-BA 1.0~2.0 mg/L+NAA 0.1 mg/L；增殖培养基为② MS+6-BA 1.0 mg/L+IAA 0.1 mg/L；生根培养基为③ 1/2MS+NAA 0.1~0.2 mg/L。

上述培养基均加蔗糖3%，琼脂0.7%，pH值均为5.8。培养温度（25±2）℃，光照12~16 h/d，光照度为1 000~2000 lx。

4）芽的诱导与增殖

将灭过菌的外植体接种于培养基①上，培养15~20 d，有大量愈伤组织从基部产生。再将愈伤组织转入培养基②上，进而产生丛生芽，培养15~20 d后，苗高2~4 cm，将丛生芽切割转入相同新鲜的培养基②中进行继代培养，随着继代次数的增加，芽苗很快多起来，并逐渐长大。

5）生根与炼苗移栽

待增殖苗生长到3 cm左右时，可切成单株转接到培养基③中，培养15 d后，幼苗生根率达95%~100%，每棵苗可生根6条，根长1.5~2.0 cm。

移栽前,先将试管苗移到温室炼苗 2 d 后,取出洗净培养基移栽于蛭石：珍珠岩(1：1)混合基质的花盆中,栽后浇足水,盖上塑料薄膜和遮阳网,以保持湿度,避免阳光强晒,并注意通风换气。10~15 d 后,逐渐揭开薄膜和去除遮阳网。每隔 3~4 d 喷 1 次 1/4MS 大量元素稀释营养液,移栽成活率达 90%以上。30 d 后可定植于田间。

8.5.11 非洲紫罗兰的组织培养技术

非洲紫罗兰(*Saintpaulia ionantha*)别名非洲堇、非洲苦苣苔、非洲紫苣苔、圣包罗花,多被子植物门、双子叶植物纲、管状花目、苦苣苔科、非洲紫苣苔属多年生草本植物。原产于东非的热带地区。全株有毛;叶基部簇生,稍肉质,叶片圆形或卵圆形,背面带紫色,有长柄;花 1~6 朵簇生在有长柄的二歧聚伞花序上,花有短筒,花冠 2 唇,裂片不相等,花色多样,有白色、紫色、淡紫色或粉色;蒴果;种子极细小。栽培品种繁多,有大花、单瓣、半重瓣、重瓣、斑叶等,花色有紫红、白、蓝、粉红和双色等。植株小巧玲珑,花色斑斓,四季开花,是室内的优良花卉,也是国际上著名的盆栽花卉。由于其花期长、较耐阴,株形小而美观,盆栽可布置在窗台、客厅、茶几等作点缀装饰;同时放置室内可净化室内空气、改善室内空气品质、能美化环境、调和心情及舒解压力,也是园艺治疗的理想材料。图 8.50 所示为非洲紫罗兰及非洲紫罗兰的组织培养。

图 8.50 非洲紫罗兰及其组织培养

1)外植体选择

取其嫩叶作为外植体。

2)无菌外植体的获得

选非洲紫罗兰嫩叶在自来水下用洗衣粉清洗干净后,先用 75%酒精消毒 10 s,再用 0.1%$HgCl_2$ 消毒 5~8 min,用无菌水冲洗 3 次,切成 0.5~1.0 cm 见方的小块为外植体以供接种用。

3)培养基及温光条件

基本培养基为 MS;丛生芽诱导培养基为① MS+6-BA 1.0 mg/L+NAA 0.2 mg/L;生根培养基为② 1/2MS+NAA 0.5 mg/L。

上述培养基均加蔗糖 3%,琼脂 0.7%,pH 值 5.8。培养温度 25 ℃,光照 12 h/d,光照度为1 000~1 600 lx。

4) 分化培养过程

将灭过菌的嫩叶小方块,接种于培养基①上,于光照度为 1 000~1 600 lx,光照 12~14 h/d,培养温度(25±1)℃下,培养 35 d 后,叶片可直接分化出许多丛生芽,每块丛生芽有 25~40 个不等小芽,诱导率 100%。将小丛生芽转接于⑩号培养基上,10 d 后,开始生根,根的诱导率为 95%以上,主茎叶片也明显增大,叶色浓绿,15 d 后即可移栽。

5) 试管苗移栽

待试管苗根长至 0.5 cm 时,从试管中取出小苗,洗去根部培养基,移栽到锯末与细沙(1∶1)的基质中,注意保温、保湿,湿度保持在 85%以上,温度为 15~25 ℃,10 d 后试管苗开始生新根,20~30 d 可栽于花盆中,进行正常管理。

8.5.12 补血草的组织培养技术

补血草(*Limonium sinense*)别名海赤芍、鲂仔草、白花玉钱香、海菠菜、海蔓、海蔓荆、匙叶草、华蔓荆、盐云草、匙叶矶松、中华补血草,为被子植物门、双子叶植物纲、白花丹目、白花丹科、补血草属多年生草本植物。补血草分布于中国滨海各省区,生长在沿海潮湿盐土或砂土上。全株(除萼外)无毛;叶基生,淡绿色或灰绿色,倒卵状长圆形、长圆状披针形至披针形,先端通常钝或急尖,下部渐狭成扁平的叶柄,多数,排列成莲座状;花轴上部多次分枝,花集合成短而密的小穗,集生于花轴分枝顶端,小穗茎生叶退化为鳞片状,棕褐色,边缘呈白色膜质,花序伞房状或圆锥状;果实倒卵形,黄褐色。根或全草可入药,具有收敛、止血、利水的作用。补血草因其花朵细小,干膜质,色彩淡雅,观赏时期长,与满天星一样,是重要的配花材料,俗称"勿忘我"。除作鲜切花外,还可制成自然干花,用途更为广泛。图 8.51所示为补血草。

图 8.51 补血草

1) 外植体选择

取叶片、小苗茎尖或茎段作为外植体。

2) 无菌外植体的获得

选田间生长的补血草中部叶片,用稀释的洗涤液清洗后,在自来水下冲洗干净后,先用 75%酒精消毒约 15 s,再用 0.1% $HgCl_2$ 消毒 5~10 min,用无菌水冲洗 4 次,切成 0.5 cm×0.5 cm见方的小块为外植体以供接种用。

3）培养基及培养条件

基本培养基为MS；诱导分化培养基为① MS+6-BA 2.0 mg/L+NAA 0.2 mg/L；生根培养基为⑪ 1/2MS+NAA 0.5 mg/L。

上述培养基均加蔗糖3%，琼脂0.7%，pH值5.8。培养温度25 ℃，光照12 h/d，光照度为1 500 lx。

4）丛芽的诱导与增殖

将灭过菌的外植体，接种于丛芽诱导培养基①上，20 d左右，外植体周围产生绿色愈伤组织，并且逐渐增生，继而从表面出现绿色突起，继续培养15 d左右，分化成芽，继而育成苗丛。当丛生小苗长到4~5 cm高时，将大苗切成2~3 cm段，小苗不用再切，转接到相同新鲜培养基①上。从小苗基部又不断分化出小苗，形成新的小苗丛，如此反复分切、转接，加快补血草的繁殖。

5）生根与炼苗移栽

当繁殖到一定数量小苗后，待苗长至2 cm高时，将小苗分切成单芽，转接于生根培养基⑪上，15 d左右，丛芽苗基部长出3~5条根，培养25 d后，苗长到4~5 cm高、根长2~3 cm时即可炼苗移栽。

移栽前，可将培养瓶盖打开，放入遮阴的大棚或温室内进行炼苗5~7 d。然后把生根苗从瓶中小心取出，洗净根部培养基，移栽于经0.1%百菌清消毒的珍珠岩：河沙（1：1）混合基质中，加强温度、湿度和光照管理，使小苗逐渐适应外界环境条件，20~25 d后，定植于苗床中。

8.5.13　海芋的组织培养技术

海芋（*Alocasia macrorrhiza*）别名巨型海芋、滴水观音，为被子植物门、单子叶植物纲、天南星目、天南星科、海芋属多年生草本花卉。常成片生长在海拔1700 m以下的热带雨林林缘或河谷野芭蕉林下，中国江西、福建、台湾、湖南、广东、广西、四川、贵州、云南等地的热带和亚热带地区均有分布，国外自孟加拉、印度东北部至马来半岛、中南半岛以及菲律宾、印度尼西亚均有分布。茎粗壮，高可达3 m；叶聚生茎顶，叶片卵状戟形；肉穗花序稍短于佛焰苞，雌花在下部，雄花在上部。海芋是大型观叶植物，宜用大盆或木桶栽培，适于布置大型厅堂或室内花园，也可栽于热带植物温室，十分壮观。根茎富含淀粉，可作工业上代用品，但不能食用。图8.52所示为海芋。

1）外植体选择

取海芋的顶芽作为外植体。

2）无菌外植体的获得

从生长旺盛抗病虫害的海芋植株上切取顶芽，用刀削去附着在茎上的一些老组织，用洗衣粉在自来水下冲洗干净，无菌滤纸吸干水分，然后，用75%酒精消毒0.5~1 min，再用0.1%$HgCl_2$消毒10~12 min，无菌水冲洗6次，无菌滤纸吸干水分，以此为外植体以供接种用。

图 8.52　海芋

3)培养基及温光条件

基本培养基为 MS;从生芽诱导培养基为① MS+6-BA 2.0 mg/L+NAA 0.5 mg/L;芽增殖培养基为② MS+6-BA 1.0~3.0 mg/L+NAA 0.2~0.5 mg/L。

上述培养基中均加白糖或蔗糖 3%,琼脂 0.7%,pH 值 5.8。培养温度(26±1)℃,光照 12 h/d,光照度为 1 000~1 500 lx。

4)从生芽的诱导与增殖

将灭过菌的外植体接种于培养基①上,20 d 后,顶芽开始萌动,同时,从芽基部形成愈伤组织。转入相同新鲜培养基①上连续培养 2 次,约 60 d 在芽基部形成丛生芽及淡黄色愈伤组织。丛生芽和愈伤组织再生植株的叶片与母株相似,并生成较多的健壮根系,根芽同时发生形成完整植株。将丛生芽和愈伤组织块分割,转移到培养基②中进行继代培养,每隔 30 d 继代 1 次,芽发生率为 33.8%。

5)移栽

由于海芋在增殖培养中,易产生带根植株,因此,可省去生根培养阶段,而直接将生根小苗切下,用水小心洗掉根部培养基后,移栽于经 0.1%多菌灵消毒的珍珠岩和泥炭土(2∶1)的混合基质中,浇透水,前期覆盖薄膜和 90%遮阳网,保持相对湿度 85%,14 d 后,改为 70%遮阳网,且揭去薄膜;15 d 后,可适当喷施叶面肥;30 d 后,可喷施 0.1%复合肥(N15、$P_2O_2$15、K_2O15),成活率可达 90%。

8.5.14　花叶万年青的组织培养技术

花叶万年青(*Dieffenbachia picta*)又名黛粉叶,为被子植物门、单子叶植物纲、天南星目、天南星科、花叶万年青属多年生常绿灌木状草本植物。花叶万年青原产南美,中国广东、福建各热带城市普遍栽培。茎干粗壮多肉质,株高可达 1.5 m;叶片大而光亮,着生于茎干上部,椭圆状卵圆形或宽披针形,先端渐尖,全缘;宽大的叶片两面深绿色,其上镶嵌着密集、不规则的白色、乳白、淡黄色等色彩不一的斑点,斑纹或斑块,叶鞘近中部下具叶柄;花梗由叶梢中抽出,短于叶柄,花单性,佛焰花序,佛焰苞呈椭圆形,下部呈筒状。花叶万年青的园艺用途有很多:幼株小盆栽,可置于案头、窗台观赏;中型盆栽可放在客厅墙角、沙发边作为装饰,令室内充满自然生机。花叶万年青叶片宽大、黄绿色,有白色或黄白色密集的不规则斑点，有的为金黄色镶有绿色边缘，色彩明亮强烈，优美高雅，观赏价值高，是目前备受推崇的室内观叶植物之一，适合盆栽观赏，点缀客厅、书房十分舒泰、幽雅。把它摆放光度较低的公共场所，花叶万年青仍然生长正常，碧叶青青，枝繁叶茂，充满生机，特别适合在现代建筑中配置。图 8.53 所示为花叶万年青及花叶万年青的组织培养。

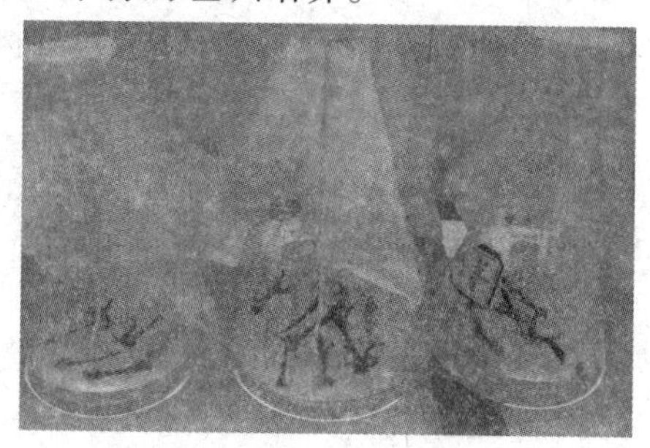

图 8.53 花叶万年青及其组织培养

1）外植体选择

取花叶万年青的茎段侧芽作为外植体。

2）无菌外植体的获得

取花叶万年青植株，剥除叶片，切取带潜伏侧芽的茎段，除去潜伏芽附近的污垢，用软刷蘸少许 0.1%洗衣粉刷洗，并在自来水下冲洗干净，先用 75%酒精消毒 2 min，再用 0.1% $HgCl_2$ 消毒 10~12 min，无菌水冲洗 6 次，无菌滤纸吸干水分，单独挖取潜伏侧芽为外植体以供接种用。

3）培养基及温光条件

基本培养基为 MS；不定芽诱导培养基为① MS+6-BA 5.0 mg/L+KT 0.5 mg/L+NAA 0.2 mg/L；芽增殖培养基为② MS+6-BA 2.0~3.0 mg/L+KT 0.2~0.5 mg/L；生根培养基为③ 1/2MS+NAA 0.5 mg/L+0.5%活性炭。

上述培养基均加蔗糖 3%，琼脂 0.7%，pH 值 5.8。培养温度（26±2）℃，光照 12 h/d，光照度为 1 500 lx。

4）丛生芽的诱导与增殖

取上述潜伏侧芽，置于培养基①中培养，7 d 后侧芽开始萌动，30 d 后侧芽伸长，叶片展开。将萌发侧芽从中切成两半，转入新鲜相同的培养基①中继续培养 7 d 后，侧芽的基部开始膨大并有少量愈伤组织产生，再经过几次重复培养，在侧芽基部可长出再生植株，再生植株矮化，节间短；约 6 个月后，丛生芽开始出现，将丛生芽切分转移到增殖培养基②中，丛生芽能快速增殖，增殖系数为 4。

5）生根与炼苗移栽

将增殖培养基中未长根的植株分切置于培养基③中进行生根培养，30 d 后生根率达 100%，单株生根数平均 4 条。

移栽前，先打开瓶盖在培养室内炼苗 2~3 d，再将小苗从培养瓶取出，用自来水冲洗干净，移栽于珍珠岩：泥炭土（2：1）的混合基质中，盖上薄膜和遮阳网，保持 80%以上的相对湿度和 90%遮光率，勤浇水，10 d 左右喷 1 次稀释 10 倍的 MS 营养液，15 d 后开始长出新叶,成活率达 95%以上。

8.5.15 仙人掌、仙人指的组织培养技术

仙人掌(*Opuntia stricta*)别名仙巴掌、霸王树、火焰、火掌、牛舌头,为被子植物门、双子叶植物纲、仙人掌目、仙人掌科、仙人掌属丛生肉质灌木。仙人掌常生长于沙漠等干燥环境中,被称为"沙漠英雄花",为多肉植物的一类。主要分布在美国南部及东南部沿海地区、西印度群岛、百慕大群岛和南美洲北部、中国南方及东南亚等热带、亚热带地区的干旱地区。上部分枝宽倒卵形、倒卵状椭圆形或近圆形;花辐状,花托倒卵形;种子多数扁圆形,边缘稍不规则,无毛,淡黄褐色。仙人掌的种类繁多,世界上共有 70~110 个属,2 000 余种,具体可以分为:团扇仙人掌类、段型仙人掌类、蟹爪仙人掌(螃蟹兰)、叶型森林性仙人掌类、球形仙人掌。图 8.54(a)所示为仙人掌。

仙人指(*Schlumbergera bridgesii*)为被子植物门、双子叶植物纲、仙人掌目、仙人掌科、仙人指属室内盆栽花卉。仙人指原产于巴西和玻利维亚,世界各国多有栽培,栽培品种除紫色外,还有白、橙黄、浅黄、深红色等品种。附生于树干上,多分枝,枝丛下垂;枝扁平,肉质,多节枝,每节长圆形,叶状,每侧有 1~2 钝齿,顶部平截;花单生枝顶,花冠整齐。图 8.54(b)所示为仙人指。

(a)

(b)

图 8.54 仙人掌和仙人指

1) 外植体选择

取两者带腋芽的茎段或茎片作为外植体。

2) 无菌外植体的获得

仙人掌用试管软刷蘸少许 0.1%洗衣粉在流水下刷洗干净后,先用 75%酒精消毒 0.5~1 min,再用 0.1% $HgCl_2$ 溶液置于锥形瓶中,抽真空消毒 7~10 min,无菌水冲洗 4~5 次,切成 0.5~1.0 cm 茎段为外植体以供接种用;仙人指用 0.1% $HgCl_2$ 溶液置于锥形瓶真空消毒 5 min,无菌水冲洗 4 次,将带顶芽茎片切成 1 cm^2 大小为外植体以供接种用。

3) 培养基及温光条件

基本培养基为 MS;仙人掌诱导分化培养基为① MS+6-BA 2.0 mg/L+NAA 0.2 mg/L;仙人指诱导分化培养基为⑪ MS+6-BA 2.0~3.0 mg/L+NAA 0.1~0.3 mg/L+0.5%活性炭。

上述培养基均加蔗糖 3%，琼脂 0.7%，pH 值 5.8。培养温度 20~22 ℃，光照 12 h/d，光照度为 2 000 lx。

4）分化培养

（1）仙人掌的分化培养

将灭过菌外植体接种于培养基①中，培养 15 d 后，外植体开始发芽，平均分化芽数为 2 个，40~50 d 后转接到相同新鲜培养基①上；25 d 后开始生根，继续发根 15 d 后可移栽，育苗成活率 60%~70%。

（2）仙人指的分化培养

将灭过菌的带顶芽茎片，接种于培养基Ⓑ上，培养 35 d 后，白色疏松的愈伤组织从茎片顶部产生，此后 5 d 发芽生根，外植体平均分化芽数为 2 个，育苗成活率 80%左右。

5）组培嫁接成苗

取带顶部茎片的仙人指，以嫩枝劈接的方法，嫁接在已发根的粗壮仙人掌茎的中部，用经消毒的仙人掌的细刺将穗砧固定。虽比组培仙人指直接扦插周期长些，但其嫁接成活率高出 20%，组培后也要完成嫁接工序。

8.5.16 一品红的组织培养技术

一品红（*Euphorbia pulcherrima*）别名象牙红、老来娇、圣诞花、圣诞红、猩猩木，为被子植物门、双子叶植物纲、大戟目、大戟科、大戟属多年生灌木。一品红原产于中美洲，广泛栽培于热带和亚热带，在中国大部分省市都有分布。根圆柱状，极多分枝；茎直立，无毛；叶互生，卵状椭圆形、长椭圆形或披针形，绿色，边缘全缘或浅裂或波状浅裂，叶面被短柔毛或无毛，叶背被柔毛；苞叶 5~7 枚，狭椭圆形，通常全缘，极少边缘浅波状分裂，朱红色；花序数个聚伞排列于枝顶；总苞坛状，淡绿色，边缘齿状 5 裂，裂片三角形，无毛；蒴果，三棱状圆形，平滑无毛；种子卵状，灰色或淡灰色，近平滑，无种阜。全株可入药，具有调经止血、接骨、消肿等功效；一品红花色鲜艳，花期长，正值圣诞、元旦、春节开花，盆栽布置室内环境可增添喜庆气氛；也适宜布置会议等公共场所。南方暖地可露地栽培，美化庭园，也可作切花。图8.55所示为一品红。

图 8.55 一品红

1)外植体选择

取其带腋芽的茎段作为外植体。

2)无菌外植体的获得

取带腋芽的嫩茎段,剪去叶柄后,用软刷蘸少许洗衣粉刷洗并用自来水冲洗 30 min,先用70%酒精消毒 10~20 s,再用0.1% $HgCl_2$ 消毒 8~10 min,无菌水冲洗 5~6 次,无菌滤纸吸干水分后为外植体以供接种用。

3)培养基及温光条件

基本培养基为 MS;丛芽诱导培养基为① MS+6-BA 1.0 mg/L+2,4-D 0.1 mg/L;芽增殖培养基为⑪ MS+6-BA 0.5~1.0 mg/L+NAA 0.1~0.3 mg/L;生根培养基为⑫ 1/2MS+IBA 1.0 mg/L。

上述培养基均加琼脂 0.6%,pH 值 5.8,①和⑪号培养基加蔗糖 3%,⑫号培养基加蔗糖 2%。培养温度(25±1)℃,光照 12 h/d,光照度为 2 000 lx。

4)丛芽的诱导与增殖

将灭过菌的带腋芽茎段接种于丛芽诱导培养基①上,8~9 d 后,腋芽开始膨大;15 d 后可见周围分化出丛生芽。将丛生芽切割,转接于芽增殖培养基⑪上,20 d 后即可形成新的丛生芽,平均每株达 4.2 个芽。将丛生芽再切割在培养基⑪上,如此多继代培养,即可不断地获得大量的丛生芽,再生根培养后成苗。

5)生根与炼苗移栽

将高 1.5~2.0 cm 的小芽接种到生根培养基⑫上,12 d 后芽苗基部开始生根;20 d 后,每苗长出 5~7 条幼根,平均根长 1.0~1.5 cm,生根率可达 90%以上。

移栽前,先将生根后的试管苗封口膜打开,在培养室里炼苗 2 d,然后,小心取出试管苗,洗净根部培养基,移栽于经 0.1%百菌清消毒的蛭石∶珍珠岩∶菜园土(1∶1∶2)混合基质中,加盖薄膜和遮阳网,保持相对湿度 90%左右,遮阴 50%以上,7 d 后,揭去薄膜和遮阳网,逐渐通风和加强光照,保持温度 20~25 ℃,30 d 后小苗成活率达 90%以上。

8.5.17 非洲菊的组织培养技术

非洲菊(*Gerbera jamesonii*)别名太阳花、猩猩菊、日头花等,是菊科多年生草本植物。原产地为南非,后引入英国,现世界各地广泛栽培。繁殖用播种或分株法。株高 30~45 cm,根状茎短,为残存的叶柄所围裹,多数叶为基生,羽状浅裂。具较粗的须根,顶生花序,花朵硕大,花色分别有红色、白色、黄色、橙色、紫色等,花色丰富,管理省工,在温暖地区能常年供应,是现代切花中的重要材料,供插花以及制作花篮,也可作盆栽观赏。图 8.56 所示为非洲菊及其组织培养。

主要类型可分现代切花型和矮生栽培型。

1)外植体选择

取其花托或叶片为外植体。

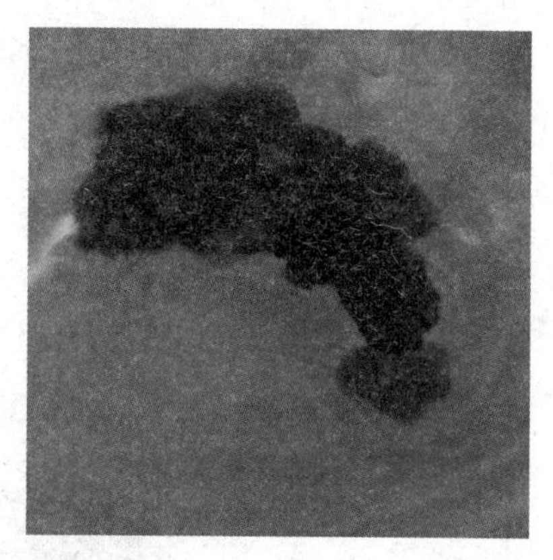

图 8.56 非洲菊及其组织培养

2）无菌外植体的获得

取健壮无病、直径约 1 cm 的花托剪下，用清水冲洗数次，剥去外侧数层苞片，并剪去花柄。叶片用清水冲洗 30 min，修剪成小块。将洗净的外植体放入超净工作台，先用 70%酒精消毒 10～20 s，再用 0.1%$HgCl_2$ 消毒 8～10 min，无菌水冲洗 5～6 次，无菌滤纸吸干水分，修剪叶片外缘，以供接种用。

3）培养基及温光条件

基本培养基为 MS；丛芽诱导培养基为① MS+6-BA 4.0 mg/L+IAA0.1 mg/L；继代培养基为② MS+6-BA 3～4 mg/L+IAA 0.1～0.3 mg/L；生根培养基为③ 1/2MS+IAA 1.0 mg/L。

上述培养基均加琼脂 0.6%，pH 值 5.8，①、②和③号培养基加蔗糖 3%。培养温度（25±1）℃，光照 8～10 h/d，光照度为 1 000～2 000 lx。

4）丛芽的诱导与增殖

将灭过菌的叶片或花托，接种于培养基①上，30～50 d 后，外植体开始膨大；慢慢可见分化出芽。这时可将其切割成数块，转接于培养基②上，30 d 后即可分化出幼苗。

5）生根与炼苗移栽

当分化出的幼苗长到一定高度，2～3 cm，或分化出一定数量后，将其切下接种到生根培养基③上，诱导生根。15 d～30 d 后形成完整健康的再生植株。当试管苗高 10～20 cm，并生有 3～4 条 1 cm 左右长的新根时，即可进行移栽。移栽前进行炼苗，把培养瓶从培养室中取出置于自然条件下，揭开瓶盖，让幼苗进行透气。24 h 后，从瓶中取出幼苗，并在清水中洗净培养基，准备移栽。移栽基质可采用灭菌处理的腐熟锯木屑，也可采用经灭菌处理的由蛭石与珍珠岩按 1∶1 比例配的混合物。覆盖薄膜保温。保持相对湿度 90%左右，保持温度 18～25 ℃。

8.5.18 红掌的组织培养技术

红掌（*Anthurium andraeanum*），原名：花烛，天南星科、花烛属。原产于南美洲热带，现在欧洲、亚洲、非洲皆有广泛栽种。多年生常绿草本植物。花朵独特，有佛焰花序，色泽鲜艳华丽,色彩丰富,每朵花的花期长,花的颜色变化大,花序从苞叶展开到花的枯萎凋谢,颜色发生一系列的变化,由开始的米黄色到乳白色,最后变成绿色,枯萎之前又变成黄色。叶形苞片,常见苞片颜色有红色、粉红、白色等,有极高观赏价值。可用播种、分株等法繁殖。红掌的花语是大展宏图、热情。红掌世界科研已处于较为深入的阶段,其中欧洲水平较高,亚洲次之,非洲较差。荷兰在红掌的系统研究中居于领先地位。中国于20世纪70年代开始引种栽培。图8.57所示为红掌及其组织培养。

图8.57 红掌及其组织培养

1)外植体选择

取其腋芽为外植体。

2)无菌外植体的获得

在健壮无病植株上用利刀切取腋芽,用洗衣粉洗,然后用清水冲洗数次。将洗净的外植体放入超净工作台,将腋芽再去1层苞叶(部分过小腋芽可不去),先用75%酒精消毒5~10 s,再用0.1%$HgCl_2$消毒8~10 min,无菌水冲洗5~6次,无菌滤纸吸干水分,以供接种用。

3)培养基及温光条件

基本培养基为MS;丛芽诱导培养基为① MS+6-BA 1.0 mg/L+2,4-D0.1 mg/L;继代培养基为② 1/2MS+6-BA1~2 mg/L+2,4-D0.1~0.3 mg/L;生根培养基为③ 1/2MS+IBA 2.0 mg/L。

上述培养基均加琼脂0.6%,pH值5.8,①、②和③号培养基加蔗糖3%。培养温度(25±2)℃,刚接种的外植体暗培养3~5 d外,其余均光照10~12 h/d,光照度为2500~3 000 lx。

4)丛芽的诱导与增殖

将灭过菌的腋芽接种于培养基①上,9 d后腋芽开始萌动,茎尖增粗,嫩叶伸长、展开,基部产生愈伤组织。当愈伤组织长到1 cm×1 cm左右时,将其切成0.3 cm×0.3 cm转移到培养基②上,反复继代培养,20 d后即可分化出不定芽,40 d左右不定芽长至3片叶。

5)生根与炼苗移栽

当分化出的不定芽或先分化且已长至3片叶以上的植株接种到生根培养基③上,诱导生根。当试管苗生有3~4条2 cm左右长的新根时,即可进行移栽。移栽前进行炼苗,把培养瓶从培养室中取出置于自然条件下7~10 d。从瓶中取出幼苗,并在清水中洗净培养基,准备移栽。全株用800~1 000倍甲基托布津溶液浸洗3 min,以椰康∶泥炭土=2∶1制成基质进行移栽。

任务 8.6 园林绿化及经济植物的组织培养技术

8.6.1 荚果蕨的组织培养技术

荚果蕨(*Matteuccia struthiopteris*)别名黄瓜香、野鸡膀子,为蕨类植物门、蕨纲、真蕨目、球子蕨科、荚果蕨属植物。原产于中国,多生于海拔 900~3 200 m 的高山林下。叶杯状丛生,二型叶,不育叶两短变小,2 回羽状裂,新生叶直立向上生长,展开后则呈鸟巢状。可育叶从叶丛中间长出,叶柄较长,粗而硬,为不育叶的 1/2,羽片荚果状。荚果蕨是大中型蕨类观赏植物,供园林露地造景之用,用组织培养可大量繁殖。图 8.58 所示为荚果蕨。

图 8.58 荚果蕨

1)外植体选择

取成熟的孢子作为外植体。

2)无菌外植体的获得

取荚果蕨成熟的孢子放在滤纸内,先用 75%酒精浸泡 30 s,无菌水浸泡 2 次,再用0.1% $HgCl_2$ 溶液消毒 5 min,无菌水冲洗 4~5 次后作为外植体供接种用。

3)培养基及温光条件

基本培养基为 MS;原叶体形成培养基为① MS+0.3%活性炭;孢子体的形成培养基为⑪ 1/2MS。

上述培养基均加蔗糖 3%,琼脂 0.7%,pH 值 5.8。培养温度 25 ℃,光照 12 h/d,光照度为1 000~2 000 lx。

4)原叶体的形成

将消毒的成熟孢子接种到培养基①上,20 d 后培养基上孢子萌发,出现绿色的芽点,再过 10 d 在培养基上的孢子形成心形成熟状的原叶体,一般形成时间要 25 d,原叶体形成率为 100%。

5)孢子体的形成与移栽

将原叶体接种在培养基⑩上,原叶体均大量增殖,培养 90 d 后,有孢子体形成,形成率 60%以上。当孢子体长至 5~8 cm,具有 2~3 片叶子时可移栽,移栽前先在室外炼苗 2 d,然后取出洗净根部培养基,移至经消毒的蛭石中保温保湿,移栽成活率达 90%以上。

除了上述方法外,也可用不完全培养法来进行孢子体诱导:取出继代增殖的原叶体,洗净基部培养基,平放在经高温消毒的蛭石或沙土上,注意保湿、保温。60 d 后,原叶体陆续长出孢子体,出苗率为 80%。

8.6.2 橘草的组织培养技术

橘草(*Cymbopogon goeringii*)为被子植物门、单子叶植物纲、禾本目、禾本科、香茅属,多年生草本植物。中国亚热带地区山坡草地常见牧草之一,主要分布于华北以南等地;南亚、东南亚和日本也有分布。秆较细弱,直立,高 60~90 cm,基部叶鞘破裂后反卷,里面呈红棕色。多用分株法繁殖,但繁殖系数低,故采用组织培养方法进行快速繁殖。此草多用于盆栽或庭院绿化。图 8.59 所示为橘草。

图 8.59　橘草

1)外植体选择

可选其刚开始拔节的嫩茎段作为外植体进行快繁。

2)无菌外植体的获得

采回开始拔节的植株,剪去根部、去掉叶片,将嫩茎用软刷蘸少许洗衣粉刷洗,并用自来水冲洗 30 min,先用 70%酒精消毒 30 s,再用 0.1%$HgCl_2$ 消毒 8~10 min,无菌水冲洗 5~6 次,取其有节间的茎段作为外植体以供接种用。

3)培养基及温光条件

基本培养基为 MS 或 N_6;愈伤组织诱导培养基为① MS+6-BA 0.5~1.0 mg/L+NAA 0.1 mg/L+2,4-D 1.5 mg/L;不定芽诱导培养基为② MS+6-BA 0.5 mg/L+IAA 0.1 mg/L或③ N_6+6-BA 0.5 mg/L+NAA 0.2 mg/L;生根培养基为④ 1/2MS+NAA 0.1 mg/L。

上述培养基均加琼脂 0.7%,pH 值均为 5.8,①号培养基加蔗糖 4%,②③号培养基加蔗糖 3%,④号培养基加蔗糖 1.5%。培养温度(24±2)℃,光照 12 h/d,光照度为 2 000~3 000 lx。

4）愈伤组织及不定芽的诱导

将灭过菌的外植体接种到培养基①上，接种后7~9 d可形成愈伤组织。将形成的愈伤组织切块，转接到不定芽诱导培养基②或③中，培养5 d后，愈伤组织开始生长变化，不断形成颗粒状，并产生少数绿色突起。当培养15~20 d时，逐渐分化出少许绿色芽点，培养45 d时，颗粒状愈伤组织形成不定芽。愈伤诱导分化率可达90%以上。

5）生根与移栽

把培养基③上诱导的不定芽切成单芽，接种到生根培养基④中，8 d后不定芽开始长根。培养30 d后芽苗高2~5 cm，根长2 cm左右，形成具有十几条根的丛生苗。将丛生苗切成有根单芽苗，移栽于肥沃土、河沙土比例为1∶1的混合基质中，注意保温保湿，移栽成活率90%以上。

8.6.3 毛洋槐的组织培养技术

毛洋槐（*Robinia hispida*）又名毛刺槐、红花槐、江南槐，为被子植物门、双子叶植物纲、杜鹃花目、蝶形花科、刺槐属落叶乔木或灌木，高1~3 m。原产于北美，我国北京、天津、陕西、南京和辽宁等地有引种。幼枝绿色，密被紫红色硬腺毛及白色曲柔毛，二年生枝深灰褐色，密被褐色刚毛，毛长2~5 mm，羽状复叶长15~30 cm。花大而美丽，耐寒、耐旱能力强，生长快，耐修剪，萌蘖力强，对烟尘及有毒气体如氟化氢等有较强的抗性，具有很强抗盐碱的能力，是盐碱地区园林绿化的好树种。图8.60所示为毛洋槐。

图8.60 毛洋槐

1）外植体选择

取其带芽的茎段作为外植体。

2）无菌外植体的获得

5月取生长健壮、无病虫害的母株，切取当年生2~3 cm的新萌发春梢，去掉叶片和叶柄，用软刷蘸少许洗衣粉在流水中冲刷干净，用70%酒精消毒30 s，再用0.1% $HgCl_2$ 消毒8 min，无菌水冲洗4~5次，用无菌滤纸吸干表面水分后为外植体以供接种用。

3）培养基及温光条件

基本培养基为MS；芽诱导培养基为① MS+6-BA 0.5~1.0 mg/L+NAA 0.1 mg/L，或② MS+6-BA 0.5 mg/L+IAA 0.05 mg/L；生根培养基为③ MS。

上述培养基均加蔗糖 3%，琼脂 0.7%，pH 值 6.5。培养温度 25～30 ℃，光照 12 h/d，光照度为 2 000～2 500 lx。

4）芽的诱导与增殖

将灭过菌的外植体接种到培养基①和Ⅱ上，7 d 后外植体膨大萌动，新梢逐渐伸长，培养 30 d，苗高平均 1.7 cm，外植体基部产生愈伤组织，所萌发出的新生芽正常生长。把萌发的新生芽从茎段上切下，转移到相同新鲜培养基①和Ⅱ上进行继代增殖。每隔 30 d 继代 1 次，可增殖 2～3 倍。

5）生根与移栽

切取分化长 2～4 cm 的健壮新梢，转入生根培养基Ⅲ上，15 d 后，从愈伤组织上开始生根，50 d 后，每个外植体平均有 3～4 条根，根长 8～9 cm，生根率达 90%，生长健壮。选择苗高 5 cm 以上的生根苗，打开培养瓶盖，把小苗取出，洗净根部培养基，移栽在经过 0.1%多菌灵消毒的蛭石：河沙：菜园土为 1：1：2 的混合基质上。浇透水，盖膜保温保湿，7～10 d逐渐揭膜，每隔 3 d 轻浇 1 次水，7 d 后喷 1 次叶面肥或 1/10MS 营养液，移栽成活率可达 90%以上。

8.6.4 雪柳组织培养技术

雪柳（*Fontanesia fortunei*）别名挂梁青、珍珠花，为被子植物门、双子叶植物纲、玄参目、木犀科、雪柳属落叶灌木或小乔木，高达 8 m。适应性强，产于河北、陕西、山东、江苏、安徽、浙江、河南及湖北东部。生于水沟、溪边或林中，海拔在 800 m 以下。树皮灰褐色。枝灰白色，圆柱形，叶绿花白，小枝淡黄色或淡绿色，四棱形或具棱角，无毛。嫩叶可代茶；枝条可编筐；茎皮可制人造棉；也可栽培作绿篱。图 8.61 所示为雪柳。

图 8.61　雪柳

1）外植体选择

用其幼叶作为外植体。

2）无菌外植体的获得

5 月份采回雪柳较嫩的叶片，先用软刷蘸 0.1%洗衣粉刷洗并用自来水冲洗 5～10 min，无菌水冲洗 2 次。然后用 75%酒精消毒 10～20 s，再用 0.1%$HgCl_2$ 消毒 8～10 min，无菌水冲洗 4～6 次，用无菌滤纸吸干表面水分，把嫩梢切成 0.3 cm 长方的小块为外植体以供接种用。

3) 培养基及温光条件

基本培养基为MS;愈伤组织诱导培养基为① MS+2,4-D 0.1~2.0 mg/L+6-BA 1.5 mg/L+NAA 0.5 mg/L;芽分化培养基为② MS+6-BA 0.5 mg/L+IBA 0.2~0.5 mg/L;生根培养基为③ 1/2MS+NAA 0.5 mg/L或④ 1/2MS+NAA 1.5 mg/L。

上述培养基均加琼脂0.7%,①号培养基加蔗糖4.5%,②号培养基加蔗糖3%,③④培养基加蔗糖1.5%。培养温度26 ℃,光照12 h/d,光照度为2 000 lx。

4) 芽的诱导与增殖

将灭过菌的带芽茎段接种到愈伤组织诱导培养基①上,培养8 d后,叶片切口处均形成愈伤组织。培养15 d后形成0.5 cm左右的愈伤组织块。愈伤组织块初期为淡黄色,颜色逐渐加深,形成少量的绿色颗粒状物。将愈伤组织转接到分化培养基②上,培养10 d后,随着颗粒状愈伤组织生长不断变绿,逐渐形成芽点或丛生芽。培养50 d后,有的丛生芽生长快、粗壮,可长成高达1.5 cm的无根苗。

5) 生根与移栽

将生长高1.5 cm的无根苗从基部剪下,接种在生根培养基③或④上,开始形成愈伤组织,进而产生根原基,20 d后无根苗平均可生根5.5条,根长在0.5~1.5 cm即可移栽。

移栽前把生根苗先在温室开瓶炼苗2~3 d,然后移栽在下面铺有沃园土、上面铺有5 cm厚干净河沙的苗床上,生根苗移栽成活率在85%左右。也可把高1.5 cm左右的无根苗下部切口在150 mg/L的IAA溶液中浸蘸一下,再扦插在上述移栽苗床上,扦插成活率为70%。

8.6.5 蓬莱松的组织培养技术

图8.62 蓬莱松

蓬莱松(*Asparagus retvofractas*)别名绣球松、水松、松叶文竹、松叶天门冬等,为被子植物门、单子叶植物纲、天门冬目、天门冬科、天门冬属,多年生灌木状草本植物,株高30~60 cm。原产于南非纳塔尔,世界各地广为栽培。小枝纤细,叶呈短松针状,簇生成团,极似五针松叶。新叶翠绿色,老叶深绿色。蓬莱松极适于盆栽观赏,暖地也可布置花坛。它栽培管理简单,而且耐阴性好,适于中小盆种植,用于室内布置;同时,它也是插花衬叶的极好材料。图8.62所示为蓬莱松。

1) 外植体选择

用其嫩枝带芽茎段作为外植体。

2) 无菌外植体的获得

取植株萌发的嫩梢,先用软刷蘸0.1%洗衣粉刷洗,并用自来水冲洗5~10 min,无菌水冲洗2次。然后用75%酒精消毒10~20 s,再用0.1%$HgCl_2$消毒8~10 min,无菌水冲洗4~

6次，用无菌滤纸吸干表面水分，把嫩梢切成1 cm左右的带芽茎段为外植体以供接种用。

3）培养基及温光条件

基本培养基为MS；愈伤组织诱导培养基为① MS+6-BA 0.5~1.0 mg/L；芽诱导培养基为② MS+IBA 0.5~1.0 mg/L；生根培养基为③ MS+KT 0.2 mg/L+NAA 0.5 mg/L或④ MS+6-BA 0.1 mg/L+NAA 0.5 mg/L。

上述培养基均加蔗糖3%，琼脂0.7%，pH值6.5。培养温度25 ℃，光照14 h/d，光照度为1 500 lx。

4）芽的诱导与增殖

将灭过菌的带芽茎段接种到愈伤组织诱导培养基①上，培养15 d后，嫩茎基部开始膨大，并且逐渐产生直径为0.4~1.0 cm的愈伤组织，愈伤组织诱导率达70%以上。挑选结构紧密的黄色愈伤组织，切成直径为0.5 cm的切块，转接到培养基②上。平均每块愈伤组织可分化出5~6个芽，分化率可达90%。将基部带有愈伤组织分化嫩芽，转接到相同新鲜的培养基②上增殖培养，30 d左右嫩芽基部又产生新的芽并形成丛芽，可多次继代培养获得大量芽苗。

5）生根与移栽

把长至1 cm高的增殖芽，切成单芽转接在生根培养基③或④上，都可诱导生根形成完整植株。培养30 d左右，嫩芽基部膨大并逐渐产生白色或浅绿色的根2~3条，这时即可移栽。

移栽前，先打开瓶盖在培养室炼苗2~3 d，然后取出小苗，洗净根部培养基，移栽在经0.1%多菌灵或百菌清消毒的蛭石、河沙、腐殖土比例为1∶1∶2的混合基质中，注意保温保湿，移栽成活率可达80%以上。

8.6.6 欧洲山杨的组织培养技术

欧洲山杨（*Populus tremula*）为被子植物门、双子叶植物纲、杨柳目、杨柳科、杨属的高大乔木，高10~20 m。分布于中国新疆、俄罗斯西伯利亚和高加索，以及欧洲其他地区。树皮灰绿色，光滑，干基部为不规则浅裂或粗糙；树冠圆形；枝圆筒形，灰褐色，当年生枝红褐色，有光泽，无毛或被短柔毛。木材轻软，纹理细直，结构较细，供造纸和人造纤维用，也可供建筑、火柴杆和胶合板等用，树皮可提取栲胶。图8.63所示为欧洲山杨。

图8.63　欧洲山杨

1)外植体选择

取其植株的顶芽、腋芽作为外植体。

2)无菌外植体的获得

取顶芽、嫩茎段,用自来水冲洗 20 min 后,先用 70%酒精消毒 30 s,再用 0.1%$HgCl_2$ 消毒 10 min,用无菌水冲洗 4~5 次,无菌滤纸吸干表面水分,将顶芽或茎段切段为外植体以供接种用。

3)培养基及温光条件

基本培养基为 MS;不定芽诱导培养基为① MS+6-BA 0.5~1.0 mg/L;生根培养基为② MS+IBA 0.2 mg/L。

上述培养基均加蔗糖 3%,琼脂 0.7%,pH 值 5.8。培养温度 25 ℃,光照 10 h/d,光照度为2 500 lx。

4)芽的诱导与增殖

将灭过菌并切成段的外植体接种到培养基①上,7~9 d 后顶芽开始伸长,腋芽萌动,培养 30~40 d 后从芽基部分化出丛生芽。把丛生芽切割后转移到相应的培养基①上,30 d 后,又能分化出较多的丛生芽,每隔 30 d 继代 1 次,可增殖 6.5 倍。

5)生根与移栽

待培养基①中分化苗长至 1~1.5 cm,具有 4 片叶时切成单株,移到生根培养基②上,4 d 后出现根原基,7 d 后可生根,10 d 后可长出数条粗壮根,生根率在 95%以上,把生根苗取出移栽在经过 0.1%多菌灵消毒的混合基质中,注意保温保湿,移栽成活率可达 90%以上。

8.6.7　橡皮树的组织培养技术

橡皮树(*Ficus elastica*)别名印度橡皮树、印度榕大叶青、红缅树、红嘴橡皮树,为被子植物门、双子叶植物纲、荨麻目、桑科、榕属多年生常绿乔木。原产于巴西,现广泛栽培于亚洲热带地区。我国台湾、福建南部、广东、广西、海南和云南南部均有栽培,海南和云南种植较多。主干明显,少分枝,长有气生根;单叶互生,叶片长椭圆形,厚革质,亮绿色,侧脉多而平行,幼嫩叶红色,叶柄粗壮。橡皮树观赏价值较高,是著名的盆栽观叶植物,极适合室内美化布置。中小型植株常用来美化客厅、书房;中大型植株适合布置在大型建筑物的门厅两侧及大堂中央,显得雄伟壮观,可体现热带风光。图 8.64 所示为橡皮树及其橡皮树的组织培养。

1)外植体的选择

可选用茎尖为外植体。

2)无菌外植体的获得

选无病虫害、生长健壮的优良橡皮树植株,切取其带顶芽的茎段长 5 cm,去除叶片后,先用软毛刷蘸少许洗液(0.1%洗衣粉)刷洗,并用自来水冲洗干净,无菌水冲洗 2 次,然后用 75%酒精消毒 0.5~1 min,再用 0.1%$HgCl_2$ 消毒 10 min,无菌水冲洗 6 次,取茎生长点约

图 8.64　橡皮树及其组织培养

5 mm 为外植体以供接种用。

3）培养基及温光条件

基本培养基为 MS、SH；愈伤组织及芽诱导培养基为① MS+6-BA 0.5～1.0 mg/L+IBA 0.5 mg/L+GA_3 0.1 mg/L；芽增殖培养基为② SH+6-BA 1.0 mg/L+IBA 0.2 mg/L+GA 0.1 mg/L；生根培养基为③ 1/2MS+IAA 1.5 mg/L。

上述培养基均加琼脂 0.7%，①②号培养基加蔗糖 3%，③号培养基加蔗糖 1.5%。培养温度 26～28 ℃，光照 10～12 h/d，光照度为 2 000 lx。

4）芽的诱导与增殖

把灭过菌的外植体接种到培养基①上，培养 20 d 后，芽开始萌动、伸长，同时从芽的基部产生质地细密的黄白色愈伤组织在培养基上增殖生长。30 d 后，这些愈伤组织上分化出丛芽。把这些芽及时转到培养基②上（否则由于繁殖速度快而生长势弱，难以生根成苗）培养 30 d，小芽生长健壮旺盛。40 d 后切下生长旺盛小芽植株转入培养基③上进行生根培养，其基部有愈伤组织的部分仍置培养基②上继续分化增殖，每隔 40 d 继代 1 次，每次增殖 6～8 倍。

5）生根培养与炼苗移栽

把培养基②上的苗转接培养基③上生根培养，15 d 后根长 2 cm 左右，平均每株生根 3～6 条即可移栽。

移栽前，先将生根苗在温室闭瓶炼苗 7 d，开瓶适应 2～3 d，然后取下小苗，洗净根部培养基，移栽在下部装 2/3 肥沃营养土，上部有河沙的营养钵或苗床上，栽后用 1 000 倍多菌灵液喷洒防病，并盖膜保温、保湿。7～10 d 逐渐放风，20 d 可去膜，移栽成活率为 85%～95%。

8.6.8　南洋杉的组织培养技术

南洋杉（*Araucaria cunninghamii*）别名澳洲杉、鳞叶南洋杉、塔形南洋杉，为裸子植物门、松柏纲、松柏目、南洋杉科、南洋杉属多年生常绿乔木。原产于大洋洲东南沿海地区，现在中国广东、福建、台湾、海南、云南、广西等地庭院露地栽培，长江流域及其以北各大城市则为盆栽，温室越冬。在原产地高达 60～70 m，胸径达 1 m 以上，树皮呈灰褐色或暗灰色，粗，横裂；大枝平展或斜伸，幼树冠尖塔形，老树则呈平顶状，侧身小枝密生，下垂，近羽状排列。

南洋杉不耐寒,忌干旱,冬季需充足阳光。图 8.65 所示为南洋杉。

图 8.65 南洋杉

南洋杉树形高大,姿态优美,它和雪松、日本金松、北美红杉、金钱松被称为是世界 5 大公园树种。宜独植作为园景树或作纪念树,也可作行道树。选无强风地点为宜,以免树冠偏斜。南洋杉又是珍贵的室内盆栽装饰树种。南洋杉树形为尖塔形,枝叶茂盛,叶片呈三角形或卵形,为世界著名的庭园树之一;幼苗盆栽适用于一般家庭的客厅、走廊、书房的点缀;也可用于布置各种形式的会场、展览厅;还可作为馈赠亲朋好友开业、乔迁之喜的礼物。同时南洋杉材质优良,是澳洲及南非重要用材树种,可供建筑、器具、家具等用。

1)外植体选择

取其分枝的茎段为外植体。

2)无菌外植体的获得

取南洋杉成龄优良单株的顶梢下第 1 轮分枝茎段为材料,顶梢萌动前在晴天下午剪取分枝,放入无菌水中,然后取出切成 2 cm 茎段,移入盛有两滴吐温 80 和 250 mL 无菌水的广口瓶内,搅动 30 min 后,用 75%酒精消毒 30 s,再用 0.1%$HgCl_2$ 消毒 15 min,用无菌水冲洗 7~8 次,保留在无菌水中备用。将灭菌的茎段切成长 10~15 mm 为外植以供接种用。

3)培养基及温光条件

基本培养基为 MS;腋芽诱导及伸长培养基为① 1/2MS;芽增殖培养基为② 1/2MS+KT 2.0 mg/L+BA 1.2 mg/L;生根培养基为③ 1/4MS+IBA 2.0 mg/L。

上述培养基均加蔗糖 2%,琼脂 0.6%,pH 值 5.7。外植体暗培养 10~15 d 后,转入光培养。培养温度 25 ℃,光照 16 h/d,光照度为 1 500~2 000 lx,相对湿度 70%~80%。

4)腋芽的诱导与伸长

将灭过菌的外植体接种到培养基①上,暗培养 10~15 d 后,转入光照培养,培养 50~65 d,培养基上的外植体平均每个产生 3~4 个腋芽。将诱导的腋芽转入相同的新鲜培养基①上,置于 30 ℃的温度下进行伸长培养。再培养 50~60 d,腋芽平均伸长 5.5 mm。

5)芽的增殖

芽的增殖有两个途径。一是初次诱导发生的腋芽接种到增殖培养基②上,经 50~60 d,一般在芽的下端产生 2 个芽;二是主茎明显的芽切去基部老化的愈伤组织和基部分枝,以促进主茎伸长。长到 30~40 mm 时,将其切成 3~4 段,接种在相同新鲜培养基②上连续继代培养,培养繁殖系数可达 6~8。

6)生根与移栽

待增殖芽长到15~20 mm时切成单芽,转入生根培养基Ⅲ上,培养15 d后,再转入培养基①上培养,生根率可达70%,每芽产生不定根1~2条。待生根苗长到3~4 cm时,把培养瓶盖打开,注入无菌蒸馏水,淹没培养基表面,秋季保持1~2 d,春季保持3~5 d。以后可定植到珍珠岩上,保持湿度95%以上,温度20~25 ℃,定植后40~45 d可见新叶生长,新叶由浅绿色变深绿时,移栽在河沙和园土混合基质中。

8.6.9 泡桐的组织培养技术

泡桐(*Paulownia*)为被子植物门、木兰纲、玄参目、玄参科、泡桐属落叶乔木,热带为常绿。泡桐共有7个种,均产自中国,除东北北部、内蒙古、新疆北部、西藏等地区外,全国均有分布,栽培或野生,有些地区正在引种。白花泡桐在越南、老挝也有分布,有些种类已在世界各大洲许多国家引种栽培。树冠圆锥形、伞形或近圆柱形,幼时树皮平滑而具显著皮孔,老时纵裂;通常假二叉分枝,枝对生,常无顶芽;除老枝外全体均被毛;叶对生,大而有长柄,生长旺盛的新枝上有时3枚轮生,心脏形至长卵状心脏形,基部心形,全缘、波状或3~5浅裂,在幼株中常具锯齿,多毛,无托叶。

泡桐属的物种生长非常迅速,十几年树龄的泡桐要比同龄杨树直径大一倍,但生长时间长了,树干会出现中空。泡桐是中国的特产树种,具有很强的速生性,是平原绿化、营建农田防护林、四旁植树和林粮间作的重要树种。泡桐是生产单板材如胶合板、拼板、集成材等最优良的材料,也是生产刨花板、纤维板和造纸的优良原料。

泡桐属的物种是经济价值大的速生树种,也是优良的绿化造林树种,有些种又适宜于农桐兼作,材质佳良,用途广泛,发展泡桐生产在国民经济中有重要价值。该属的物种为高大乔木,材质优良,轻而韧,具有很强的防潮隔热性能,耐酸耐腐,导音性好,不翘不裂,不被虫蛀,不易脱胶,纹理美观,油漆染色良好,易于加工,便于雕刻,在工农业上用途广泛。在工业和国防方面,可利用制作胶合板、航空模型、车船衬板、空运水运设备,还可制作各种乐器、雕刻手工艺品、家具、电线压板和优质纸张等;建筑上做梁、檩、门、窗和房间隔板等;农业上制作水车、渡槽等,泡桐叶、花可作猪、羊饲料;在园林上,良好的绿化和行道树种,但泡桐不太耐寒,一般只分布在海河流域南部和黄河流域,是黄河故道上防风固沙的最好树种;此外,泡桐也具有药用价值,泡桐的叶、花、木材有消炎、止咳、利尿、降压等功效。图8.66所示为泡桐。

1)外植体的选择

取其叶柄为外植体。

2)无菌外植体的获得

取尚未开裂的成熟蒴果,用自来水冲洗20 min,先用75%酒精擦拭,再用0.1%$HgCl_2$消毒20 min,无菌水冲洗5次,无菌滤纸吸干水分后,剥出种子播于无激素的MS培养基上,促使发芽形成芽苗。当幼苗长出1~2对真叶时,可剪取长0.5~1.0 cm的叶柄为外植体以供接种用。

图 8.66 泡桐

3) 培养基及温光条件

基本培养基为 MS；芽诱导培养基为① MS+BA 4.0 mg/L；芽增殖培养基为② MS+BA 4.0 mg/L+NAA 0.2 mg/L；生根培养基为③ 1/2MS+KT 0.5 mg/L+IBA 0.25 mg/L。

上述培养基均加蔗糖 3%，琼脂 0.7%，pH 值 5.8。培养温度 26 ℃，光照 14 h/d，光照度为1 600 lx。

4) 芽的诱导与增殖

把灭过菌的外植体接种到培养基①上，培养 10 d 后，基部先膨大，继而形成大量芽原基，15 d 后可诱导出芽，进而形成芽丛，丛生芽多数不经过愈伤组织，直接起源于叶柄基部膨大部分表面。即由叶柄基部的薄壁细胞增殖而来。将培养基①上丛芽转入培养基②上，15 d 芽可增高达 1 cm 以上。把外植体上的芽苗切下转入生根培养基③上培养，余下的愈伤组织转入培养基②上，过 15 d 又可切取 7~8 个高达 0.5~1.0 cm 的芽转入生根培养基。

5) 生根与炼苗移栽

把切下的无根苗移到培养基③上，8 d 后开始生根，20 d 后大多数能形成良好根系。往后即可按常规办法进行试管苗移栽管理。

8.6.10 枫香树的组织培养技术

枫香树（*Liquidambar formosana*）为被子植物门、双子叶植物纲、蔷薇目、金缕梅科、枫香树属落叶乔木。产于中国秦岭及淮河以南各省，北起河南、山东，东至台湾，西至四川、云南及西藏，南至广东；也见于越南北部，老挝及朝鲜南部。高达 30 m，胸径最大可达 1 m，树皮灰褐色，方块状剥落；小枝干灰色，被柔毛；叶薄革质，阔卵形，掌状 3 裂，中央裂片较长，先端尾状渐尖，两侧裂片平展，基部心形，上面绿色，干后灰绿色，不发亮；下面有短柔毛，或变秃净仅在脉腋间有毛；掌状脉 3~5 条，网脉明显可见；托叶线形，游离，或略与叶柄连生，长 1~1.4 cm，红褐色，被毛，早落。喜温暖湿润气候，性喜光，耐干旱瘠薄。树脂供药用，能解毒止痛，止血生肌；根、叶及果实也可入药，有祛风除湿，通络活血功效。木材稍坚硬，可制家具及贵重商品的装箱。图 8.67 所示为枫香树。

图 8.67 枫香树

1) 外植体的选择

取其下胚轴为外植体。

2) 无菌外植体的获得

枫香种子秋季采收晒干后,于 4 ℃温度下贮藏 60 d。种子用洗涤剂洗净,自来水冲洗。先用 75%酒精消毒 30 s,再用 0.1%$HgCl_2$ 消毒 12 min,无菌水洗涤 5~6 次,接种到培养基①上。种子萌发后的幼苗长至 1~2 cm 时,取下胚轴切成 3~5 mm 小段为外植体以供接种用。

3) 培养基及温光条件

基本培养基为 MS;种子萌发培养基为① MS;不定芽诱导培养基为② 1/2MS+BA 0.5~1.0 mg/L+NAA 0.1 mg/L;不定芽增殖培养基为③ 1/2MS+BA 1.0 mg/L+NAA 0.1 mg/L+GA_3 3.0 mg/L;生根培养基为④ WPM+IBA 2.0 mg/L。

上述培养基均加蔗糖 3%,琼脂 0.6%,pH 值 5.8。培养温度 26 ℃,光照 16 h/d,光照度为2 000 lx。

4) 不定芽的诱导与增殖

把灭过菌的外植体接种到培养基②上,培养 15 d 后,切口处膨大,表面出现绿色的瘤状物。20 d 后出理叶原基和明显的芽分生组织。培养 30 d 后,每个外植体可形成 6 个左右的芽,一般呈矮生状态,将诱导的芽转接到培养基③上,15 d 后多数芽增高达到 1 cm 以上。

5) 生根与炼苗移栽

剪取 2~3 cm 高的苗,置入培养基④上,7 d 后,从苗基部分化出白色不定根突起。15 d 后苗基部生出 5~8 条白色辐射状幼根,生根率 100%。这时即可移栽,移前打开瓶盖,在室内炼苗 3 d,然后取出小苗,洗净根部培养基,移栽于蛭石与细沙混合的基质中,用 1/4MS 营养液浇灌,保湿并移入温室管理成苗后移苗圃内。

8.6.11 香椿的组织培养技术

香椿(*Toona sinensis*)为被子植物门、双子叶植物纲、芸香目、楝科、香椿属多年生落叶乔木,又名香椿芽、香桩头、大红椿树、椿天等。原产于中国,分布于长江南北的广泛地区。雌雄异株,叶呈偶数羽状复叶,圆锥花序,两性花白色,果实是椭圆形蒴果,翅状种子,种子可以繁殖。树体高大,除椿芽供食用外,也是园林绿化的优选树种。图 8.68 所示为香椿及香椿的组织培养。

图 8.68　香椿及其组织培养

1)外植体的选择

取其嫩芽为外植体。

2)无菌外植体的获得

将香椿带芽枝条剪下,放入植物光照培养箱内进行培养,待叶芽长出,剪下带嫩芽茎段进行处理。先用自来水冲洗,在超净工作台上用 75%酒精消毒 10 s,再用 0.1% $HgCl_2$ 消毒 12 min,无菌水洗涤 5~6 次,接种到培养基①上。

3)培养基及温光条件

基本培养基为 MS;初代培养基为① MS+BA 0.5~1.5 mg/L+NAA 0.2 mg/L;愈伤诱导培养基为② MS+BA 0.5~1.0 mg/L+NAA 0.2 mg/L;生根培养基为③ 1/2MS+IBA 1.0 mg/L。

上述培养基均加蔗糖 3%,琼脂 0.6%,pH 值 5.8。培养温度 26 ℃,光照 16 h/d,光照度为2 500 lx。

4)愈伤诱导与增殖

把灭过菌的外植体接种到培养基①上,培养 15 d 后,茎段底部开始膨大,表面出现绿色的瘤状物。20 d 后叶芽生长至 1~2 cm。培养 40 d 后,将诱导的芽转接到培养基②上。

5)生根与炼苗移栽

剪取 2~3 cm 高的苗,置入培养基③上,20 d 后,从苗基部分化出细根。30 d 后苗基部生出 2~5 条幼根,生根率 95%。这时即可移栽,移前打开瓶盖,在室内炼苗 7 d,然后取出小苗,洗净根部培养基,移栽于配制好的基质中,保湿并移入温室管理成苗后移苗圃内。

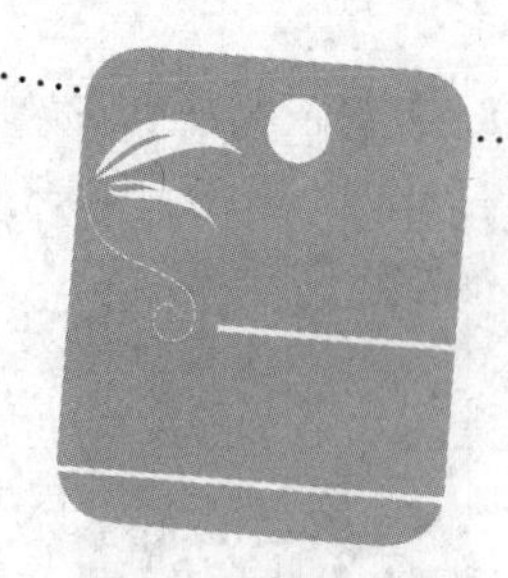

参考文献

[1] 樊亚敏,贺爱利.浅谈植物组织培养的发展与应用[J].吉林农业,2013(3):132-133.

[2] 杨娟,袁林颖,邬秀宏.LED 光质对植物组培苗生长特性影响及在茶树组培上的应用展望[J].南方农业,2017,11(22):29-32.

[3] 陈世昌,王小琳.植物组织培养[M].2 版.重庆:重庆大学出版社,2011.

[4] 陈美霞.植物组织培养[M].武汉:华中科技大学出版社,2012.

[5] 王清连.植物组织培养[M].北京:中国农业出版社,2002.

[6] 傅聿峰.我国观赏植物组织培养育种研究进展[J].河北林业科技,2017(4):42-47.

[7] 王振龙.植物组织培养[M].北京:中国农业大学出版社,2007.

[8] 王振龙,杜广平,李艳菊,等.植物组织培养教程[M].北京:中国农业大学出版社,2011.

[9] 李婷.植物组织培养的污染防治[J].花卉,2016(6X):93-94.

[10] 徐忠东.植物组织培养生产药物研究进展[J].生物学杂志,2001,18(6):13-14 .

[11] 胡凯,张立军,白雪梅,等.植物组织培养污染原因分析及外植体的消毒[J].安徽农业科学,2007,35(3):680-681.

[12] 陈霞. 植物组织培养技术在农业生产中的应用进展研究[J].种子科技,2017,35(10):123-124.

[13] 张玮雨.植物组织培养褐化现象研究进展及防治方法[J].农村经济与科技,2017,28(14):38.

[14] 王翠梅.植物组织培养在农业中的应用[J].商品与质量・学术观察,2013(1):326.

[15] 崔刚,单文修,秦旭,等.葡萄开放式组织培养外植体系的建立[J].中国农学通报,2004,20(6):36.

[16] 闫新房,丁林波,丁义,等. LED 光源在植物组织培养中的应用[J].中国农学通报,2009,25(12):42-45.

[17] 崔刚,单文修,秦旭,等.葡萄开放式组织培养外植体系的建立[J].中国农学通报,2004,20(6):36.

[18] 葛胜娟.植物组织培养的发展历史与新技术展望[J].世界农业,2011(12):71-75.

[19] 李畅,傅建敏,王森,等.阳丰甜柿组织培养外植体的选择与灭菌[J].经济林研究,2016,34(1):158-163.